KB022555

모더니즘 건축에서 걷고 싶은 거리로

최창규 외 지음

강병기의 도시계획과 설계 그리고 연구

한울
아카데미

차례

발간사 _4
머리말: 강병기 교수 작고 10주기를 추모하며 | 최상철 _10

제1편 도시설계, 공간구조, 시민 참여

제1장 **도시설계가로서 강병기 교수의 삶과 사상** | 임동일 16
제2장 **주민참여를 통한 걷고 싶은 도시 만들기** | 김은희 104
제3장 **1980년 서울시 역세권 중심 공간 구상**
로사리오 계획의 제안과 그 의의 | 최창규 123
제4장 **압축도시의 필요성과 도입 사례 분석** | 박종철 146

제2편 도시 분석을 통한 도시계획 및 설계

제5장 **도시 토지이용 변화와 그 요인** | 권일 174
제6장 **우리나라 도시 토지이용의 혼합적 특성** | 김항집 227
제7장 **물적 제어의 결합에 따른 개발용적(용적률)의 추정과 그 활용** | 최창규 254
제8장 **컴퓨터를 이용한 경관계획과 도시분석** | 최창규 270

제3편 초기 도시계획과 설계에서 그의 역할

제9장 **강병기 교수의 인생** | 최창규 284

제10장 **강병기 교수 서거 10주기 기념 세미나** 291

개회사 | 김기호 _293

축사 | 김홍배 _296

축사 | 이인성 _301

제11장 **강병기 교수 서거 10주기 기념 세미나 좌담회** 303

사회 | 이학동 토론 | 김안제·이기석·장명수

책을 마무리하며 _324

이력서 _327

발간사

강병기 교수는 우리나라의 도시계획과 도시설계 전문 영역의 생성 초기에 주요한 선구자 중 하나였을 뿐만 아니라, 도시 시민운동의 확산기에도 선도적인 역할을 하였다. 1970년 초에 귀국한 후, 일본 근대 건축의 창시자이자, 도시계획 및 설계의 선구자 중 하나인 단게 겐조(丹下健三)와 그의 도쿄대학교 연구실에서, 자신이 배웠던 이론과 실무를 한국에 소개하는 데 주요한 역할을 하였다. 그는 이에 멈추지 않고 급속한 경제 성장과 도시화에 몸살을 앓고 있던 한국의 상황에 적합한 도시계획 및 설계를 제안하고, 학문적인 기반을 만들기 위한 노력을 경주하였다. 1990년대 중반부터는 걷고싶은도시만들기시민연대(도시연대)라는 보행환경과 주민참여를 위한 시민운동에 몸담았다. 2007년 돌아가실 즈음에는 그의 오랜 친구였던 고 김수근 선생이 설립한 '공간'그룹에 고문으로 계셨다.

그가 역할을 한 분야가 너무 광범위하여 그를 이해하는 것도 단편적인 경우가 많았다. 그는 도시계획가, 도시설계가, 교통계획가, 도시연구자, 건축가, 경관분석가, 그리고 시민운동가로 활동하였기 때문에, 그의 모든 활동과 사상을 한 권의 책으로 설명하는 것은 불가능해 보였다. 그의 모든 생각과 작품 및 연구를 담기 위해서는 몇 권의 책으로 구성된 전집이 필요할 것인데, 그것을 준비하는 것은 시간적·재정적 상황으로 상당히 곤란한 일이었다. 저자들은 여러 논의와 고민을 하였으며, 한국 도시계획과 설계에서 그의 역할과 활동을 이해하고 싶어 하는 사람들이, 기존에 출판된 그의 논문과 연구 그리고 글들을 찾아가기 전에 길잡이 역할을 할 수 있도록 이 책을 준비하였다.

이 책은 도시계획과 도시설계 전공에 발을 들여놓는 학부 고학년과 석·박사 과정 그리고 전문가의 눈높이에 맞추어서 구성되었다. 편집자는 입문자와 깊이 있는 전공자의 사이 간격에 주목하였다. 전공의 입문자들은 강병기 교수 생전과 사후에 편찬한 『삶의 문화와 도시계획』(보성각)과 『걷고 싶은 도시라야, 살고 싶은 도시다』(보성각)라는 두 권의 책을 읽기 바란다. 그가 평생에 걸쳐서 작성한 원고들 중에 비교적 읽기 쉽고 대중적인 글들을 주제별로 모아놓은 것이 이 두 권의 책이다. 이들을 읽는다면, 그가 시대를 얼마나 앞섰으며, 소위 선진국들에서 시작된 제안들을 우리 실정에 맞게 적용하려고 어떠한 고민들과 고려를 하였는지 알게 될 것이다.

관련 전공에 입문하여 어느 정도 지식이 있는 분들에게, 더 깊이 있는 논의와 연구들을 안내해 주는 역할을 할 수 있는 책은 많지 않다. 현재 이 영역은 대학교, 대학원 그리고 인적 네트워크나 면담을 통해서 얻게 되는 경우가 대부분이다. 그런데 강병기 교수는 10여 년 전에 이미 돌아가셨고, 대학에 교수로 재직하고 있는 제자들도 그리 많지 않다. 독자들이 이 책을 읽은 후에, 학회지에 이미 게재된 그의 다양한 논문들과 인쇄본으로 남아 있는 계획 및 설계를 본다면, 그가 왜 그러한 주제로 그 결과물을 냈는지를 더욱 깊이 이해하고, 당시의 우리나라 도시계획 및 학문의 깊이를 알 수 있을 것이다.

이 책은 강병기 교수 서거 10주기인 2017년 6월에 맞추어, 기념 도서로 출간을 계획했으나, 선후배들의 다양한 의견이 전개되고, 각각의 개인 사정에 의해서, 당초의 일정을 맞추기 힘들어졌고, 한번 기한을 넘기니 언제 끝나야 하는지 방향을 잃었다. 어떤 독자의 눈에 맞추어야 할지에서부터 어떠한 내용을 담을지에 대한 의견이 분분하여 다양한 목차와 내용들이 제시되었다. 그

끝이 언제일지 모를 것 같았지만, 마침내 저자들의 노고로 글들을 모을 수 있었다. 당초 이 책은 그의 도시계획 및 설계에 대한 사상과 주민참여 운동에 대하여 정리하는 부분과 관련 전문가들도 잘 모르는 경우가 많은 그가 행한 도시 분석 연구에 대한 것을 정리한 부분으로 크게 2편으로 계획하였다. 이후 2017년에 강병기 사후 10주기 기념 세미나가 개최되어, 그때의 토론과 축사도 3편으로 포함되었다. 3편은 강병기가 한국 도시설계와 도시계획에서 하였던 역할과 그의 인품에 대한 동시대 동료와 후배들의 기억들을 포함하고 있다. 이것들은 기존의 자료에서는 찾아볼 수 없는 부분이면서, 독자들이 강병기를 이해하는 데 중요한 정보가 될 수 있을 것이라고 생각된다.

이 책의 머리말은 강병기 교수가 생존할 때 매우 긴밀하게 교류하였던 최상철 서울대학교 명예교수가 썼다. 당초 이 글은 강병기 교수 10주기 기념 세미나를 위해서 처음 작성했는데, 이 책에의 취지에도 잘 어울린다고 생각되어 포함하였다. 1편에는 강병기의 활동과 계획 중에서 가장 중요하다고 생각되는 것들에 대하여 설명하고 있다. 임동일 강릉원주대학교 교수는 도시설계가로서 강병기 교수의 삶과 사상을 1장에서 자세히 설명해 주고 있다. 김은희 도시연대 센터장은 "주민참여를 통한 걷고 싶은 도시 만들기"라는 제목의 2장에서 강병기 교수와 도시연대가 우리나라 도시운동 초기에 어떠한 활동을 하여 왔는지를 밝히고 있으며, 특히 서울 시청 앞 광장을 조성하기 위한 활동에 대해서 자세히 설명해 주고 있다. 3장에서 필자는 강병기 교수가 1980년에 제안한 서울시 역세권 중심 공간구조 구상인 "로사리오 계획"(Rosario Plan: 염주형 공간구조 계획)의 선진성과 그 도시계획사적 의미를 조명하였다. 4장에서 박종철 목포대학교 명예교수는 "로사리오 계획"이 압축도시(compact city)의 모델로서 적용 가능함을, 한국 및 일본에서의 압축도시 도입 사례를 분석하여 제시하고 있다.

2편의 첫 장인 5장에서는 강병기 연구실에서 1970년대부터 진행해 왔던 토지이용 연구를 권일 한국교통대학교 교수가 정리하였다. 권 교수는 수작업으로 시작했던 연구부터 1990년대 선도적으로 지리정보시스템(geographical information system: GIS)을 이용한 연구까지 소개하여 주었다. 6장에서는 한국의 도시 토지이용에서 가장 특징적인 혼합적 토지이용 특성을 김항집 광주대학교 교수가 소개하여 주었다. 토지이용 혼합의 경향과 그 요인은 강병기 연구실이 연구하던 토지이용 연구 중에서도 가장 중심 주제 중 하나로서, 최근 많은 도시 연구자들의 주요한 관심 대상이기도 하다. 7장에서는 강병기 연구실이 1980년대부터 진행했던 용적률 연구에 대한 소개를 필자가 정리하였다. 용적률은 도시의 물리적 밀도(density)를 나타내는 주요 지표이고, 우리나라 토지이용 규제의 주요한 대상이기도 하다. 다양한 물적 제어 수단과 법상 용적률이 현실의 용적률에 어떠한 영향을 미치는지를 파악하고자 했던 연구들을 정리하였다. 8장에서는 컴퓨터를 이용한 경관 계획과 서울의 사회 경제 지도를 소개하였다. 1991년 남산의 경관 관리를 위한 컴퓨터 시뮬레이션을 진행하면서, 강병기 연구실은 시곡면 개념을 도입하였고, 이 개념은 이후 국내의 많은 경관 계획에서 이용되었다. 이 장은 시곡면 개념이 만들어진 배경과 그 초기 활용에 대하여 정리하였다. 그리고 강병기 연구실의 마지막 성과 중에 하나인 '서울의 사회 경제 지도'에 대해서도 정리하였다. 도시를 객관적으로 이해하기 위해 GIS를 활용한 다양한 분석 과정과 시도를 소개한다.

3편에서는 강병기의 인생과 한국 도시계획과 설계에서 그의 역할에 대하여 다양한 동료학자와 제자들의 증언을 모았다. 10장은 강병기의 인생에 대하여 본인이 간략하게 정리하였고, 11장은 2017년 10주기 세미나의 기념사들을 모았다. 김기호(도시연대 이사장) 서울시립대학교 명예교수가 걷고 싶은 도시 만들기를 위한 시민운동에서 강병기 교수의 기여를 소개하고 있다. 김홍배(당시 대한국토도시계획학회 회장), 한양대학교 교수는 자신이 학계로 발을 디딘 중요한 계기가 강병기 교수이었음을 회상하고, 대한국토·도시계획학회에서 행한 국제화와 ≪도시정보≫지의 창간 업적을 기렸다. 이인성(당시 한국도시설계학회 회장) 서울시립대학교 교수는 우리나라 도시설계 분야의 시작점과 도시설계학회의 초대회장으로서 강병기 교수의 역할을 소개하여 주었다. 12장은 세미나에서 있었던 토론으로서, 강병기 연구실의 최초 연구생 중에 하나였던 이학동 강원대학교 명예교수의 사회로, 장명수 전북대학교 명예교수, 이기석 서울대학교 명예교수, 김안제 서울대학교 명예교수로부터, 한국 도시계획 초창기에 강병기 교수의 역할과 그의 인품에 대하여 이야기를 들었다. 이 세 분은 강병기 교수가 한국에서 활동하던 근 40여 년 동안 매우 친밀하게 교류하셨던 분들로서, 제자들로서는 알기 어려웠던 그의 인간적인 측면과 학회 활동 등에 대하여 자세한 이야기를 전달해 주었다.

이 책은 강병기 연구실 출신의 제자들이, 그의 서거 10주기를 추모하며 그의 선구적 활동을 기리는 추모 사업의 일환 중 하나로 준비되었다. 이 추모 사업들을 준비하는데, 이학동 명예교수님, 조현세 선배님과 김수근 선배님을 비롯한 많은 선후배님이 전폭적으로 지원해 주셨고, 큰 격려도 보내주셨다. 10주기 세미나와 토론에 참석하시고, 추모의 글을 보내주신, 장명수, 이기석, 김안제, 최상철 명예교수님들께 다시 한번 감사드린다. 또한, 당시 세미나의 개회사와 축사를 위해 귀한 시간과 글을 보내주신 김기호, 김홍배, 이인성 교수님께 고마움을 표한다. 목원대학교의 이건호 교수님과 최봉문 교수님은 강병기 교수님의 유품을 오랫동안 잘 보관하여 주셔서, 10주기를 맞아 이들을 서울역사박물관에 모두 기증하고 한국 도시계획의 중요한 역사적 자료들이 후세에 지속될 수 있는 기반을 마련하여 주셨다. 강병기 교수님과 학문적으로 가장 긴밀하게 교류하셨던 분 중에 하나인 최종현 한양대학교 교수님은, 아무것도 모르는 나에게 강병기 교수 추모사업에서 내가 무엇을 하여야 하는지를 지도해 주셨고 조언해 주셨다. 한양대학교 건축학과 한동수 교수님은 현대 한국 건축 및 도시 역사의 중요성을 깨우쳐 주셨다. 강병기 교수님의 사모님(김금자 여사)과 아드님(강수남, 모두의주차장 대표)은 10주기 추모 사업에 적극적으로 지원해 주셨고, 많은 도움을 주셨다.

독자의 수가 제약되어 있는 이와 같은 책의 출간을 맡은 한울플러스(주)의 김종수 사장님을 비롯한 많은 분들께 진심으로 감사드린다. 특히, 이 책의 기획안과 초안을 보고 흔쾌히 출판 진행을 해주신 고 이원기 국장님에게 미안하고 감사하다. 많이 뵙지는 못했지만, 오랜 개인적인 인연을 가지고 있었는데, 이 책의 출판을 끝까지 같이 못하게 되어 죄송스럽고, 진심으로 고맙게 생각한다. 원고의 최초 마감이 3년이 지났음에도, 기다려주시고 많은 것을 지도해주신 조수임 팀장님께 특별히 감사드린다.

얼굴도 보지 못한 강병기 교수의 기념사업을 자신들의 일처럼 열심히 챙겨주고, 나의 부족한 부분을 항상 채워주고 있는 한양대학교 도시설계분석연구실(Urban Design Analysis Laboratory, UDAL)의 성은영 박사와 김수현 선생 그리고 많은 연구생들의 헌신적인 도움이 없었다면, 이 책을 출간하지 못하였을 것이다. 이 자리를 빌려서 다시 한 번 고마움을 표하고자 한다.

저자들을 대표하여

최창규

머리말
강병기 교수 작고 10주기를 추모하며

1. 강병기 교수 이야기

강병기 교수를 용인 묘역에서 떠나보낸 지 어언 10년이 되었다. 강병기 교수와 첫 만남이 1972년쯤이었다. 국내에서 학연이나 도시계획 관련 모임에도 생소한 분으로 한양대학교 도시공학과 교수로 부임하면서 인연을 맺은 지 40여 년간 동고동락하면서도 지병이 있는지도 몰랐다. 항상 온화하고 신중한 학자적 기풍으로 남아 있었다. 강 교수는 도쿄대학 건축학부에서 도시공학 박사학위를 받은 제주 출신 강씨 집안의 종손으로 알고 있다. 본인 회고담에서 말한 바와 같이 1949년 일본으로 밀항하여 고교 졸업 후 일본 사람들도 들어가기 힘든 꿈의 도쿄대학에 입학한 영재로서, 재일교포 출신의 일본말 발음이 남아 있어, 작고한 나상기 교수가 흉내를 내어 좌중을 웃긴 적도 많았다.

최근 강병기 교수와 광주사범 동창인 김병돈 변호사를 만나서, 1949년 일본으로 밀항하기 전 이야기를 들은 바 있다. 해방 직후 광주사범 3, 4학년 재학 중 어느 날 갑자기 강병기 교수가 없어져 모두들 고향 제주로 돌아갔다고 알고 있었는데 1970년대에 광주사범동창회에 나타났다는 것이었다.

강병기 교수는 도쿄대학 교양학부시절 처음에는 전자공학이나 경제학 전공을 생각하였으나, 건축학부를 택하였고 당시 많은 건축학부 학생들이 그러하였듯이 전공을 바꾸었다. 메라 고이치(目良浩一)는 세계적인 지역 경제학자로 나와 인연을 맺었으며 강병기 교수와는 절친한 친구였다. 도쿄대학 건축학부 1년 선배인 나가미네 하루오(長峯晴夫)는 UN 지역개발센터 연구소장으로서, 후배인 와타나베 슌이치(渡辺俊一)는 도시계획학자로서, 나와 같은 분야에 일하면서 강병기 교수의 대학생활과 학문적 교류에 대해서 많은 것을 들을 수 있었다. 강병기 교수는 앞에 언급한 선후배와 달리 도시공학 내지 도시계획의 길을 택하였고 우리나라 현대 도시계획 발전에 커다란 족적을 남겼다.

2. 우리나라 현대 도시계획의 여명기 참여

우리나라의 1960년대는 세계 역사 속에서 유례가 없는 초고속의 도시화 시대였다. 일제하에서 물려받은 조선시가지 계획령을 폐지하고 1962년 도시계획법을 제정하였으나 사람은 그대로였다. 도시계획은 토목, 건축 분야의 아류로 용도지역, 가로망, 도시 시설의 메뉴얼(편람)에 따라 획일화된 도시계획 실무에 머물고 있었다. 측량기술사나 토목, 건축학회 등에서 어깨너머 배운 분들이 도시계획 용역회사를 차리고 도시계획가로 군림하던 시대였다.

그러나 1960년 후반에 들어오면서 김형만 교수(오스트레일리아 시드니대학교 졸업), 나상기 교수(미국 펜실베이니아대학교 졸업), 한근배 교수(영국 리버풀대학교 졸업), 강병기 교수(일본 도쿄대학 졸업), 최상철 교수(미국 피츠버그대학교 졸업), 주종원 교수(미국 하버드대학교 졸업) 등이 돌아왔다. 또한 대학에서의 도시계획과(도시공학과)의 창설, ≪도시문제≫와 ≪공간≫의 도시계획 관계 정기간행물의 발간 등 우리나라 현대 도시계획의 이론적, 실천적 여명기가 열리고 있었다.

특히 서구적인 도시계획 패러다임에 익숙하지 않은 당시 한국의 풍토에서,

서구적인 것을 한번 취사선택하고 피부에 맞게 적용해 본 일본에서 공부한 강병기 교수는 혜성과 같았다. 서울도시계획위원회, 중앙도시계획위원회 위원으로 위촉되고 대한국토·도시계획학회장을 역임하였다. 한양대학교에서 강병기식 도시계획을 수학한 제자들이 우리나라 도시계획 용역회사에 중심적인 역할을 하였다.

1977년 서울도시기본계획 지명 현상공모(김형만, 윤정섭, 한정섭, 주종원, 최상철, 안원태), 1980년 서울도시중기발전계획 수립(최상철, 강병기, 김안제, 임강원, 박중현, 황명찬)에 참여하면서 지하철 시대를 위한 역세권 개발계획의 개념(로사리오 계획: 편집자 주)을 처음 도입하였고, 거시적인 도시계획에서 미시적 도시계획, 즉 도시설계 제도의 단초를 제공하는 계기를 마련하였다. 그 후 우리나라 한국도시설계학회 초대회장을 역임하였다. 대한국토·도시계획학회장 시절에는 일본도시계획학회와의 교류에 징검다리 역할을 하였으며 국제교류의 장을 넓혔다.

1980년대 우리나라 도시계획학 분야의 지나친 이론적 공론화를 우려하여 도시계획은 종국적으로 토지이용계획으로 실현될 수밖에 없다는 공감대를 같이하여, 1990년대 초반에 강병기, 한근배, 최상철이 중심을 이루고, 한양대학교 출신의 이학동, 이건호, 이원영, 최봉문과 서울대학교 환경대학원 출신의 백운수, 이상대, 한경원이 참여한 토지이용연구회를 설립하여 ≪토지이용≫이라는 정기 학술지를 간행한 바도 있다.

1990년대는 지방화 시대를 맞이하여 우리나라 지방자치단체들이 지역발전과 도시개발에 관한 출연 연구기관을 설립하는 시대였다. 1992년 서울특별시가 서울시정개발연구원(현, 서울연구원)을 설립하였으며 강병기 교수가 초대 이사장, 내가 초대 원장 체제로 발족하여 동반자의 길을 열었다. 그 후 판교 신도시 개발 등 지방도시 발전계획과 관련하여 작고하실 때까지 우리나라 도시계획 발전에 커다란 기여를 하였다. 정년퇴임 후 구미1대학 학장으로 취임하여 후학 양성과 '걷고싶은도시만들기시민연대' 대표로 활동하시면서 묘비명에

"걷고 싶은 도시, 살고 싶은 도시"를 남길 정도로 사람 중심의 도시를 만들고자 하는 인문주의자였고 실천주의자였다.

3. 맺는말

그는 많은 회의 석상에서 마지막 결정 전에 돌다리도 두들겨보는 치밀한 성격으로 잠깐이라는 발언을 자주하여 '잠깐'이라는 별명까지 얻은 바 있다. 나와 함께 유럽 여행 중 파리에서 여권과 지갑을 통째로 잃어버린 일, 일본 여행 중 지하철에 가방을 두고 내린 일과 같이 자신에 대한 방심과 공적 엄격성이 조화된 선공후사(先公後私)의 따듯한 분이였다. 나와는 학문적인 동반자를 넘어서서 맏형 같은 분이었고, 강병기 교수 아래서 공부한 많은 후학들과 아직도 인연을 맺고 있어 강병기 교수의 체취를 느끼고 있다. 언젠가 다시 한 번 다른 세상에서 만나 지나간 인연을 지속하고 싶다.

서울대학교 환경대학원 명예교수
최상철

제1편

도시설계, 공간구조, 시민 참여

제1장 · 도시설계가로서 강병기 교수의 삶과 사상 | 임동일

제2장 · 주민참여를 통한 걷고 싶은 도시 만들기 | 김은희

제3장 · 1980년 서울시 역세권 중심 공간 구상 로사리오 계획의 제안과 그 의의 | 최창규

제4장 · 압축도시의 필요성과 도입 사례 분석 | 박종철

제1장

도시설계가로서 강병기 교수의 삶과 사상

임동일
강릉원주대학교 교수

1. 들어가며

고(故) 강병기 교수는 1970년대 이래 약 40년 가까이 한국 도시계획계에서 다양한 연구와 활동을 해왔으며, 특히 한국에 도시설계(urban design)가 뿌리를 내리고 발전하는 데 주도적인 역할을 해왔다.[1] 그는 도시설계 제도가 도입되면서 계획 수립을 위한 기초 연구[2]와 시범 프로젝트를 이끌었으며[3] 연구

---

1) 강병기 교수는 우리나라에 도시설계 제도가 도입된 1980년대부터 도시설계의 계획 수립 방법에 관한 연구와 도시설계 프로젝트를 수행했으며 이후에도 도시설계 관련 연구회 및 학회 활동 등을 지속적으로 이끌었다.

2) 1980년 건축법에 도시설계 제도가 도입되자, 건설부는 강병기 교수에게 도시설계의 계획 수립 방법에 대한 연구를 요청하였고 이에 따라 강병기 교수의 책임하에 「건축법 8조 2항에 의한 도시설계의 작성 기준에 관한 연구」(1981)가 수행되었다. 이 보고서는 우리나라 최초로 도시설계의 개념 정립과 계획 가이드를 제시했다는 점에서 큰 의미가 있다(강병기, 2007: 278~279; 대한국토·도시계획학회, 2009: 171~178 참조).

모임과 학회 창설 등[4] 도시설계 분야의 발전을 위한 노력을 지속해 왔다.

이 글에서는 도시설계 분야에서 그의 발자취를 더듬어보고, 그가 지향했던 도시설계의 방향은 무엇이었으며 그러한 설계를 통해 만들고 싶었던 도시상(都市相)은 어떠한 것이었는가에 대해서 정리하고자 한다. 또한 그가 남긴 도시설계 분야의 연구와 계획 사례를 통해서 이른바 '강병기 도시설계론'이 어떻게 도시의 계획 작업 속에 구현되었는가에 대해서도 짚어볼 것이다. 이러한 과정을 통해서 강병기 교수의 도시와 도시설계에 대한 사상이 오늘날 우리의 현실에 어떠한 의미로 다가올 수 있는가를 생각해 보고자 한다.

2. 도시설계가(urban design) 강병기 교수의 발자취

1) 일본 유학 시절의 도시설계 학습

강병기 교수가 우리나라에서 도시설계가로 활동한 것은 1970년 한양대학교 도시공학과에 부임해 '도시설계(urban design)' 강좌를 개설하면서부터이다. 그 이전까지는 대부분 일본에서 수학하고, 연구 활동을 해왔기 때문에 국내에서의 활동은 거의 없었고, 한양대학교에 교수로 부임하면서 본격적인 국내 활동을 시작하였다.[5]

---

3) 1983년 강병기 교수는 서울시로부터 주요 간선도로변에 대한 도시설계를 의뢰받았고 그 결과물이 「서울특별시 주요 간선도로변 도시설계」이다. 이 작품은 그해 '대한국토·도시계획학회 작품상'을 수상했다(대한국토·도시계획학회, 2009: 174, 207 참조).

4) 1980년대부터 대한국토·도시계획학회 내에 도시설계연구회를 조직하여 활동하였으며, 도시설계연구회는 10여 년간 활동을 지속하다가 이후 2000년 한국도시설계학회의 창립을 주도하였다(대한국토·도시계획학회, 2009: 178~179; 한국도시설계학회, 2012: 157~166 참조).

강병기 교수가 일본에 체류하던 시절과 1970년대 초반까지 도시설계와 관련한 연구와 활동에 대해서는 그다지 알려진 바가 없고, 몇몇 자료를 통해서 정리할 수 있는 정도이다. 따라서 도시설계 분야에서 어떠한 연구와 활동을 해왔는가에 관한 내용은 대한국토도시계획학회 50주년 기념행사의 일환으로 진행되었던 이건호 교수와의 인터뷰 내용(대한국토·도시계획학회, 2009: 147~207 참조)에 기초하고 그 외 몇몇 자료를 근거로 정리했다.

강병기 교수는 도쿄대학 건축학과에서 유학하면서 그의 스승인 단게 겐조(丹下健三) 교수로부터 도시계획에 관한 수업을 들었는데, 여기서 단게 교수는 건축이 개별 건물의 설계를 넘어 도시를 구성하는 역할과 같은 새로운 시각을 교육했고 강 교수는 여기에 큰 감명을 받았다고 한다.

> "단게 교수의 도시계획 첫 강의가 희랍의 아고라(Agora)부터 시작해요. 말하자면 건축을 단일체로 보고, 하나의 고립된 존재로 봤던 종래의 건축적 시각과는 달리 공공적 건물이 광장을 중심으로 모여서 도시에서 하는 역할이라든가 시민의 공간이라는 것들에 관해서 우리는 상당히 감명을 받았지요."

대학을 졸업하고 대학원에 진학하여 단게 교수의 연구실에 들어가면서 도시계획에 관한 본격적인 연구와 작업이 시작된 것으로 보인다. 특히 공공 건축물과 도시개발 등의 프로젝트에 참여하면서 도시설계를 접하게 된 것으로 보인다.

---

5) 강병기 교수는 1949년 일본으로 가서 고등학교를 졸업하고 1953년 도쿄대학에 입학한 후 1970년 한양대학교에 부임할 때까지 도쿄대학의 단게 겐조 교수 연구팀 및 설계사무실 등을 중심으로 연구와 실무 등에 참여했다. 그 기간의 국내 활동은 1959~1960년 국회의사당 현상공모 및 실시 설계 참여 정도였고, 대부분은 일본에서의 활동이었다(대한국토·도시계획학회, 2009: 148~158 참조).

“학부학생 때 스터디 그룹에서 기데온(S. Giedeon)의 『공간 시간 건축(Space, Time and Architecture)』 같은 책을 복사해서 선배들과 윤독하며 건축이라는 것을 그 시대의 사회경제적 소산 혹은 문화적 소산으로 이해를 하게 되요. 그러니까 사회가 그러한 것에 눈뜨게 한지도 모르고 선배가 그러한 영향을 주어서 도시의 코어를 논문으로 쓰게 되지요. 그때서부턴 공공(public)에 관심이 생기고 단게 연구실을 선택하고 상당히 경합이 있었는데도 들어갔어요.”

“연구실 자체가 설계사무소 같은 일을 했으니깐. 프로젝트를 하는 과정이 곧 지식과 사상 그리고 기술의 전달 과정이었으니 학문 연구를 하는 분위기보다는 설계를 하는 분위기였어요.

64년에 도쿄올림픽이 있었지요. 그때 올림픽용으로 설계한 요요기 실내종합경기장이 세계적으로 알려진 걸작이지요. 나는 요즘도 그 때의 열기를 잊지 못해요. 요즘도 일본 NHK 뉴스의 배경에 자주 나오는 건축물이지요. 물론 이외에도 단게 연구실은 많은 건축물을 설계했지요. 그것들이 거의 다 대부분이 공공(public) 건축으로 시청사, 즉 city hall이 많았죠. 내가 참여한 것으로는 방송국도 있었고, 교회도 있었고, 하나는 한국의 제일기획 같은 큰 광고회사 같은 private한 것도 있었지만, 그렇게 많지는 않았고, 시청사가 많았어요.”

“내가 연구실에 들어가자 1년 선배들하고 같이 경제 공부하라고 시켜요. 그러다가 58년 후반부터 도쿄만 계획, 그러한 작업들을 자체적으로 자체 자금에 의해서 했어요. 하면서 뭐 여러 가지 경제적인 지표도 써보고 그런 것을 했고요.”

“그러면서 59년 봄쯤에 우리나라 국회의사당 설계 공모가 있었어요. 그래서 김수근, 박춘명 씨와 내가 59년 여름에 작업해서 12월쯤 그것을 갖고 김수근 씨가 들어왔고 당선됐지요. 그리고서 4·19가 나 중단되었지만, 일단 장면 정부가 실시설계한다고 해서 설계사무소를 아마 60년 후반부터 차렸을 거에요. 나는 일본에

〈그림 1-1〉 국회의사당 당선작(1959년)

〈그림 1-2〉 도쿄만 계획(1960년)

서 도쿄만 계획과 WHO 본부 건물의 지명 콤페를 돕는 등등이 있어서 나오질 못하고, 그쪽 일을 일단락해 놓고 60년 12월에 나왔어요."

"도시라는 것을 정면으로 놓고 활동했던 것은 역시 도쿄만 계획으로 알려진 도쿄계획-1960이 계기가 되지요. 당시 우리는 그런 것을 urban design이라고 했는데 그 당시에 세계적으로도 도시에 대한 제안들이 쏟아져 나왔어요. 한 동안 이상도시들이 나왔던 때처럼 1950년대 후반부터 세계 여러 나라 여러 건축가에 의한 도시 제안들이 나왔지요.

특히 일본에서 그 무렵에 아주 많이 쏟아져 나옵니다. (중략) 그중에서 단게 연구실이 내놓은 것은 도시 전체를 포괄하면서 건축물의 기본 콘셉트까지, 굉장히 거대한 스케일로써 경제적·사회적 지표를 구사해서 사회적 설득력을 높이려 했지요."

2) 도시설계 사상의 정립

1953년 도쿄대학 입학 후 1960년대까지 주로 도쿄대학 단게 연구실의 연구원으로서 활동했던 강병기 교수는 1970년 한양대학교에 부임하면서 한국에서의 활동이 시작되었다. 그러나 1970년대에는 도시설계(urban design)와 단지계획(site planning) 등에 관한 교육과 연구 위주의 활동이 주로 이루어졌던 것으로 보인다.

"1969년에 거의 내 논문도 앞이 보일 무렵에 정경 교수가 한양대에서 도시공학과를 만들었는데 그것을 이끌 사람을 찾고 있다는 이야기도 하고, 국회의사당 설계를 하다가 5·16 쿠데타로 중단되고 돌아간 후에 안 왔었기 때문에 한번 이야기도 들어볼 겸 나왔지요. 그래서 정경 선생과 학장을 만났는데, 내가 결론을 안 냈는데도 학장이 밀어붙이듯이 발령을 냈어요. 마지못해서 1970년부터 강의만하고 돌아가고 그러면서 1973년 3월인가, 4월인가에 완전히 귀국해서 도시공학과에 오게 됐어요. 지금으로 말해서 도시설계를 할 생각으로 온 것이지요."

"그 당시에 이일병, 이성옥 두 분 교수님이 계셨는데 기본적인 커리큘럼은 이미 짜여 있었지만 말씀드려서 site planning(단지계획)과 urban design(도시설계론), 이 두 과목을 새로이 만들어 넣었어요."

강병기 교수는 한양대학교 도시공학과에 도시설계와 단지계획을 교과과정에 넣으면서, 건축과 도시를 아우를 수 있는 분야로서 도시와 건축을 공부한 사람들이 참여하여 도시를 설계하고 제어하는 이상적인 학문적, 실무적 영역을 구상했다. 그리고 이러한 분야에서 일할 수 있는 인재를 교육하는 것을 목표로 했다고 한다. 그가 주장하는 그러한 분야가 바로 도시설계이며, 대학교수로서의 그의 교육 방향도 도시설계 전문가를 양성한다는 데 있다는 것을 알 수 있다.

"내가 한양대학교에 부임하면서 Urban Design이라는 강좌를 만들었어요. 내가 생각하는 이상적인 학과의 모습으로 건축과 도시를 통합하는 어떠한 분야가 하나 있을 수 있지 않나. 그러니까 건축과나 도시과를 나온 사람들이 활동을 할 수 있는 분야가 있을 수 있지 않을까라는 생각과 함께 도시의 구체적 모습에 관해서

Design 또는 제어하는 기술이 필요하다고 느껴서 교육을 쭉 시켜왔고 기회가 있을 때마다 그러한 필요성을 이야기해 왔죠."

강병기 교수의 도시설계에 대한 첫 번째 결과물은 1977년 발간된 『도시론』(공저)[6]이다. 이 책에서 도시 물리적 환경의 특징과 가치, 도시계획과 도시설계의 역할, 도시의 토지이용, 도시 속의 건축물, 도시정비, 도시 교통 등에 관한 문제를 제기하고 자신의 생각을 밝힌다. 도시설계는 공간의 설계를 통해 인간 활동에 영향을 주고 도시를 운영하도록 하는 행위이며, 개별 건축물이나 조경물의 단순 집합체로서의 한계를 극복하기 위해 도시공간을 조정하는 것이 도시설계의 영역이라는 점을 제시하고 있다.

> 도시설계는 도시의 물적 존재(시설, 장치, 장)의 측면과 밀접히 관련된 행위이며, 공간을 매개하여 인간주체와 기능에 대한 영향을 주고 그를 통해서 도시를 운영(operate)하는 행위라고 볼 수 있다(강병기 외, 1984: 188 참조).

> 구체적·물리적 형태는 건축가나 조경가에 맡겨두고 좋은 도시란 훌륭한 경관을 가진 부분이나 지구의 단순한 집합체라고 생각할 수도 없고 또 그렇게 생각하기에는 현대 도시는 너무도 복잡하고 다양하고 너무도 크다. 이러한 의미에서 도시의 계획 목표에 조준을 맞춘 도시공간의 조정(coordination)이 요청되는 것이다(강병기 외, 1984: 189 참조).

『도시론』 발간 후 2년 뒤인 1979년에 도시설계에 관한 현장 사례 내용을 담고 있는 조너선 바넷(Jonathan Barnett)의 『도시설계와 도시정책(Urban design

---

6) 『도시론』은 김원 교수(서울시립대학교), 이종익 교수(명지대학교)와 함께 3인 공저로 1977년 법문사에서 초판이 발간되었다.

as Public policy)』을 번역해 출간했다. 이 책은 1960년대 대도시 뉴욕의 도시 문제를 해결하고 도시정비를 위하여 뉴욕 시청에 창설된 도시계획 전문가 팀의 활약을 다루었다.[7] 이 책의 내용은 강병기 교수에게 큰 감홍을 주었으며, 특히 인센티브를 통해 민간 개발자가 공익에 기여하도록 유도하는 도시설계 정책과 기술에 많은 영향을 받은 것으로 보인다.[8] 또한 존 린지(John V. Lindsay) 시장이 도시계획 전문가를 영입하여 전문 공무원 팀(Urban Design Group: U.D.G)을 설치, 운영함으로써 시민의 입장에서 도시정비 계획을 수립하고 민간개발 제안에 대해 대응하도록 한 도시정책에 대해서도 큰 의의를 두었다.[9]

3) 도시설계 현실 참여

1980년 서울대학교 환경대학원에서 주최한 세미나에서 강병기 교수는 '도

---

7) 책의 내용은 1965년 뉴욕 시장으로 당선된 존 린지가 도시정비 팀으로 창설한 U.D.G(Urban Design Group) 가 뉴욕의 도시정비를 위해 활동한 사례를 위주로 구성되어 있다(바네트, 1982: 205~207 참조).

8) 이른바 '건축을 설계하지 않고 도시를 설계한다'는 사고는 강병기 교수가 견지해 왔던 도시설계의 방향이었으며 이것이 도시설계를 건축설계와 구분 짓는 근원적 차이였다. 그의 이러한 사고는 1983년 수립된 「서울특별시 주요 간선도로변 도시설계」에도 반영되었는데, 당시로서는 도시설계에 대한 이해의 부족으로 인하여 서울시 공무원들에게 제대로 받아들여지지 못했다고 한다(강병기, 2007: 280; 대한국토·도시계획학회, 2009: 173~175 참조).

9) U.D.G는 린지 시장이 의도했던 뉴욕의 도시정비 정책을 충분히 이해하고 기존에 해왔던 공공 주도의 일방향적 도시계획에서 벗어나 도시 구성원의 역학적 관계 속에서 시민과 공공의 입장에서 도시 환경을 유도하는 역할을 주도했다는 점에서 오늘날 우리 제도 속의 '도시계획 상임 기획단'과 유사한 조직 형태이기는 하나 그 속성과 활동 범위 등에서는 상당한 차이가 있는 것으로 보인다(바네트, 1982: 205~207 참조).

시설계의 정의와 범주'라는 주제로 도시설계란 무엇이며 어떤 부분을 다룰 수 있는가에 대한 생각을 밝혔다. 이때 발표된 자료가 정리되어 같은 해 ≪도시문제≫에 게재되었다.[10] 이 논문은 비록 작은 분량의 소고(小稿)이나 도시설계의 대상으로서 도시에 대한 이해와 이를 바탕으로 한 도시설계의 기능과 역할 그리고 도시설계가의 위상에 대한 그의 사상이 집대성된 최초의 논문이라는 점에서 이른바 '강병기 도시설계론'의 원류라고 치부할 수 있을 것이다.

이 논문에서 도시는 다원적 주체에 의해 역동적으로 움직이는 동력체이며 시공간을 비롯하여 수많은 체계가 다중적인 구조를 띤다고 보았다. 계획은 구상, 설계, 실행방안을 포괄해야 하며, 물적 계획과 비물적 계획은 상호 영향을 미치며 도시의 실체를 만들어가고, 물적 계획은 결과물의 내구성과 인간 활동에 대한 직접적 영향이라는 점에서 중요하다는 점을 이야기했다(강병기, 1980: 84~86 참조). 도시를 구성하는 인간, 자연, 사회에 대한 환경 형성 분야로서 건축, 조경, 도시계획을 제시하고 이들 각 분야의 통합 영역으로서 도시설계가 요구된다고 정의했다(강병기, 1980: 88~93 참조). 그리고 도시설계는 도시를 구성하는 총체를 조정하는 설계 구조(design structure) 또는 디자인의 원칙을 시민과 협동 작업을 통해 발견해 나가는 일이며, 이 때 디자인은 형태적인 것에 한정되는 것이 아니고 사회경제적 측면에서도 개체와 총체의 균형을 조율할 수 있는 참여의 시스템 또는 원칙까지 포괄하는 것으로 정의했다(강병기, 1980: 97 참조). 또한 도시설계가란 도시에 관한 결정 과정에 참여함으로서 해당 결정의 도시 전체와의 조화 여부, 결정과 관련된 타 주체와의 공존 및 공생의 여부를 판단하고 공생과 공존적 관계로의 개선을 위한 구체적 방안을 고안할 수 있도록 훈련된 사람으로 규정했다(강병기, 1980: 97~98 참조).

---

10) 서울대학교 환경대학원에서 발표된 자료는 수정, 보완을 거쳐 같은 해 대한지방행정공제회에서 발행하는 ≪도시문제≫에 「도시설계의 정의와 범주에 관한 소고」라는 제목의 논문으로 게재된다(강병기, 1980 참조).

〈그림 1-3〉 파울 클래(Paul Klee)의 그림

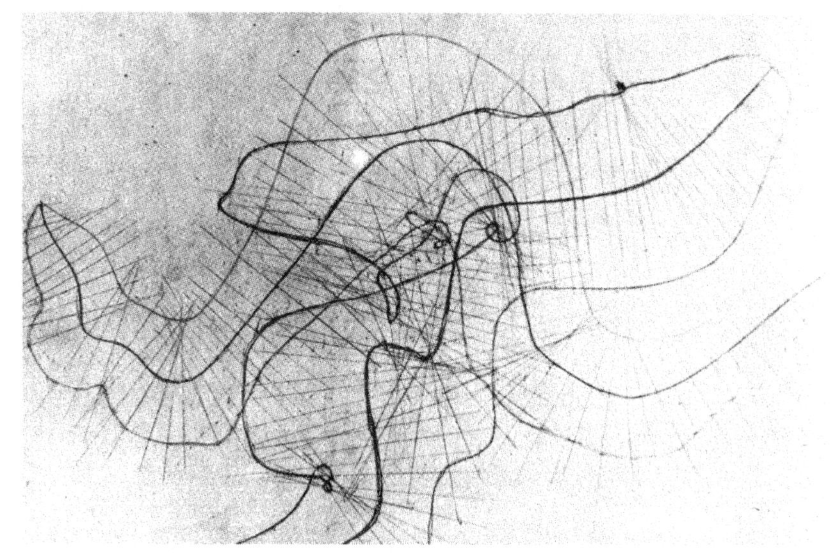

주: 이 그림은 파울 클레(Paul Klee)의 그림으로 복잡하게 보이나 세 가지 규칙으로 그려졌다. 좌우 방향과 왼쪽 하단에서 오른쪽 상부 방향의 두 선과 거기에 직교하는 많은 가는 직선들, 그리고 두 축선과 평행하면서 가는 직선의 영향 범위를 한정하고 있는 외곽선이다. 미국 필라델피아의 도시설계를 담당했던 에드먼드 베이컨(Edmund Bacon)은 이 그림을 인용하면서 현대 도시에서 개별 주체의 독립적 운동을 인정하면서도 전체적으로 통합된 '디자인' 원칙이 주어질 수 있다고 했는데, 그림에서 두 개의 축선은 설계의 틀(design structure)이며 도시의 공적 부문이고, 외곽선과 가는 직선은 공공 부문에 규제되고 있기는 하나 개별적이고 자유로이 뻗어나간 민간 부문으로 볼 수 있다고 설명했다.
자료: 강병기(2009: 211).

1980년 건축법에 도시설계 제도가 도입되면서 건설부는 도시설계의 수립 지침을 마련하기 위하여 강병기 교수에게 연구를 의뢰하였고, 1981년에 연구 결과로 나온 것이 「건축법 8조2항에 따른 도시설계의 작성기준 연구」 보고서이다(강병기, 2007: 278~279; 대한국토·도시계획학회, 2009: 171~172 참조). 이 연구는 도시설계의 개념 정립, 입안 및 운용 지침, 설계 제어(design control) 기법 및 기준의 제시를 목적으로 수행되었다(건설부, 1981 참조). 보고서 내용에 따르면 이 연구의 범위는 기존 제도상의 계획이나 설계에 대한 제어 수단을 활용하여 도시설계 대상지별 고유성을 살리면서 최저 기준 이상의 환경 수준으로 높이는 방법을 찾고, 그 과정에서 설계의 제어 방식으로 대상지의 특성을 살리고 유도적인 방식의 도입 가능성을 찾는 것이라고 하였다. 또한 연구의 결과가 일괄적으로 적용될 수 있는 기준을 제시하는 것이 아니라 대상지에 따라 연구결과에서 제시하는 기법이나 기준을 취사선택하거나 유사한 방안을 고안해서 활용함으로써 개별 지역에 적합한 도시설계의 수립을 제안하고 있다(건설부, 1981: 10 참조).

이러한 점에서 이 연구는 일반적 계획 지침이라기보다는 계획가와 행정공무원에 대한 안내서의 성격이 강한 것으로 보인다. 또한 법적 테두리 안에서 도시별 또는 대상지별 여건을 최대한 고려할 수 있는 계획적 방안을 제공한 것이다. 이는 강병기 교수가 주장했던 다수, 다층, 다원, 다차원적 도시의 자유분방함 속에서 도시설계는 이들의 개별성을 수용하면서 일정한 바람직한 방향으로 몰고 가는 기술이라는 사고를 반영한 것으로 이해된다. 보고서에는 도시설계에 대한 개념 정의를 비롯하여 국내외의 다양한 사례와 도시설계를 통해 적용할 수 있는 다양한 제어 수법에 대한 소개와 활용 사례, 도시설계의 운영 과정에 대한 설명 등 도시설계 제도를 운영하면서 요구되는 내용이 정리되어 있다. 이러한 형식은 보고서 서두에서도 언급했듯이 계획 수립에 대한 일반적, 일률적 해법을 제시한 것이 아니라 계획 및 행정 분야에서 개별 프로젝트의 특성에 적합하게 활용할 수 있는 참고서 또는 사전 기능의 계획 가이드(planning guide)를 만들어 제공한 것으로 이해된다.

건설부로부터 의뢰받은 도시설계의 작성을 위한 연구가 완료된 이후, 1982년에 서울시로부터 도시설계 프로젝트를 요청받았다. 이때 수립된 도시설계 결과물이 「서울특별시 주요 간선도로변 도시설계」이다(강병기, 2007: 280; 대한국토·도시계획학회, 2009: 173~174 참조). 이 도시설계 보고서로 인하여 강병기 교수는 같은 해에 대한국토·도시계획학회로부터 작품상을 받기도 했다(대한국토·도시계획학회, 2009: 207 참조).

이 프로젝트에서 주요 간선도로는 광화문 — 서울역, 광화문사거리 — 종로

— 동대문, 시청 앞 — 을지로 — 동대문운동장으로 구성된 세 개의 대로였다. 이 보고서는 사대문 안 지역에 대한 정밀한 현황조사 도면이 과히 압도적이다. 토지, 건축물, 교통시설, 녹지, 조경시설, 경관, 사회·경제 분야 등을 총망라한 자료가 조사되었으며 이들 자료는 도면 위에 고스란히 표시되어 보고서에 담겨 있다. 특히 인벤토리 맵(inventory map)에는 블록, 골목, 심지어 건물 단위의 특징적 현황이 수기로 기록되어 있어 현황조사와 도서 정리를 맡았던 연구진을 노력을 생각해 보면 감동적이다 못해 충격적이기까지 하다. 이와 같은 방대한 양의 조사와 분석에 따른 기본구상과 규제 및 유도 계획이 뒤따라 나온다. 주요 지구에 대한 특별사업계획, 건축물 입면 및 고도, 건축물 외부공간 계획 등. 이 프로젝트는 1981년 수행된 도시설계 작성 기준을 위한 연구에서 검토되었던 결과물을 현장에 적용한 듯한 느낌을 갖게 하는 가히 대작이다. 그러나 불행하게도 당시에는 이러한 성격의 보고서보다는 명확한 작업 지시용의 보고서를 요구했던 것 같다. 발주처인 서울시에서는 이 보고서에 대해서 실무에 적용하기 곤란하다는 반응을 보였다고 한다.[11]

4) 도시설계 제도정비와 전문성 제고 노력

1980년대 초반의 도시설계 작성을 위한 기초 연구와 서울시 간선도로변 도시설계 이후 강병기 교수는 도시설계 프로젝트보다는 이와 관련된 학술연구 및 시험적 프로젝트 그리고 학회활동 등에 관심을 돌린다. 그와 그의 제자들에 의해서 발표된 일련의 용적률 연구[12]나 도시경관 관련 연구[13]들이 대표적

---

11) 도시설계 보고서를 제출하자 서울시의 시장이나 담당 공무원들은 재개발계획 보고서와 같이, 도시설계 이후에 구현되는 최종적인 도면을 요구했다(대한국토·도시계획학회, 2009: 173~174 참조).

12) 강병기 교수의 용적률에 관한 연구는 1980년 대한건축학회 논문집에 게재된 「아파트지

인 연구 활동으로서, 여기에는 그가 도시설계의 핵심으로 생각하고 있던 인센티브에 관한 계획적 기제(mechanism)를 체계화해 보려는 생각이 깔려 있었다. 또한 이 연구들은 이론적 전개보다는 도시와 도시계획 제도라는 현실적 여건 하에서 개별 주체는 어떠한 건축 행위를 할 수 있으며 그러한 결과는 어떤 모습으로 나올 수 있는가, 그리고 그와 같은 행위를 제어할 수 있는 방법은 무엇이 있는가를 찾아가는 과정으로 이해되기도 한다.

한편 주목할 만한 강병기 교수의 활동 중 도시설계연구회와 한국도시설계학회를 빼놓을 수 없다. 도시설계연구회는 1984년에 발족했으며 강병기 교수는 이 모임의 창립을 주도했다.[14] 도시설계연구회는 도시, 건축, 조경 분야에서 도시설계라는 새로운 개념 설정에 공감하는 일단의 인사들이 자발적으로 결성한 연구모임이었는데, 이들은 2000년에 한국도시설계학회를 창립하는 핵심 세력이 된다(한국도시설계학회, 2012: 157 참조). 이 연구회는 다소 폐쇄적으로 운영되었던 것으로 보인다. 소수의 기존 회원 중심으로 운영되며 새로운

구의 일조조건과 용적률에 관한 연구」로 시작되었으며, 이후 1983년 「사선제한하에서 달성가능한 용적비」(≪국토계획≫), 1984년 「용적률에 관한 연구 2」(≪국토계획≫), 「사선제한규제가 용적률에 미치는 영향」(≪시정연구≫), 1988년 「도로와 인접대지경계선에서 사선제한을 동시에 받는 단일대지의 용적률」(≪국토계획≫), 1990년 「가구개발용량의 예측과 조정에 관한 연구」(≪국토계획≫), 1994년 「대지와 가구 유형에 따른 개발용량의 추정과 계획적 제어방안에 관한 연구」(≪국토계획≫) 등 지속적인 관심사이자 연구 주제로 이어졌다.

13) 도시의 경관과 관련한 연구는 1984년 「도시경관개선을 위한 유도적 제어에 관한 연구」(『한양대 산업과학논문집』)를 시작으로 1992년 「CAD를 활용한 도시경관 시뮬레이션과 건축물 규제방안에 관한 연구」(≪국토계획≫), 1994년 「도시경관장애 유발지역과 그 영향의 예측에 관한 연구」(≪국토계획≫)로 지속되었다.

14) 도시설계연구회는 1984년 4월 발기모임을 가졌으며, 강병기 교수와 강홍빈 소장(서울대학교 환경대학원 환경계획연구소)이 중심이 되어 이 모임을 결성하였다(한국도시설계학회, 2012: 158 참조).

회원의 가입은 기존 회원의 추천과 월례회에서의 발표, 발표 후 기존 회원 전원의 찬성이 있어야 한다는 원칙이 있었다. 또한 회장 없이 간사가 모임을 준비하는 자발적 모임의 성격도 있었다(한국도시설계학회, 2012: 158 참조).

> 작은 연구모임 형태의 연구 분위기를 조성해 볼 생각으로 회장 퇴임 후 도시설계연구회를 내가 백의종군하겠노라고 18년 동안 주재했을 거예요. 이러한 모임은 통상적으로 부침이 있지만, 계속되어 이어지는 그러한 스타일의 여러 모임들이 생겼으면 좋겠다는 바람이 있었지요. 이 모임은 처음부터 회비를 일만 원씩 받았는데 그 당시로는 거액이지요. 인원을 한 20명으로 한정을 해요. 이것은 그냥 아무나 와서 술 한잔 마시는 모임이 아니고 도시설계 분야에 관해서 이야기를 하고 싶은 사람들이 하고 싶었던 이야기를 충분히 하고 상호 공유하라는 것이지요. 디자이너란 사람들은 말은 잘하지만 조직하고 원칙에 따라 하는 것들이 참 약해서 내가 젊은 사람들을 간사로 만들어서 자율적으로 운영하도록 했지요. 간사를 한 것은 강홍빈, 김광중, 이인성, 김기호 교수 등이 했을 거예요. 한동안 이 도시설계연구회를 학회의 도시설계분과위원회로 전환하여 이중 플레이를 하게 했어요. 매달 열리는 분과위원회 활동에 다른 분과위원회가 자극 받도록 하려고요(대한국토·도시계획학회, 2009: 179 참조).

강병기 교수는 도시설계에 대한 열정과 비장한 각오를 가지고 꾸려나갔던 도시설계연구회에서 어떠한 논의가 이루어지기를 기대했을까? 비록 소수이나 당시로서는 국내 도시설계 분야의 쟁쟁한 전문가로 구성된 연구모임에서는 도시설계에 대한 다양한 문제와 과제가 논의되었던 것 같다. 어느 월례모임에서 강병기 교수는 ① 도시설계의 존재 이유(rationale) 문제, 즉 사권 제한의 논리적 근거가 있는가? 건축가의 창의성을 제약할 근거가 있는가? 제약하는 만큼 공익에 기여하는가? ② 도시계획가와 도시설계가는 객관적 가치 판단이 가능한가? 대중보다 우리가 탤런트가 있는가? ③ 도시설계의 융통성(flexibility) 부족과 변화의 수용 문제(예: 도시설계 재정비 프로세스 부재) ④ 대상 지구 과대, 작업 기간 부족, 조사 방법의 적절성 등 기존 도시설계 제도의 문제 ⑤ 도시설계 의도의 실현 방법 문제(사업화, 부서 간 조정 문제) ⑥ 도시설계의 운영과 조직 문제 등의 주제를 제안하기도 했다.[15)]

도시설계연구회는 1980년대와 1990년대에 걸쳐 우리나라의 도시설계 분야의 이론적, 현실적 발전을 이루는 핵심적 역할을 해왔으며, 특히 도시설계가 제도로서 도입된 초기 과정에서 도시설계의 개념 정립과 도시설계가 갖는 문제 파악과 방향 설정 등에 많은 노력을 기울였다(한국도시설계학회, 2012: 166 참조). 이러한 열정과 노력의 결과로 이들 연구회가 중심이 되어 2000년에 독립된 학회인 한국도시설계학회를 창립하기에 이른다. 그간 도시설계 분야에서의 노력을 인정받아 강병기 교수는 한국도시설계학회의 창립과 함께 초대 회장을 역임하며 학회의 기틀을 갖추고 발전의 토대를 마련하는 데 힘을 기울인다. 오랜 기간 연구회를 이끌고 학회로 발전시킨 원로 도시설계가는 우리가 해야 할 도시설계가 어떠한 것이며, 도시설계의 연구 방법은 어때야 하는가에 대해서 다음과 같이 이야기한다.[16)]

> 그동안 경쟁을 통한 승자와 패배자 또는 중심과 변방이라는 지배와 예속을 키워드로 한 질서화에 대신하여, 어울림이나 더불어 살기 같은 공생과 상생(相生)을 키워드로 하는 조화가 추구되어야 한다. 개체와 부분의 집적이 전체를 형성한다. 부분이 없는 전체는 존재하지 않는다. 그래서 공동체에 등을 돌린 이기주의나 독선주의 개체(건축물)가 아니라 이웃과 전체를 시야에 넣고 공생과 상생을 지향하

---

15) 이 모임은 1986년 3월 22일에 개최된 월례모임이며, 참석한 13인의 전문가들이 상호 발제 및 토론하는 시간을 가졌다(한국도시설계학회, 2012: 159~160 참조).

16) 이 글은 2000년 한국도시설계학회 학회지 창간호에 창간사로 실린 강병기 교수의 글 중에서 인용되었다(강병기, 2007: 317~320 참조).

는 개성적 개체의 출현을 기대하는 것이다. 개체와 부분의 강한 개성 표현이나 개혁적 자극 없이는 전체라는 질서체계는 그가 지금 간직하고 있는 관성에 따라 움직일 따름이다. 도시공간이라는 통합적 공간의 앞날을 좌우하는 것은 도시설계라는 바탕 깔기 못지않게 건축이라는 개체의 참여 형태와 형식이 핵심적 역할을 한다. 바로 이러한 연유에서 건축의 세계와 도시의 세계를 넘나들며 종합을 시도하는 도시설계라는 종합적 분야와 어번 디자이너(urban designer)라는 종합적 작업자가 필요하다.

건축을 비롯한 도시공간 형성에 관여하는 전문 분야는 진리 탐구를 하는 순수학문이라기보다 사회가 안고 있는 모순과 문제점을 전제로 하고 사회 전체나 개인 또는 부분 집단의 욕구와 요청을 수용할 수 있는 방법을 공학적, 기술적 그리고 미학적으로 마련해 내는 문제 해결적 학문 분야이다. 그런 의미에서 도시설계학회의 학술지는 진리 추구를 표방하는 순수학문 분야의 학술지와는 다를 수밖에 없다. 그것은 진실을 추구하는 경험적 학문이며 진실에 도달하기 위한 길을 모색하는 문제 해결 지향성이 짙은 학문이다. 따라서 불가피하게 주관적이며 종합적일 수밖에 없다. 객관화와 전문화(세분화)를 지향하는 여러 학회지와는 여러모로 그 형식과 내용을 달리해야 할 것이다. 종전 학회지의 권위주의와 경직된 형식주의에서 벗어나야 하고, 한 발 더 나아가 자유분방하여 창조력을 자극하고 새로운 지식과 정보를 창출해야 한다. 제대로 된 모습과 위상을 찾기 위해서는 당분간 다양한 시도와 시행착오를 거쳐야 할 것으로 생각한다.

2002년까지 2년간의 한국도시설계학회 회장을 마친 후 강병기 교수는 오래전부터 꿈꿔왔던 시민과 함께 하는 길을 택한다.[17] 이때부터는 도시설계가이

---

17) 강병기 교수가 시민활동을 처음 시작한 것은 1996년부터이며 이 활동은 2007년 타계하는 날까지 지속된다. 그러나 2002년까지 구미1대학 학장과 한국도시설계학회 회장을 역

〈표 1-1〉 강병기 교수의 도시설계 분야 주요 활동

연 도	활동 내용
1979. 04	『도시설계와 도시정책』(역서) 출간, 법문사
1980. 11	「도시설계의 정의와 범주」 발표, 서울대 환경대학원 주최 세미나
1980. 12	「도시설계의 정의와 범주에 관한 소고」 발표, ≪도시문제≫, 제15권 제2호 84~101쪽, 대한지방행정공제회
1981. 12	「건축법 8조 2항에 의한 도시설계의 작성지침에 관한 연구」, 건설부
1983. 02	「서울특별시 주요 간선도로변 도시설계」, 서울특별시(대한국토·도시계획학회 작품상 수상)
1986. 12	「서귀포시 신시가지 도시설계」, 서귀포시
1984 ~ 2000	도시설계연구회 활동
1986. 3 ~ 1988. 2	서울특별시 도시설계조정위원
2000. 2 ~ 2002. 3	한국도시설계학회 초대 회장

기보다는 시민과 함께 하는 도시전문가로서의 삶을 택한 것처럼 보인다. 그러나 본격적으로 시민활동에 참여해서 타계하기까지의 이 시기야말로 강병기 교수가 도시설계가로서 가장 왕성하게 활동했던 기간인 것 같다. 어찌 본다면 그 이전까지의 학자이자 교수로서 그리고 도시설계가로서의 강병기 교수의 삶은 시민활동을 위한 준비 기간이었는지도 모른다. 강병기 교수는 시민활동에 참여하게 된 경위에 대해서 다음과 같이 말한다.[18]

> 내가 구미1대학으로 갈 무렵인 1996년부터 시민운동을 해요. 조금 내 예정보다 빨라진 거였지요. 오래전부터 내가 학교를 퇴임을 하면 시민운동을 해야겠다는 계획이 있었어요. 왜 그러한 생각이 자꾸 굳어졌냐 하면 위원회에 관여하고, 정책적 요청이 있을 때 그냥 아이디어를 많이 주었지만 이건 제도권에서 하는 도시

임했고, 2002년에 이르러서야 공식적으로 한 시민으로서의 시민활동에 참여하게 된다.

18) 이는 강병기 교수가 1996부터 시작한 도시연대 활동에 참여하게 된 경위에 대해서 이건호 교수(목원대)와의 인터뷰에서 밝힌 내용이다(대한국토·도시계획학회, 2009: 196~197 참조).

계획이에요. 말하자면, 위에서 노는 도시계획이죠.

나의 소신은 풀뿌리 민주주의의 도시계획이 있어야겠다는 것을 내가 아주 절실히 느꼈어요. 우리에게 있었던 것은 Top-Down 이외에는 없었고, 당시로서는 Bottom-Up 이거는 항명이지요. 행정적으로도 항명이고, 뭐 사회 분위기적으로도 그러니까. 그런 속에서 그러한 틀을 넘을 방법이 없나하고 모색하지요. 그런 참에 내가 1980년에 일본에 가는데 거기에서도 마치즈쿠리라는 키워드가 출현하는 초기였어요, 그래서 그것을 보면서 해볼 만하겠다 하는 생각을 하지요. NGO 활동 계획은 정년이 되면 내가 거리낄 게 없겠고 위에서 하는 도시계획의 기회도 없어지겠지. 그렇다면 그때 밑에서부터 해보자고 생각을 해왔던 거죠. 그러나 그냥 막연하게 마치즈쿠리라든가 그런 것이 아니고 확실한 테마가 있었는데, 그것이 '걸어 다니는 보행자'였지요.

즉, 이전까지 계획가이고 전문가로서 도시설계가 지향해야 할 방향을 연구해왔다면, 시민활동에 참여함으로써 알고 있는 바를 실천하는 단계(知行合一)로 들어간 것으로 이해된다. 도시설계가로서 강병기 교수의 제일의 가치는 민주주의였으며, 말년에 가서는 실천적 도시설계가로서의 길을 걸었다.

3. 강병기 교수의 도시미학과 도시설계관

1) 도시를 어떻게 인식할 것인가?

도시설계는 사회의 모순과 문제점을 전제로 하고 사회 전체나 개인 또는 부분 집단의 욕구와 요청을 수용할 방법을 공학적, 기술적, 미학적으로 마련하는 문제 해결적 학문이라는 강병기 교수의 주장[19]을 기초로 할 때 그의 도시설계관과 도시설계에 대한 자세를 논의하기에 앞서 계획과 설계의 대상으로서 도시를 어떻게 인식했는가를 살펴볼 필요가 있다. 도시라는 계획이나 설계의 대상을 여하히 인식하는가의 문제는 도시를 여하히 계획하는가라는 문제의 전제가 되기 때문이다.

강병기 교수에게 도시란 각각의 자유의지를 가지고 있는 다양한 주체가 참여하여 활동하고 있고 이들이 개별적인 욕구에 의해서 만들어내는 자연적, 인공적 요소가 한데 어우러져 있는 복합체이다. 이들 각각의 주체와 그들이 영위하는 활동 및 공간과 시설 등은 도시 전체가 아닌 개별적 의지에 따라 움직인다. 그래서 그러한 개별 의지가 자유분방하게 발현될 때 도시 전체의 질서와 통합은 불가능하게 됨을 지적하고 있다.

> 이처럼 열이면 열 다른 가치 체계와 목적을 가진 시민이라는 개인과 기업이라는 조직들에 더하여 도시의 시설들마저도 성격이 다른 여러 정부 부처와 부서가 만든다. 이 외에 도시의 요소로서 하늘과 땅, 물과 공기, 나무와 숲, 언덕과 산처럼 여러 가지 자연환경적 요소들이 있다. 여기에 더하여 하루에도 몇 번씩 변덕을 부리는 시민이라는 사람들이 엄청나게 많다. 이 모두가 도시라는 세계를 만드는 요소들이며 나름의 행동 의지를 갖고 있는 주체들이다. 이들 다양하고 엄청나게 많은 주체들이 제 각각의 입장에서 하나의 도시를 이루고 있는 셈이므로, 만약에 모두가 자기 형편과 자기 하고 싶은 대로 뿔뿔이 행동한다면 도시는 하나가 될 수 없고 산산 조각나고 혼란에 빠져들고 말 것이다. 모든 주체가 자기 입장뿐 아니라 이웃은 물론 동네 전체와 도시 전체의 일도 배려하면서 행동해 주지 않는다면 도시의 전체적 통일감이나 총체성은 기대하기 어렵게 된다(강병기, 2007: 237 참조).

---

19) 2000년 한국도시설계학회 논문집 창간사에서 강병기 교수는 도시공간의 형성에 간여하는 전문 분야는 사회 전체나 개인 또는 부분 집단 간의 욕구와 요청을 수용할 수 있는 방법을 공학적, 기술적 그리고 미학적으로 마련해 내는 문제 해결적 학문 분야라고 주장했다(강병기, 2007: 320 참조).

그리고 개개인의 건축 주체가 이웃하는 건축물과의 관계를 고려하고 이러한 사고가 퍼져나갔을 때 도시에 전체적인 조화가 이루어질 수 있고 그 결과로서 도시의 매력이 생겨난다. 그와 같은 공동의 인식과 합의가 지속되기 위해서는 이를 사회적 약속이나 규범으로 결정해야 하며, 매력적인 도시를 만들어간다는 공동의 목표를 지향하는 과정을 통해 도시 전체의 통합성을 달성할 수 있는 방법이 필요하다는 것이다.

예컨대, 내 집을 지을 때, 덜렁 내 집을 제도판 위나 머릿속에서 꺼내다가 집터에 앉히는 것이 아니라, 처음 구상할 때부터 이미 서 있거나 앞으로 들어서게 될 이웃집들과 가져야 할 관계 속에서 생각하기 시작하는 것이 바람직하다는 말이다. 그러나 나 한 사람만 그렇게 한다고 될 일은 아니다. 모두가 서로를 서로의 관계 속에서 생각하고 접근하는 일이 무엇보다 중요하다. 그렇게 할 때 동네나 도시는 전체로서 조화를 이룰 수 있게 되고, 나아가 주민들은 물론 외부 사람들에게도 그러한 배려의 흔적을 통하여 매력 있게 느껴지는 도시가 될 수 있다. 그러나 모두가 이런 접근에 동의한다 하더라도 그것을 각자의 선의나 양심에 맡겨 둘 수는 없다. 모두가 합의한 일을 어떤 약속이나 규준으로 확립해 두지 않으면 모처럼 이룬 합의를 장래에 보장할 수 없다. 모두가 매력 있는 도시를 만든다는 공통의 목표를 지향하는 과정을 통하여 전체적 통합성을 달성할 수 있는 방법이 필요한 것이다 (강병기, 2007: 238 참조).

2) 도시설계의 과제: 현대 도시의 개별성

도시설계가로서 강병기 교수는 현대 도시에서 나타나는 개별화 현상을 매우 심각한 문제로 생각했으며 도시설계가 요구되는 주요인으로 보았다. 그에 따르면 과거의 도시와 현대 도시는 경관 측면에서 큰 차이점을 보이고 있으며, 과거의 도시가 경관적으로 조화롭다는 느낌을 주는 반면 현대 도시에서는 그러한 모습을 찾기가 어렵다고 한다.

현대 도시와 옛날 도시와의 차이를 느끼게 하는 큰 점은 경관적인 면에서 가장 뚜렷하다.

우선 옛 도시에는 통합이나 조화라는 인상이 짙은 데 비해 현대의 도시나 시가지에는 그러한 인상이 희박하다. 시끄럽고 지저분한 인상도 짙고 전체적인 개성이라든가 특이성을 찾아보기가 어렵다. 옛 도시를 구성하고 있는 하나하나의 건물은 대개의 경우 비슷한 모양에 가까운 것이며 재료, 공법에서도 같은 동일한 것을 이용하였고 평면이나 입면도 그다지 큰 차이는 없다고 볼 수 있다. 즉 각 건물이나 각 요소는 기본적으로 동일한데도 그렇다고 획일적인 인상을 주지 않는다. 이 사실은 대단히 중요하다. 하나하나의 요소는 그 기본적 공간 형태로서는 거의 같고 공통성을 가지고 있으면서도 극히 미세한 부분에서는 각기 특이한 표정을 가지고 있다. 그렇다고 이러한 특이성의 표현이 하나하나 건물의 공통된 기본형을 뒤집거나 혼란시킬 정도는 아니다.

한편 현대 도시의 건물이나 요소는 옛 도시의 그것과는 매우 대조적이라고 볼 수 있다. 우선 건물이나 요소의 규모와 부피가 제멋대로이다. 초고층 건물의 바로 이웃에 단층짜리 가게 집이 있는가 하면 한옥 지붕 한가운데 난데없는 콘크리트의 현대식 건물이 우뚝 솟아 있다. 평면적, 입체적 전개에 있어서 동질성을 부인하고 있다. 시가지에 있어서 건물 겉모양의 표현도 서로가 공통된 점을 찾아내려는 의사나 노력을 찾아볼 수가 없다. 각 요소들이 그 형태와 표정에 있어서 전면적으로 각자의 특이성을 주장하려고만 한다. 각자의 특이성을 주장하는 데 간판이나 네온사인까지를 동원하여 더욱 강화하려는 경우마저도 있다. 어리석은 노력이다. 공통 기반을 갖지 못한 특이성만의 주장은 시가지 전체로서의 개성을 창출하지 못한다. 마지막에 가서는 개개의 건물이나 요소의 존재나 고유성마저도 흐리게 되어 모든 특이성이 혼돈 속에 매몰되어 버리고 만다(강병기, 2009: 190~192 참조).

〈그림 1-4〉 현대 도시에서의 개별화의 문제

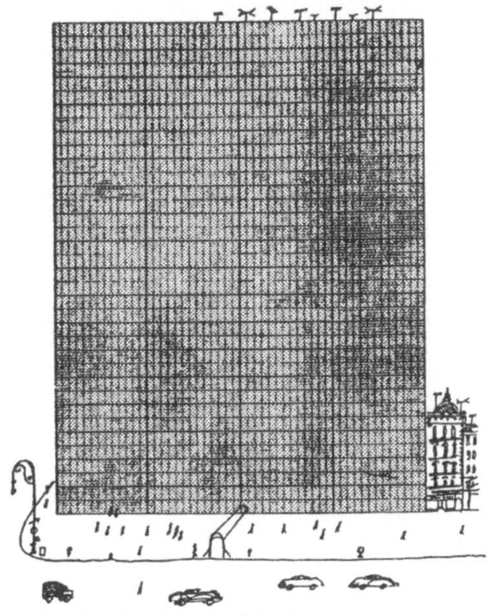

주: 도시의 건축물은 도시공간의 한 구성요소가 되기보다는 강력한 자기주장을 통하여 도시공간의 지배자가 되려들고 군림하려 든다.
자료: 강병기(2009: 191).

위와 같은 현대 도시의 개별성과 특이성에 대한 비판적 견해는 그가 1980년대 초반 도시설계의 개념과 역할을 논하면서 과거의 도시계획이 실제 도시를 만들어가는 민간 주체의 건축 행위(건축의 자유)를 고려하지 않고 관 주도형의 일방적 계획을 수립하고 밀어붙였다는 비판[20]과는 사뭇 대조적인 의견이라 생각될지도 모른다. 그러나 과거의 건축물은 "동일한데도 획일적인 인상을

20) 강병기 교수는 1981년 「건축법 8조 2항에 의한 도시설계의 작성지침에 관한 연구」 당시의 도시계획 행정 및 전문가 집단의 태도에 대해서 행정이 계획의 가부 판단을 결정하고, 계획가들은 오만과 엘리트주의에 대단히 젖어 있어서 자신의 결정이 올바른 정답이라고 생각하는 분위기였다고 회고했다(대한국토·도시계획학회, 2009: 172~173 참조).

주지 않는다"는 것, 그리고 그것이 "대단히 중요하다"는 주장은 그가 도시설계를 통해 구현하려는 도시의 경관적 특성이 아닐까. 도시를 이루는 건축물의 기본적인 형태는 공통성을 띠면서도 미세한 부분에서는 개별적 특성을 가지되 그러한 개별적 특성이 건축물의 기본적인 형태를 변형시킬 정도로 심하지 않아야 비로소 시가지 또는 지구(地區) 차원의 개성 있는 경관 환경을 형성할 수 있다는 의미로 이해될 수 있다.

강병기 교수는 현대 도시는 다수의 다양한 구성 주체가 다층적 구조를 띠고 있으며 과학기술의 발달로 인해 사회적인 통합이나 자연환경의 제약 조건이 도시의 물리적 공간을 지배하기 곤란한 상태라고 진단했다. 그러면서도 인간은 도시의 모습(경관)을 하나의 것으로 인지하기 때문에 도시의 형태를 계획할 필요가 있고 그러한 기술과 활동이 요구된다고 보았다.

> 현대 도시라는 정주 형식은 근세 이전처럼 사회적 의도의 통일이나 자연 조건에 의해서 도시의 형태와 공간 질서가 균형을 이루기가 매우 곤란한 상황에 놓여 있기 때문이다. 왜냐하면 그 구성 주체가 다양하고, 다수이며, 다원적이고 다중적인 구조를 이루고 있다. 그뿐만 아니라 과학과 기술의 발달에 바탕을 두고 있어 자연환경의 지배력을 약화시키고 있기 때문이다.
>
> 그러므로 도시의 경관은 이들 다양, 다종, 다원, 다중적 요소들이 모여서 만족스럽게 하나로 구성되어야 한다. 도시에 존재하는 가장 중요한 요소인 인간이 도시경관을 하나의 것으로 인지하기 때문이다. 즉 인간은 도시경관을 구성하고 있는 여러 요소들 하나하나의 형태나 아름다움을 인지하는 동시에 그들이 모임으로써 표현되는 도시경관을 하나의 인상으로 지각한다(강병기, 2009: 196~197 참조).

3) 통합적 도시 디자인으로서의 도시설계

강병기 교수는 도시설계에서 지향하는 목표가 '경관적 측면에서 도시에 어떻게 하면 통일성을 가진 개성을 부여할 것인가'이지만, 경관의 창조를 지향했던 접근 방식에는 한계가 있다는 점을 지적했다. 도시의 경관 또는 미관의 계획적 형성을 지향했던 대표적인 접근이 도시 미화 운동(City Beautiful Movement)[21]과 타운 디자인(Town-Design)이었으나 이러한 방식의 도시설계는 도시공간의 효과적 제어 수단으로서 한계가 있음을 지적하였다.

그에 따르면 도시 미화 운동은 도시를 물적 공간으로 보았으며, 도시설계란 이러한 물적 공간을 아름답고 예쁘게 꾸미는 기술 또는 기법이라는 것이다.[22] 그러나 이와 같은 도시 미술적인 접근은 그 기원을 중앙집권적 전제군주 사회에 두고 있으며 정적이고 절대적인 패턴과 위엄을 표현하는 데 치우친 나머지 도시의 주체인 시민의 생활이나 지각과는 괴리가 있었다고 평가했다. 영국에서 시행되었던 타운 디자인이란 도시공간이 건축설계와 마찬가지로 구체적인 형태적 조건들에 의해 디자인되어야 한다는 것으로서, 도시 전체를 하나의 설계 대상으로 보지 않고 도시를 이루는 외부 공간의 하나하나가 잘 다듬어지고 디자인되어야 한다는 주장이며 도시공간을 건축의 설계와 연결된 외부 공간으로 보는 접근 방법이라고 보았다.[23] 이 두 가지 도시설계 사조는 서로 큰 차

---

21) 도시 미화 운동의 가장 큰 영향은 전문 분야로서 도시설계를 태동시켰으며, 기존의 설계와 계획이 1890년대의 도시 미화 운동의 산물인 도시설계로 접목되었다고 한다(대한국토·도시계획학회, 2008: 376 참조).

22) 도시 미화 운동의 도시설계는 도시의 도로는 다초점을 가진 다수의 축선으로 구성되었으며 초점에는 기념비(monument)를 배치하고 축선 상에 도시의 주요 시설을 배열함으로써 도시를 미적으로 구성하는 기법이다. 이러한 양식은 바하남(D. Bahanam)에 의한 시카고 계획(1909)과 그리핀(W. B. Griffin)에 의한 캔버라 계획(1912) 등 다수의 도시설계에 채택되었다(강병기, 2009: 193 참조).

23) 타운 디자인의 원류는 건축·도시설계가인 카밀로 지테(Camillo Sitte)의 *Städtebau*(1989)에서 시작되었는데, 지테는 양식화되고 형식화된 르네상스 도시와 바로크 도시가 창조성과 인간성을 부인했다고 보고, 중세 도시에서 일상생활의 중심이 되어온 광장을 시각적으로 분석함으로써 광장이라는 도시공간을 구성하는 요소 상호 간의 관계를

이가 있었으며[24] 결국 현대 도시의 복잡하고 곤란한 여러 문제의 해결책으로서는 한계가 있었다는 것이다.[25]

그는 도시설계의 측면에서 도시라는 대상을 주체, 기능, 공간이라는 세 가지의 관점에서 파악하고자 하였다. 즉 도시의 주체인 인간과 인간 생활의 영위를 위한 생산과 소비활동으로서의 기능 그리고 도시의 기능을 수용하는 공간이라는 것이다. 이와 같은 인식을 바탕으로 도시설계란 도시의 공간을 매개로 주체인 인간과 도시의 기능에 영향을 미치면서 도시를 제어하는 행위로 보고자 하였다(강병기, 2009: 189~190 참조).

도시는 다음과 같이 세 가지 측면에서 파악될 수 있다.

(1) 도시는 인간이 거주하며 생활하는 장(場)이다. 도시에 존재하는 주체가 무엇인가 하는 측면에서의 인식이다.

(2) 생활한다는 것은 생계(生計)를 세우고 있다는 의미로서, 생산과 소비 생활

실례를 가지고 설명하고 기법화하였다. 타운 디자인 또는 타운 스케이프(Town Scape) 기법은 제2차 세계대전 후의 뉴타운(New Town) 계획에 계승되었으며 도시공간에 최종적인 형태를 부여하는 경우에 채택되었고 건축디자인과 연속된 것으로 볼 수 있다(강병기, 2009: 193 참조).

24) 바로크적 접근 방식인 도시 미화 운동은 도시 전체를 하나의 대상물로서 물리적으로 설계하려는 데 반하여 타운 디자인에서는 근대적 도시계획의 존재를 인정하고 수량 해석에 관한 모든 계획은 계획가에게 맡기고 오로지 시각적 부분의 처리만 분담하고 계획가가 설정한 틀 위에서 장식가적 역할을 하는 데 한정하였다. 목표의 제시를 별개로 할 때 바로크적 도시설계는 도시의 형태가 도시의 목표와 일치되려는 설계 의도가 명백하나 타운 디자인은 도시설계는 도시의 부분 부분을 매력적으로 장식하는 데 그치고 도시의 계획 목표와의 일치 또는 위배가 그다지 중시되지 않는다(강병기, 2009: 194 참조).

25) 강병기 교수는 "(과연) 현대 도시의 목표가 절대성을 상징하기 위한 정적 기하학적 패턴일 수 있으며 예쁘게만 꾸며진 외부 공간의 단순한 집합을 과연 좋은 도시라고 할 수 있는가?"라고 비평한다(강병기, 2009: 194 참조).

을 영위한다는 것이다. 이것은 도시에 존재하는 기능이 무엇인가 하는 측면에서의 인식이다.

(3) 거주와 생활하는 장(場)이다. 즉, 생산과 소비의 거점으로서의 시설과 그들이 성립될 수 있는 바탕(場)을 가지고 있는 공간적 영역임을 뜻한다. 이것은 도시 내에 존재하는 공간 또는 장치라는 측면에서의 인식이다.

도시를 위와 같은 세 가지 범주로 인식하였을 때, 도시설계는 도시의 물적 존재(시설, 장치, 장)의 측면과 밀접히 관련된 행위이며, 공간을 매개로 인간 주체와 기능에 대한 영향을 주고 그를 통하여 도시를 움직여보려는 행위라고 볼 수 있다.

강병기 교수는 현대 도시에서 도시설계의 주 관심은 도시에 대한 현재와 미래의 물리적 공간상을 어떻게 연결하는가에 있다고 보았다. 그리고 설계는 도시에 요구되는 기능이나 시설을 구현하는 데 주력해야 하며, 도시설계라는 과정을 통해 도시의 주체와 기능과 공간을 하나의 통합된 실체로 형태화할 수 있다고 설명한다.

현재 도시설계의 주 관심은 현실 도시의 물리적 공간과 미래의 물리적 공간상을 어떻게 다리 놓을 것인가 하는 점이다. 현실의 진화 끝에 미래의 수평이 존재하든, 미래의 수평을 먼저 설정해 놓고 거기에 이르기 위하여 현실에 작용하는 방법을 찾든 상관이 없다. 요컨대 계획은 도시에 무엇이 필요한가에 주안을 두는 것인데 비해 설계는 그 무엇을 어떻게 실체화, 공간화할 것인가 하는 것이 중점이다. 즉, 글머리에 말한 도시의 주체와 기능과 공간을 하나의 통합된 실체로 형태화하는 작업인 것이다(강병기, 2009: 195 참조).

그렇다면 도시설계는 무엇인가? 이에 대해서 강병기 교수는 도시설계는 건축설계와는 달리 직접 건축물의 설계를 하지 않으면서도 도시를 보다 아름답고 조화롭고 공공의 삶터로서 질 높은 환경으로 유도해 가는 기제(mechanism)

를 마련할 수 있는 기술이며 사고 체계라고 정의한다. 도시계획이나 건축 규제처럼 법령이나 제도에 따른 규범을 강제하기보다는 매력적인 미끼를 던져 목표하는 규범 쪽으로 몰고 갈 수 있다는 도시 형성 전략인 동시에 전술이며 기술이라고 규정했다(강병기, 2009: 26; 대한국토·도시계획학회, 2009: 170 참조).[26)]

그러나 강병기 교수가 생각하는 도시설계의 역할과 기능은 우리나라의 현실에서 받아들여지기 어려웠던 것으로 보인다. 1983년 「서울시 주요 간선도로변 도시설계」 이후에도 테헤란로, 잠실, 가락 지구 등 수많은 도시설계가 수립되었는데, 그들 대부분이 개별 주체의 선택을 유도하기보다는 규제적인 내용으로 구성되어 있었다. 이와 같은 형태의 도시설계에 대해서 발주처인 서울시에서는 상당히 만족했으나 이는 주민의 의사를 무시한 처사였고 결국 수많은 민원을 야기하면서 서울시에서는 조정위원회[27)]까지 창설하여 대응해야 하는 결과를 초래하였다.

> 그(서울특별시 주요 간선도로변 도시설계) 후에 몇 군데 도시설계란 것이 만들어지죠. 테헤란로, 잠실, 가락 지구 등을 도시설계하지요. 그리고 그 결과물에 만족하여 서울시는 도시설계는 이런 거라고 만족해하지요. 그런데 예컨대 몇 개 필지들을 하나로 묶어 '인위적으로 합동으로 개발해라'고 했는데 그런 것이 어디 있어요. 설계자나 서울시의 희망 사항일 뿐이지요. 당연히 반발하고 실현되기 힘들지.
>
> 내 생각은 그러한 것이 아니었어요. 합동을 할 수 있는 사람들이 뭉쳐서 어느 면적 이상 모여졌을 때는 그 규모에 따라 이러이러한 이익이 있을 수 있다고 할 수

---

26) 이것이 이른바 '건축물을 설계하지 않고 도시를 설계한다'는 개념이며 뉴욕의 U.D.G의 전략에서 비롯된 것이다. 각주 8) 참조.

27) 강병기 교수도 1986년부터 1988년까지 서울시 도시설계 조정위원회의 위원으로 활동하였다.

는 있지만, 강제적으로 합동 개발은 안 되지요. 그런데 인위적으로 여기에 도로를 내라. 여기하고 여기하고는 합동 개발해라. 이렇게 지정하는 스타일의 도시설계가 엄청 퍼져요. 퍼진 결과 이것을 조정하는 것이 안 되니까 민원이 생기고 그래서 서울시에 조정위원회가 생기게 되지요(대한국토·도시계획학회, 2009: 175 참조).

4) 현대 도시에서 도시설계의 위상과 역할

강병기 교수는 1980년 「도시설계의 정의와 범주」[28]를 통해서 현대 도시에서 요구되는 도시설계의 역할과 영역에 대해 자신의 견해를 밝혔다. 이 연구에서 그는 '도시를 설계한다'는 일의 의미와 도시설계가 어떠한 위치에서 어떠한 일을 해야 하는가에 대해 논의를 펼쳤다.

그는 인간의 초기 정주 단계에서 정적 균형 관계를 이루던 인간, 사회, 자연의 균형 관계가 정주 규모의 대형화와 인간 사회의 발전에 따라 동적이며 상대적인 균형 관계로 변화하였고 이에 따라 정주 형식의 구축이라는 포괄적이고 종합적인 일이 분화되면서 각기 건축(인간 주거의 구축), 도시계획(사회적 가치와 통합을 위한 계획), 조경(자연과 인간과의 조화와 균형)으로 분화됨으로써 건축과 도시계획 그리고 조경 분야가 인간의 정주 형식(도시)의 불가결한 부분을 담당하게 되었다고 하였다. 그러나 이들 세 분야는 각각이 분업화된 상태에 그치고 있다는 점을 지적하였다(강병기, 2009: 198~199 참조). 즉 도시 환경을 만드는 핵심적인 분야마저도 세분화되어 각기 자신의 분야에만 관심을 두고

---

28) 「도시설계의 정의와 범주」는 1980년 서울대학교 환경대학원 세미나에서 발표되고 이후 ≪도시문제≫(대한지방행정공제회, 1980)에도 게재되었다. 이 연구의 내용은 이후 강병기 교수의 여러 글에서 재인용되었으며, 여기서는 『걷고 싶은 도시라야 살고 싶은 도시다』(2007), 『삶의 문화와 도시』(2009) 등 그의 저서에 담긴 내용을 기초로 작성하였다.

〈그림 1-5〉 도시설계와 관련 분야의 구조

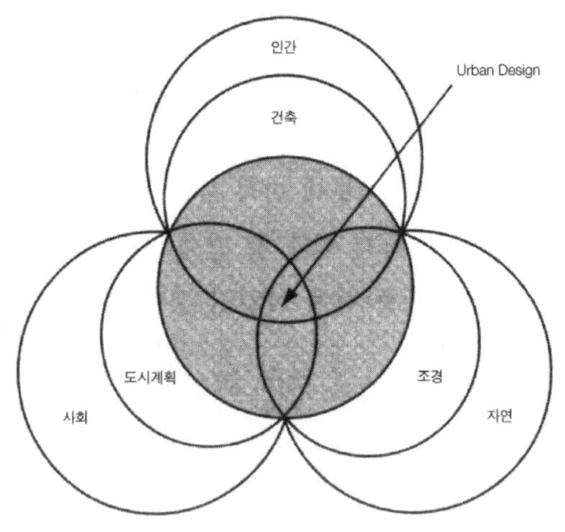

자료: 강병기(2009: 206).

있어 이들 분야의 경계를 포괄하는 종합적 접근이 이루어지지 못한다는 것이다. 또한 스프라이레겐(P. D. Spreiregen)의 글[29]을 인용하면서 도시설계는 현대에 와서 세분화된 전문 분야[30]를 총체적으로 종합화하려는 요구와 과정에서 요구된다고 주장했다.

---

29) 스프라이레겐은 "미국에서는 현대의 복잡한 사회구조에 대처하기 위해서라는 명분 아래 건축, 조경, 도시계획 등으로 학문적 영역을 지나치게 세분화하였다. 여기에 또 다시 '어번 디자인'이라는 분야를 첨가해야 한다는 일은 매우 불행한 일이다. 세분화된 접근이 우리의 사고와 행동마저도 단편적인 것으로 끌고 갔기 때문에 '어번 디자인'이라는 새로운 개념의 확립이 요청되고 있는 것이다. 그러나 명심해야 할 점은 '어번 디자인'이라는 새롭고 낯선 분야를 하나 더 만들자는 것이 아니고 환경 구축의 본질적 사항을 빠트리거나 무시해서는 아니 된다는 뜻에서 종합적 개념으로서 이해되어야 한다"고 주장했다(강병기, 2009: 199~200 참조).

30) 강병기 교수는 본래 총체로서의 환경을 전문화하고 분석적으로 다루는 과정에서 건축, 도시계획, 조경 등으로 세분화해 버렸고 종합화, 구성화의 시야와 입장마저 조각나 버렸다고 평가하고 있다(강병기, 2009: 206 참조).

그러나 여기서 '어번 디자인'의 확립을 주장하는 것은 '디자인'한다는 종합적인 개념이 본래 있었던 것이고, 또 근래에 와서 분화된 각 분야의 일들을 '하나의 총체'로 종합화하려는 요구와 그 과정에서 요청되고 있다는 점이다(강병기, 2009: 200 참조).

우리나라의 도시설계 분야에서 꾸준히 이어온 논쟁 중의 하나는 '과연 도시설계를 누가해야 하는가?'라는 논제일 것이다. 우리나라에 도시설계 제도가 도입된 이후 건축가와 도시계획가 사이에 도시설계를 어느 분야에서 해야 하는가라는 문제에 대해서 오랜 기간 수많은 논의가 이루어졌지만 지금까지도 명확한 답을 찾지 못하고 있는 것 같다.[31] 이러한 논쟁에 대해서 강병기 교수는 도시설계는 도시계획과 건축의 경계에서 이들이 하지 못하는 '도시를 설계하는' 일을 해야 한다고 주장한다.

도시계획과 건축 두 전문직 사이에 상당히 큰 중간 영역이 존재하며 서로 이 부분에 대한 권리를 주장하기는 하지만 그 어느 쪽도 이 중간 영역을 완전히 메우지 못하고 있다. 도시계획가는 토지이용을 자원 배분의 문제로 생각하는 경향이 있다. 토지의 3차원적인 특징이라든가 장차 그 위에 세워질 건물의 성격에 대한 지식도 없이 오로지 지역적 규제만을 위하여 토지를 조각조각 분할해 버린다. 그래서 대부분의 지역규제나 법적 토지이용계획은 획일적이고 비창조적인 건물들을 만들어내는 결과를 초래한다. 만약 3차원적 '디자인'을 이해하는 사람이 계획의

---

31) 우리나라에서 일단의 지구를 단위로 하는 종합적 계획은 1980년 도시설계 제도가 건축법에 도입된 이후 1991년 상세계획제도가 도시계획법에 도입되었고 이후 2000년 도시계획법이 개정되면서 기존의 도시설계와 상세계획이 폐지되고 지구 단위 계획으로 통합되었다. 이들 제도의 변천에는 시대적 요청과 각각의 제도가 가진 특성이 작용했을 것이나, 도시설계에 대한 건축계와 도시계획계 간의 주도권 다툼도 상당 부분 작용했던 것으로 보인다.

작성 과정에 참여한다면 토지이용계획은 크게 개선될 것이 틀림없다.

한편 우수한 건축가는 자기가 설계하는 건물을 주위 환경과 연관시키려고 최선을 다하겠지만 자기가 위임받은 대지 밖에서 일어나는 일에 대해서는 어떻게 할 재간이 없다. 그래서 건물 하나만을 설계하는 것이 아니고 도시를 설계하는 사람이 누군가 필요하다(강병기, 2009: 207 참조).

이와 같이 개별로서의 건축과 전체로서의 도시계획, 이 두 분야의 중간 영역으로서 도시설계는 부분과 전체를 연결하고 포괄하는 계획 수법이어야 한다고 강병기 교수는 주장한다. 그는 도시의 현상은 그 안의 개별 주체가 결정한 결과이며 이들의 결정과 행동이 도시를 변화시킨다고 하였다.

오늘날 우리 눈앞에 놓여 있는 도시의 실태는 결코 우연의 산물이랄 수 없다. 그것은 도시공간 내에 작용하는 상호작용에 관한 충분한 배려 없이 별개의 목적을 위해서 이루어진 각각의 주체들의 결정이 빚어낸 결과인 것이다(강병기, 2009: 207~208 참조).

도시계획이 다루지 못하는 부분을 도시설계로서 달성할 수 있다는 생각은 여기에서 나온다. 그간의 도시계획에서는 도시를 구성하는 다양하고 다원적인 다수의 주체를 고려하지 못하고 '평균'이라는 허상으로 단일화 또는 단순화시켜 계획하고 결정해 왔다는 것이다. 그러한 결과로 산출된 도시계획은 현실의 그 어느 것과도 일치할 수 없으며 그러한 결정에 대해서 시민은 거부감을 갖고 반발하게 된다는 것이다. 작은 단위에서 각각의 주체를 대상으로 하는 도시설계는 이러한 괴리와 반목을 공존과 공생으로 전환시킬 가능성을 가지고 있다고 보았다.

다양하고 다원적인 다수의 주체에 의한 결정과 행동이 도시 그 자체를 내부에서 움직이게 하고 그 결과로서 도시의 실태가 우리 눈앞에 놓여 있는 것이다. 이 사실을 저버리고 도시의 주체들을 조직, 평균적 인간, 대중, 기능 등으로 추상화하고 무기화(無機化)하고 몇몇 소수의 주체로 축소시킨 허위의 바탕 위에서 도시계획은 성립되어 왔다.

그뿐만 아니라, 엄청난 다수를 한정된 복수로 대체하고 도시로서 총체의 논리만 앞세우다 보면 각 주체의 개별적 논리와 마찰이 있게 마련이다. 설사 각 주체의 평균적 의사결정이 가능하더라도 그 '평균'이란 것이 지니는 공허감을 어찌할 수 없다. 그 때문에 이러한 도시계획적 결정이 개별 건축 행동의 틀로서 주어졌을 때 그것을 우리의 결정, 공동의 이익을 위한 결정이라고 받아들이기보다 나의 자유를 묶는 결정, 빠져나갈 수 있으면 빠져나가야 하는 결정으로 받아들이는 일 또한 어찌할 수 없는 일이다. 나의 의사가 추상적인 인간이나 평균적 인간의 의사로서 반영되고 결정에 참가한 것으로 간주되는 데에 도시와 개별 건축물 사이의 괴리를 가져오는 근원적인 이유가 숨어 있다. '어번 디자인'은 바로 이 괴리와 반목의 상태를 공존, 공생 또는 공화의 상태로 지양시켜야 하지 않겠느냐 하는 환경적 명제에서 소명되고 부각되는 것이다(강병기, 2009: 208 참조).

그렇다면 도시설계는 무엇을 하는 것이며 도시설계를 통해서 지향하는 바는 무엇인가? 위에서 언급했듯이 강병기 교수는 도시설계가 전체와 부분 그리고 부분 간의 매개 역할을 함으로써 도시를 구성하는 주체 간의 상호 관계를 디자인하는 역할을 해야 한다고 주장한다. 그리고 여기에는 물리적 주체만이 아니라 물리적 주체를 만들어내는 사회경제적 배경까지도 포함시켜야 한다는 점을 강조한다.

(도시설계는) 총체와 부분, 부분과 부분 간에 공존의 논리와 질서를 찾아내어 주는 매개 역할을 하며 주체 간의 상호 관계를 '디자인'하는 일이 필요해진 것이다. 매개 역할과 상호 관계를 '디자인'하기 위해서 상태와 공간의 성립 배경과 동

인이 되는 사회·경제적 상호 관계까지 관여해야 된다. 그러한 상호 관계의 조정은 가능하면 주민참여라든가 이해관계자 참여를 원칙으로 한다. 이와 같은 참여로 말미암아 잠재적인 상호 관계의 충돌이 첨예하게 부각되고 상호 견제도 작용함으로써 매개의 실마리를 쉽게 찾아줄 수 있다(강병기, 2009: 208~209 참조).

그리고 도시설계는 다수의 주체가 도시공간에서 공존하도록 주체들의 상호 관계를 디자인하는 도시계획의 실천 수단이지만, 도시 전체를 대상으로 수립되는 도시계획의 논리를 단지 구체적으로 집행하는 수단이어서는 안 된다는 점을 강조한다. 즉 도시계획은 전체적인 차원의 논리이며 이는 원칙에 머물러야 하고 그러한 원칙 안에서 개별 주체의 창의적이고 자유로운 건축적 참여는 보장해야 한다는 것이다. 아울러 개별 대지를 대상으로 하는 건축 부문에 대해서는 도시설계가 건축 자체에 대한 간섭이 아니라 건축물의 상호 관계나 미학적 균형을 이룰 수 있는 최소한의 원칙만을 제시하고 건축설계 자체는 건축 분야에 맡겨둠으로써 일체화된 도시공간을 만들어낼 수 있다고 주장한다.

도시설계는 바로 도시계획의 실천의 방도이자 실천의 현장 작업이라고 말해도 좋다. 도시계획은 실천 또는 실현되지 않는 한 그 유효성을 발휘 못한다. 그럼에도 불구하고 지금까지 실천의 효과적 방도를 갖지 못하고 있었던 것이다. 그러나 여기서 명심해야 할 점은 이러한 도시설계의 일이 마치 만사형통의 칼자루를 쥐고 있는 것처럼 착각해서는 아니 된다. 분명한 일은 도시공간이라는 다수 주체가 존재하는 장에서 그들이 공존할 수 있는 상호 관계를 '디자인'한다는 점이다.

…… 총체의 논리 위에 이룩된 도시계획의 의향과 의도를 세부까지 지시하고 규정하는 일은 결코 도시설계라 할 수 없다. (중략) 건전한 개체가 불편을 느끼고 압박을 느끼는 총체의 논리 역시 건전치 못한 것이다. 총체의 논리가 원칙에 그치는 것이 곧, 개개 주체의 창의적이고 자유로운 참가를 조장하는 길이다.

…… 개개 건축은 개개 건축가에게 일임하더라도 건전한 상호 관계와 미학적

으로도 건전한 균형을 얻을 수 있는 최소한의 원칙 즉, 참가의 '시스템'이나 설계의 틀(design structure)을 주어야 한다. 거기서부터 개개의 내·외부 공간을 활성화시키면서 하나의 도시공간이라는 실체로 만들어가는 일이 도시설계가 해야 할 일이며, 또 도시설계가 아니면 할 수 없는 일이다(강병기, 2009: 209 참조).

그는 도시설계가 도시계획과 건축의 중간 영역에서 다양, 다중, 다원적인 다수의 주체 간에 건전한 상호 관계를 디자인하는 역할을 한다는 점에서 도시설계는 물적, 비물적 부문을 포괄하는 종합적 작업이어야 한다고 주장한다. 도시설계는 경관이나 미관 등 도시의 물리적 형태뿐만 아니라 대상 주체가 도시 형성에 참여하는 시스템이나 원칙을 포함하는 것이라고 이야기한다. 이러한 종합적 계획으로서 도시설계가 효과적으로 기능을 하기 위해서는 공간적 범위도 지구(地區) 단위가 적절하다고 제안한다(강병기, 2009: 212 참조).

(도시설계에서) '디자인'의 뜻을 형태적인 것에 한정해서는 아니 되며 사회 경제적인 측면에서도 개체와 총체의 균형을 '컨트롤'할 수 있는 참가의 '시스템' 또는 원칙을 포괄하는 광의로 이해되어야 함은 물론이다.

시각적 측면에서만 생각한다면 옳은 말이겠으나 좀 더 사회, 경제, 기술, 미학의 종합적 균형을 이루고 있는 일상 생활환경이란 뜻으로 생각해서 나는 도시공간을 주된 대상 영역으로 보고 싶다. 그것도 인간의 인지 한계를 고려한다면 지구(地區) 공간 정도로 좁혀 생각함이 옳다. 그러므로 도시가 특징 있는 지구 공간의 '모자이크'로 이루어질 수 있을 것이다.

5) 도시설계의 주체는 누구인가?

강병기 교수는 도시를 만들어가는 과정에 주민이 참여해야 한다고 역설한

〈그림 1-6〉 도시설계안의 작성 과정

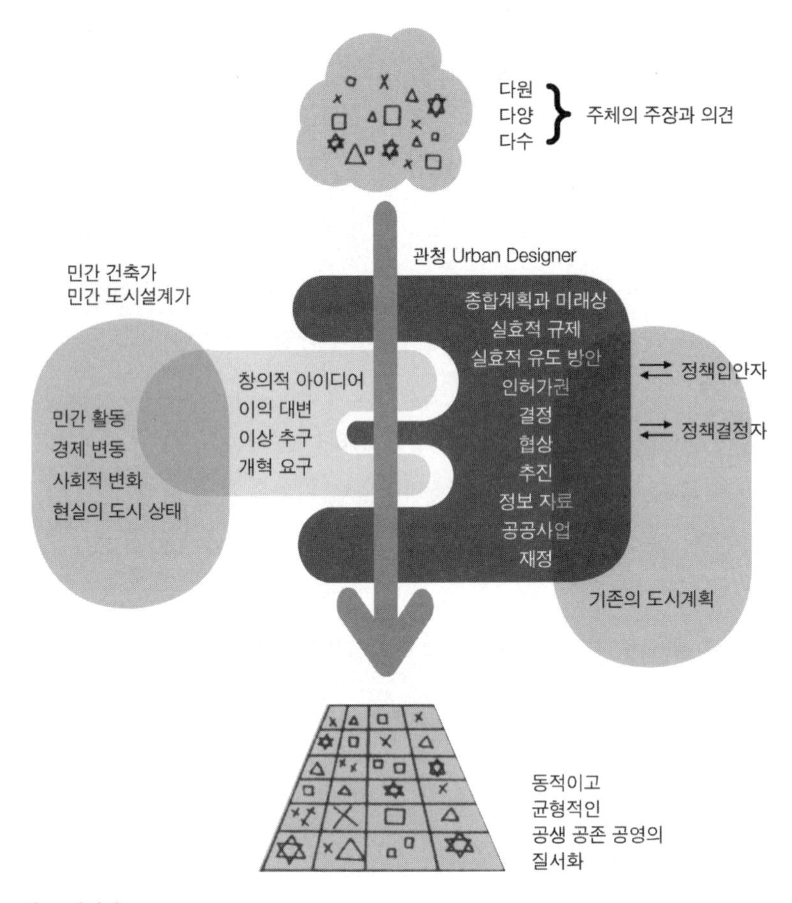

자료: 강병기(2009: 210).

다. 그동안 행정과 전문가들의 손에 맡겨 두었던 도시 형성 작업에 그 지역에서 생활하는 주민이 참여했을 때 비로소 주민을 위한 환경을 만들어낼 수 있으며 그러한 과정과 결과를 주민이 함께 누릴 수 있다는 것이다.

21세기는 참여의 세기라는 전망도 있다. 도시는 거기서 생활하는 주민의 참여하에 만들어져야 한다. 그래야 그들을 위한 환경이 되고 그들이 실감한다(강병기,

2007: 325~326 참조).

그는 주민참여라는 측면에서 볼 때 도시설계는 생활권을 위주로 하는 계획인 만큼 주민과 가까운 생활밀착형 제도이며 주민의 참여도 용이한 제도라고 평가한다. 다만 제도의 마련보다 중요한 것은 그 운영이며 실천임을 강조한다. 그동안의 주민참여제도가 있었음에도 불구하고 형식적으로만 진행되었고 실질적으로 주민이 참여한 실감은 실현되지 못했으며 이와 같이 제도가 형식적으로 이행되는 것은 배신감과 소외감을 심화시킬 뿐이라는 것이다. 여기에는 주민의 역할도 큰 것으로 보인다. 주민 스스로가 적극적인 자세로 계획과 실천 과정에 참여해야 한다는 것이다. 공공에서 해주는 대로 받기만 했던 소극적 자세에서 벗어나 '나'와 '우리'를 위한 계획을 정정당당하게 요구하는 주민의 적극적인 자세를 요청한다.

> 주민의 소극적인 자세는 공공이 주민을 우습게 여기는 계기를 만들 뿐이다. (중략) 제도의 정상적인 운용을 정정당당하게 요구하는 적극성이 주민에게 요청된다. 그래야 전문가나 엘리트 집단이 자기네 판단으로 만들고 기성복처럼 주는 추상적인 '사람을 위한 도시'나 '살기 좋은 도시'가 아니라 맞춤형인 '나 또는 우리를 위한 도시'와 '나와 우리가 살기 좋은 도시'를 만들고 만들어 받을 수 있다. 그 속에서 주민에 의한 발상과 참여를 통한 주민 디자인이 생겨날 것이며, 그렇게 되는 날에 우리 국토의 모든 삶터는 주민을 위한 환경으로 꾸며지고 디자인될 것이다. 생산을 위한 노동력에서 사람으로서의 존엄성을 찾고 네 발로 기지 말고 두 다리로 꼿꼿하게 일어서서 도시의 주인 행세를 할 때 도시는 당신을 위한 공간이 될 것이다(강병기, 2007: 326 참조).

도시설계의 과정에 주민이 그들의 정당한 요구를 제시하고 적극적으로 참여하는 분위기가 성숙되었을 때 계획과 실행의 주체는 주민이어야 하며, 계획가나 행정은 주민의 능동적 계획 활동을 지원하는 역할에 충실해야 한다. 이와 같은 형식의 과정은 상당히 느리게 진행될 수 있으며 비효율적일(inefficient) 수 있다. 그러나 주민이 요구하는 바를 구체적으로 담을 수 있으며 또한 민주적인 실천이라는 점에서 그 결과는 지극히 효과적일(effective) 수 있을 것이다.

주민이 계획의 주체가 되는 도시설계라는 것은 무엇을 어떻게 해야 하는가? 그리고 그동안 계획 주체로서 나섰던 계획가와 행정은 어떤 일을 해야 하는가? 이와 같은 의문에 대해서 강병기 교수의 제안은 우리에게 해답의 실마리를 제공한다.[32)]

> 첫째, 주민의 자주적 참여를 원칙으로 하는 전통문화 보존적 지역정비 사업이어야 한다. 주민이 움직이지 않는 지역에서의 지역 보존 가능성은 없다.
>
> 둘째, 지역 장래의 목표가 설정되어야 하고 그 목표 달성을 위해 예상되는 주민의 개발 행위 중 장려되어야 할 것과 억제되어야 할 것이 무엇인가에 대한 판단 또는 가치 기준에 관하여 주민 사이의 합의가 있어야 한다.
>
> 셋째, 모든 대화와 토론은 당위론이나 추상론을 되도록 배제하고 객관적 사실에 근거한 자료에 의하여 진행되어야 한다. 이 자료 작성 과정에 계획가가 참여해야 하는데 이때 이 지역의 변화를 제어한다는 차원에서 적절한 조작 단위를 찾아내고, 그것을 주민들에게 설득하는 일이 상당히 중요하다.
>
> 넷째, 조작 단위마다 보존과 개발의 정도에 관해 주민 참여하에 판단을 내리고 그 결과를 오버랩(overlap)한 지도를 만들어 그 중첩의 정도에 따라 지역공간을 여러 개의 모자이크로 구분한다.

---

32) 강병기 교수는 「한옥보존지역의 도시설계 전략」(1991)에서 서울의 북촌 지역에 대한 전통문화의 보전과 관리를 위한 주민참여형 도시설계 접근방안을 제시하였다(강병기, 2009: 247~248 참조).

다섯째, 가장 변화하지 않는 것과 지구(地區), 가장 많이 변화를 허용하는 것과 지구를 양 극단으로 하고 지구 구분에 따라 조금씩 강도를 달리하는 정비지침을 공개적인 주민대화를 통하여 마련한다.

여섯째, 행정과 계획가는 주민보다 앞서가지 말고 나란히 또는 뒤에 가려져 행동하는 존재라야 성공할 수 있다. 주민을 앞세운 철저한 풀뿌리 민주주의만이 성공의 전략이다. 주민들은 여차하면 삐지고 태도가 돌변하는 속성을 가진 주체임을 명심해야 한다.

끝으로 전통적 지역이란 단시일에 형성된 것이 아닌 것처럼 앞으로의 전통문화지역 역시 느릿하고 더딘 변화의 수용 과정과 숙성의 과정을 통해야만 형성된다. 서두르지 않는 것 또한 중요한 전략이다.

4. 강병기 교수의 도시설계 결과물

1) 도시정비 정책으로서의 도시설계

1970년 강병기 교수가 국내에서 활동한 이후 대외적으로 알려진 도시설계 분야 첫 번째 작업은 1979년에 있었던 번역서 발간이다.[33] 『도시설계와 도시정책』은 미국에서 1974년에 출간된 조너선 바넷(Jonathan Barnett)의 'Urban design as Public policy'라는 도서를 번역한 것인데, 이 책은 세계적 대도시인 뉴욕이 안고 있던 도시문제의 해결과 도시정비를 위해 뉴욕시에 창설된 도시설계팀인 Urban Design Group(U.D.G)의 활동을 다루고 있다.[34]

---

33) Urban design as Public policy의 한글 번역판인 『도시설계와 도시정책』은 법문사(法文社)에서 1979년에 초판이 발행되었다. 필자 주.

34) U.D.G(Urban Design Group)에 관해서는 각주 7) 참조.

강병기 교수가 조너선 바넷의 *Urban design as Public policy*를 읽으면서 큰 감홍을 받았던 데에는 이 책에서 주장하는 도시설계(urban design)가 그 이전까지 제기되어 왔던 많은 도시설계안과는 전혀 다른 것이었다는 데 있는 것 같다. 조너선 바넷도 서문에서 도시설계는 이상적인 그림이 아닌 현실에 바탕을 둔 것이라는 점을 이야기 한다.

> 우리들은 이미 우리 도시의 일부가 되고 있는 사회적·재정적 그리고 문화적인 막대한 자본 투하는 쉽사리 쓸어 없애버릴 수 없는 것이라는 전제에 서서 앞으로의 논의를 전개해 나간다(바네트, 1982: 9 참조).

당시까지 도시설계라고 알려진 안(安)들은 크게 '근대화운동(modern movement)'과 '미래주의' 그리고 '사회 개혁'에 기반을 둔 제안 등이 주류를 이루었다. 모더니즘에 근거한 도시 모델은 프랑스의 건축가인 르코르뷔지에(Le Corbusier)의 대도시 계획안 및 근대건축국제회의(C.I.A.M)의 도시 모델 등이 대표적인 예이며, 미래 도시에 대한 제안으로는 움직이는 곤충이나 구형(球形)의 벌집 또는 무한 확대되는 스페이스 프레임(space frame) 등의 형태로 제안되었다. 그러나 이들 두 가지 유형의 도시설계안은 현실 도시의 상황을 무시한 발상(發想)이었다는 공통점을 갖는다. 그러나 그 결과는 매우 대조적이었는데, 모더니즘은 타성에 젖은 행정과 경제적 이익을 추구했던 민간 주체에 의해 받아들여져 급속히 확산되었고 그 결과로 비인간적이고 획일적인 도시를 만들어냈다는 비판을 받게 된다. 또한 미래주의자들에 의한 미래형 도시는 그야말로 '환상'에 불과한 것이며 그러한 도시가 전제로 하는 사회구조는 대단히 퇴보적인 것이라는 평가를 받는다. '사회 개혁'을 전제로 하는 주장은 도시는 그 사회의 표현 형식이므로 사회의 개혁이 이루어지기 전에는 도시가 좋아질 가망이 없다는 주장이다. 이러한 주장은 도시설계가로서의 책임을 회피하는 것으로, 즉 도시설계가 사회에 유용한 기여를 할 수 있는 길은 물적 환경의 보전이나 개선에 관계되는 영역을 떠나서는 있을 수 없다는 것이다(바네트, 1982: 9~11 참조).

도시설계는 현재 상태의 도시를 인정하고 그 위에서 진행되어야 한다는 전제를 바탕으로 조너선 바넷과 그의 동료들(U.D.G)이 해왔던 뉴욕시의 도시설계라는 것은 도시의 환경적 문제를 다루는 기법이었다. 또한 조너선 바넷은 『도시설계와 도시정책』의 내용도 그들이 수행했던 실제 도시설계 사례이며, 따라서 비슷한 상황에 처한 다른 경우에도 실행력이 높다는 점을 강조한다.

> 도시의 성장과 변화의 결과를 예견하고, 그들을 바람직스럽고 유익한 것으로 유도해 나가는 발전적 방법론을 모색해 보자는 것이 이 책의 주제인 것이다. (중략) 여기서 다루고자 하는 것은 기존의 도시 속에서 발견되었거나 새로운 지역을 개발하면서 고안된 여러 가지 환경 문제를 다루는 중요한 기법에 관한 것이다. 여기에 제시된 실제적 방법들은 그 내용이 명확할 뿐 아니라 실행 가능한 것들이다. 그 대부분의 경우 독자들 자신이 기존의 상황이나 방법보다 나은 것인지 어떤지를 판단할 수 있게 실시예(實施例)가 제시되어 있다(바네트, 1982: 8~9 참조).

조너선 바넷은 도시설계의 영역과 역할이 현장에서 의사결정에 적극적으로 참여하는 것이라 주장한다. 그러기 위해서는 단순히 물리적 형태만을 고려하는 것이 아니라 물리적 형태를 만들어내는 사회·경제적인 상황과 이들의 작용 메커니즘 그리고 정치와 행정 등에 대한 이해력을 갖추고 있어야 한다는 것이다. 그러한 자질을 갖추고 도시설계가는 미래의 결과가 아닌 현재 진행 중인 과정 속에서 작업해야 하고, 제도판이 아닌 현장에서 정책 결정에 적극적으로 참여해야 된다는 점을 강조하고 있다.

> 도시란 것은 지금부터 20년 후에 이런 모습이 되어야 한다고 그림으로 그린다고 디자인되는 것은 아니다. 도시란 매일매일 끊임없이 계속되는 의사결정의 과정을 통해서 만들어져 가는 것이다. 만약 디자이너로서 훈련받은 사람들이 도시

의 조형에 대해서 영향력을 발휘해야 한다면 그들은 디자인에 관한 중대한 결정이 내려지는 바로 그 현장에 언제나 참가하여야만 된다.

건축가와 도시계획가는 자기들이야말로 신성한 문화의 등불을 수호하는 자이며, 사회적 양심의 옹호자라는 이상한 자부심을 전통적으로 이어받아 왔다. 그렇기에 참다운 직업적 전문가(professional)나 예술가는 행정이나 정치 또는 부동산 개발의 일상적 과정에 너무 깊이 관여해서는 안 된다는 것이 전통처럼 되어왔다. 그 대신 그들은 성명서나 미래 구상도로서 자기의 의사를 정책결정자에게 전달하여 왔다. 그러나 이러한 것들은 정책결정자의 입장에서 보면 너무나 이상적이거나, 아니면 당면하고 있는 현실 문제에 아무런 해결의 실마리를 주고 있지 않다고 생각하는 것도 무리는 아니다.

어떤 도시설계의 개념을 정치적으로나 경제적으로 유효하고도 타당성 있는 것으로 완성시켜 나가는 과정은 디자인 자체를 발전시켜 나가는 과정에 있어 지금까지는 예상치도 못했던 가치 있는 도움을 줄 것이다. 경우에 따라서는 디자인 목적의 내용까지도 뒤바꾸어 놓을지도 모른다.

도시설계가는 정책 결정 과정과는 무관한 입장에서 최종적 완성품으로서 도시의 설계를 제공하는 것이 아니라 시대와 필요의 변화에 따라 수정되어가는 제도의 틀 안에서 도시의 조형을 좌우할 만한 중요한 결정은 어떻게 이루어져야 하는가 하는 규칙을 만들어내야 한다(바네트, 1982: 12~13 참조).

강병기 교수는 조너선 바넷의 생각에 크게 공감하고 그에 기초하여 도시설계에 대한 자신의 설계관을 확립한 것으로 보인다. 도시설계의 현장성, 과정 지향성, 민간 주체의 참여 등 조너선 바넷이 주장했던 도시설계의 주제들은 강병기 교수의 많은 글들에서 지속적으로 인용되고 주장되어 왔다. 그리고 그러한 주장은 이후 「도시설계 수립 지침을 위한 연구」와 「서울시 간선도로변에 대한 도시설계」 등의 연구결과에도 반영됨으로써 우리의 도시설계 방향을 정립하려는 노력으로 이어졌다.

특히 그동안 시민의 공익을 위한 공공시설의 공급자는 오로지 공공 부문이라는 생각을 뛰어 넘어 민간 개발자도 공익에 기여할 수 있다는 생각을 하고 민간의 공공에 대한 기여를 유도했던 그들의 사고와 노력에 큰 영향을 받은 것으로 보인다. 강병기 교수는 도시를 만들어내는 것은 공공이든 민간이든 개별 주체의 건축 행위이므로, 전체로서 미래의 모습을 확정해 놓고 계획을 밀어붙이는 방식의 문제에 대한 대안으로서 민간에서 따라올 만한 유인책을 만들고 민간 스스로가 선택하여 공익에 기여하게 한다는 전략을 도시설계의 핵심으로 보았다.

> 이들 수법의 일관된 전략은 도시 속에서 작용하고 있는 자본의 이윤추구라는 기업이나 개발업자들의 행정 원리를 부정적으로 억누르거나 저지하려고만 덤비는 게 아니라 거꾸로 그러한 행동 원리를 역이용하여 공공과 시민을 위하여 도시에 어떤 기여를 할 경우에는 그에 대한 어느 정도의 보상을 공간의 양으로 반대급부하는 소위 '인센티브'를 줌으로써 도시 내의 건설 활동을 공공에 유리한 방향으로 유도해 나간다.[35)]

그리고 U.D.G가 시도했던 뉴욕에서의 도시설계 작업과 정책을 통해서 도시계획이나 건축과 구분되는 도시설계의 독자적 영역과 역할을 이야기하고 있다. 즉 '건물을 설계하지 않고 도시를 설계한다'는, 건축과 명확하게 구별되는 도시설계의 독자적 영역이며 역할을 이야기한다.

---

35) 『도시설계와 도시정책』의 역자 후기(바네트, 1982: 206 참조).

〈그림 1-7〉『도시설계와 도시정책』 표지

자료: 바네트(1982), 표지.

그들은 어디까지나 도시를 설계하는 일을 주 임무로 하고 있으며, 개개 건물의 설계에는 손대지 않는 것을 원칙으로 한다. 개개의 건물설계를 하지 않고도 도시는 디자인할 수 있다는 것이 그들의 주장이고, 또 그 실례들을 풍부하게 보여주고 있다. 건물을 설계하지 않고 도시를 설계할 수 있는 직능을 어번 디자인이라고 하여 건축설계와 엄격히 구분해 주고 있다(바네트, 1982: 207 참조).

또한, 린지 뉴욕 시장이 뉴욕의 도시문제를 해결하기 위해 시청 내에 상설 전문가 그룹(U.D.G)을 설치하여 운영한 도시 설계 정책에 대해서도 큰 의의를 두었다. 도시정부인 지방자치단체의 주요 업무가 도시에 대한 계획과 관리라는 점에서 도시계획은 도시 행정부 내의 특정 부서만의 업무가 아니다. 대부분의 부서가 직간접적으로 도시계획과 연관되어 있다. 그러한 점에서 U.D.G가 린지 시장을 도와 시민과 공공의 입장에서 대안을 구상하고 민간 개발자와 씨름하면서 도시를 정비하려던 노력은 오늘 우리의 지방정부에도 시사하는 바가 매우 크다.[36]

린지 시장이 시민들의 일상생활의 차원과 범위를 도시행정의 단위로 하고, 그 차원에서 모든 도시서비스의 조정과 시민 요구의 창구로서의 기능을 다하려고 한 것이 Small City Hall의 제창이었던 것이다. 이런 제안을 도시건설과 정비의 현장

36) U.D.G에 관한 내용은 각주 9) 참조.

에 반영시킨 것이 U.D.G요, 시장실 직속으로 지역별로 만들어진 개발계획실들이다. 그리고 그 구성원들은 전문적 지식과 기술을 갖고 도시 형성의 역학적 장 속에서 시민과 공공의 입장에 입각해서 도시의 형태적 형성을 유도해 나가는 역할과 기능이 주어진 어번 디자이너들이다. 그들은 실제로 도시의 일부분을 설계할 수도 있고, 또 어떤 개발업자의 개발 제안에 대해서 공공과 시민의 입장에서 대안을 시사하기도 하는 실천적이고 구체적인 문제 해결을 제시해 나가는 사람들이다(바네트, 1982: 206-207 참조).

2) 도시설계 작성 기준 연구

1980년 건축법에 도시설계 제도가 도입되고[37] 나서 정부의 주무 부처인 건설부에서는 도시설계의 시행을 위한 세부 규정이 필요했고 1981년 강병기 교수에게 건축법에 도입된 도시설계의 세부 시행규정 마련을 위한 연구를 의뢰한다. 그 결과로 그 해 말에 「건축법 8조2항에 따른 도시설계의 작성기준 연구」라는 결과보고서가 나오게 된다. 이 연구에서 강병기 교수는 조너선 바넷이 주장했던 현대 도시에서의 도시설계에 대한 개념과 영역 그리고 역할을 우리나라에 제도로서 도입하고자 했다.

이때는 『도시정책과 도시설계』라는 책이 이미 출간된 뒤였지요. 나로서는 준비도 미리 했었고 그러한 것을 가르쳐왔기 때문에 나름의 개념을 갖고 있었지만, 그걸, 좋을 것 같아서 법제화한 사람들은 과연 어찌 해야 할지를 모르는 준비 부족 상황이었어요. 그때 건설부 건축담당관이 한규봉 씨에요. 건축담당관이 여홍구

37) 우리나라의 도시설계 제도는 1980년 1월에 건축법 제8조의2(도심부내의 건축물에 대한 특례)라는 조항으로 도입되었으며, 같은 해 11월 건축법 시행령 제11조의2에 '도시설계의 작성기준'이 신설되었다.

교수를 통해서 이 일을 해달라고 해서 하게 됐어요. 그러니깐 나 자신도 제도화 문제에 있어서는 암중모색 중이었죠(대한국토·도시계획학회, 2009: 172 참조).

이 연구는 우리나라에 최초로 도입된 도시설계의 개념을 정립하고, 도시설계의 입안, 운영에 요구되는 지침과 기법을 제시했다는 데에 의의가 있다. 이러한 의도는 그 연구의 배경과 목적에서 구체적으로 나타나고 있다. 연구의 배경에서 도시설계는 그동안 도시계획과 건축만으로 해결될 수 없는 계획의 영역이 존재하며, 법의 규정에 맞추어진 계획이 만들어내는 최저 수준의 환경, 규정의 일괄적 적용으로 인한 지역 특성의 무시, 사유재산권 통제에 대한 무보상 등의 문제가 장래의 도시 환경에서 더 이상 지속되는 것은 곤란하다는 점을 들고 있다.

지금까지 우리나라에 도시계획법과 건축법을 위시하여 계획이나 설계에 관한 규제가 없었던 것은 아니다. 많은 보완이 필요하겠지만 주로 도시공간의 거시적인 패턴과 용도를 다루는 도시계획법의 체계와 개개 건축물의 설계에 관한 미시적 규제가 있어 왔다.

다만 이들 규제법들은 첫째 그 법 정신이 주로 주거환경의 최저 수준 확보에 중점을 두어왔기 때문에 그 최저 기준만 만족시키면 어떤 개발이든 허용되어 버렸고 현실적으로 조성되는 환경은 최저 기준 이상으로 되기 힘들게 되었다.

둘째로 법의 적용에 있어서 누구에게나 어느 곳에서나 개별적 차등을 두지 않고 일괄적으로 적용하기 때문에 대도시와 소도읍을 막론하고 또 도심부에서나 변두리지역에서나 마찬가지 규제를 적용시키므로 지역적인 개별 조건에 대한 대응의 길이 마련되어 있지 않았다.

셋째로 법의 성격이 경찰권적인 것이어서 공공의 안녕과 질서 그리고 공공의 복리를 위한다는 입장에서 법에 의한 사권의 제약에 대하여 아무런 보상이 뒤따르지 않는 법체계이었다. 이러한 최저 수준 지향적이고 도시나 지구의 개별성을 무시하고 경찰권적으로 규제하는 환경 제어의 방식도 그런대로 효과를 발휘해 왔다고 보아진다. 그러나 차차 도시 환경이 그 복잡성을 증대시키고 도시나 지구마다의 다양성이 더해지고 또 보다 바람직한 환경(최적 환경)에 대한 주민의 의식과 욕구가 증가됨에 따라 어떠한 보완과 방향의 수정이 대두된 것이다.

건축법 8조의 2의 '도시설계'에 관한 조항의 법 삽입은 위와 같은 시대적 흐름의 맥락 속에서 파악되어야 한다. 따라서 이 연구에서는 건축법 8조의 2를 기본적 바탕으로 하면서 위에서 지적한 현재 법체계가 지니고 있는 결점들을 보완하는 계획 및 설계의 제어 방법에 관하여 연구코자 한다(건설부, 1981: 7~8 참조).

그리고 이러한 배경하에서 도시설계 작성기준에 관한 연구의 방향은 우리나라에 도입된 제도로서의 도시설계란 무엇이며, 행정 부문에서 도시설계를 어떻게 계획하고 시행할 것인가, 도시설계(안)를 수립하는 계획가가 알아야 할 설계기법은 무엇인가를 연구의 목표로 제시하고 있다.

"〈생략〉 우리나라에 처음 도입된 '도시설계'에 관하여

첫째, 동법이 뜻하는 '도시설계'의 개념을 정립하고,

둘째, '도시설계'를 입안 작성하고 운용할 시장·군수가 준거해야 할 지침을 마련하고,

셋째, '도시설계'를 작성해야 하는 실무자가 참고로 할 만한 설계 제어(Design Control)의 기법에 관하여 연구 소개를 하고,

넷째, 각 도시 또는 동일 도시라 할지라도 그 특성과 문화적, 환경적 배경을 달리하는 개개 구역의 사정과 형편에 따라 다양하게 마련될 것이 예상되는 Design control의 기준에 관하여 참고 예를 제시하는 것을 목적으로 한다(건설부, 1981: 7 참조).

그런데 조너선 바넷이 1960년대 뉴욕시에서 도시설계에 참여하면서 이전까지 알려져 있던 도시설계와 그들에 제안하는 도시설계가 다르다는 것을 주

장한 것처럼, 강병기 교수가 이 연구를 수행하던 1980년대 초반까지 우리나라에서도 도시설계에 대한 개념이 제대로 확립되어 있지 않았던 듯하다. 즉 "도시를 설계한다"는 일반적 의미의 도시설계와 지구(地區) 단위의 계획 수법으로서의 도시설계[38]에 대한 구분조차 명확하지 않았던 듯하다.

> 본 연구의 범위는 도시 환경에 관한 형태적 계획(Image 또는 Design)을 실현하기 위한 제어(Control) 수단의 하나로서 '**도시설계**(건축법 8조 2항에서 말하는 '**도시설계**')'에 한정하고, 도시설계 또는 Urban Design 일반에 관한 논의는 참고정도에 그친다.
>
> 고로 법 용어로 쓰인 '**도시설계**'는 영국 등에서 오랫동안 쓰여온 Detailed Physical Plan(물적 환경에 관하여 지구별로 구체화한 계획)의 뜻으로 바꾸어 생각하는 것이 법의 의도에 보다 가깝고, 또한 Urban Design의 우리말 도시설계 개념과의 혼동을 방지할 수 있다.
>
> 따라서 본 연구에서는 URBAN DESIGN을 뜻하는 도시설계를 어번·디자인 또는 도시설계라 표기할 것이고, 건축법 8조 2항의 '**도시설계**'는 이하 **지구설계**라 표기하여 구별한다(건설부, 1981: 9~10 참조).

또한 강병기 교수는 본인이 연구한 결과물이 자칫 잘못 활용되어 또 다른 문제를 야기할 수 있다는 점을 염려한다. 자신이 제시한 도시설계의 기준이 그동안 그래왔던 것처럼 전국 일률적인 획일적 기준으로 적용되어 지역 특성이 반영되지 않는 몰개성의 도시 환경을 초래할지도 모른다는 우려 속에서 연구의 결과를 획일화된 규정으로 이해하지 말고 지역의 특성을 최대한 살리는 데 필요한 계획 참고서로서 활용할 것을 당부하고 있다.

---

38) 1980년 건축법 8조의2에 도입된 도시설계를 의미한다.

다음에 본 연구의 기본적 입장은 새로운 법의 입안이나 법 개정 없이 현행법의 테두리 안에서 '지구설계'의 수법과 곳곳에 흩어져 있는 현행 법규의 계획 또는 설계 제어에 관한 수단들을 가능한 대로 동원하여 지구가 갖는 물적, 사회적, 경관적 개별성을 살리면서 최저 기준보다 나은 어떤 환경 수준(이것을 곧바로 최적 수준이라고 하기는 어렵다)으로 끌어올리는 방법을 모색해 보았다.

그러한 과정을 전개시키는 데 적용하는 제어 방법으로 종전의 일괄적이고 경찰권적 규제가 아닌, 지구마다 개별적이고 조장적 또는 유도적 방식을 도입할 수 있는 가능성을 연구한다.

따라서 이 연구는 법령의 전국 일률적 적용을 위한 지구설계의 기준에 관한 연구는 아니다.

여기서 연구하고 전개된 방식과 기법 그리고 기준을 지구설계를 하는 대상 도시나 대상 지구에 따라서 취사선택되고 또 개성적인 것들이 부가되어지는 그러한 방식과 기법과 기준을 작성하는 데 참고할 수 있는 한 예에 지나지 않다는 점을 특히 명심해야 한다(건설부, 1981: 10 참조).

연구 보고서에서 '지구설계'라고 이름 붙인 도시설계에 대해서 강병기 교수가 지향했던 계획적 특성과 기능은 상세성, 개별적 규제, 조장적 계획, 도시와 건축물의 매개, 횡적 조정이다(건설부, 1981: 23~26 참조). 먼저, 계획의 상세성이란 계획의 내용이 구체적이고 시민이 실감할 수 있는 것이라야 한다는 것이다. 도시(기본)계획은 도시 전체를 대상으로 하므로 소축척(小縮尺)[39]이며 내용도 추상적, 개략적 그리고 기간적(基幹的) 골격에 한정될 수밖에 없고 이로 인하여 시민이 일상생활에서 실감할 수 없다는 것이다. 그러한 상황에서는 시민들이 도시계획의 취지나 목적을 이해하고 계획의 방향에 맞추어 스스로의

39) 일반적으로 도시(기본)계획은 1/25,000 또는 1/50,000의 소축척 지도를 사용한다.

개발 행위나 건축 행위를 하기 곤란하다는 것이다. 따라서 시민이 실감할 수 있는 계획이 되기 위해서는 공간 영역을 좁힌 부분에 관해서 더욱 상세하게[40] 계획의 내용을 표현하고 이해시켜야 함을 주장한다.

두 번째는 도시설계를 통해 일반적 규제에서 개별적 규제로 나아가야 함을 이야기한다. 당시의 상황은 도시계획법에 의한 지역지구를 지정하고 그에 따른 건축규제는 건축법에 위임되어 있어 건축물 자체에 대한 최저 기준에 대한 규제만 있고 성격과 배경 그리고 계획의 목적이 각기 다른 부분 구역(sub-area)에 대한 계획이 없다는 것이다. 이에 따라 법률에서 규정한 최저 수준에 맞추어진 공간이 형성되는 결과를 초래한다는 것이다. 따라서 도시설계를 통해 개별적 건축 행위를 근린지역과의 관계나 문맥 속에서 규제함으로써 개별 구역마다의 계획 목표를 개별적으로 표현하고 규제 또는 유도해야 한다는 것이다.

세 번째는 도시설계를 통해 통제적 계획에서 유도적·조장적 계획으로 전환해야 한다는 점을 이야기한다. 규제는 사유재산권을 침해하게 되며 이로 인해 민원을 야기하게 된다는 것이다.[41] 이에 따라 계획에 의한 규제의 반대급부로 다양한 인센티브를 제공하는 방법으로 시민이나 기업의 개발 행위를 계획 목표로 유도해 가는 조장적 수법을 활용해야 한다는 것이다.

네 번째는 도시설계는 도시(기본)계획과 건축계획 사이에서 이들 간을 매개하는 계획으로서 역할을 해야 한다는 것이다. 이는 도시 전체를 다루는 도시계획과 개별 건축물을 다루는 건축계획 간에 계획 의도의 지구적 부연(敷衍)이나 전개가 없이 단락적(短絡的)으로 연결되어 있어 개별 건축물의 이용 계획에

---

40) 강병기 교수는 도시설계 도면의 축척에 대해서 독일의 B-Plan이나 스웨덴이나 네덜란드의 지구 상세계획, 영국의 Local Plan 등을 예로 들면서 1/500~1/2,500 정도를 제시하였다(건설부, 1981: 23 참조).

41) 또한 현대 도시계획에서 주민참여의 확대를 주장한다는 점에서 규제적 방법은 이율배반적인 방식이라고 주장하고 있다(건설부, 1981: 25 참조).

〈그림 1-8〉 도시의 환경 조건과 공간 요소

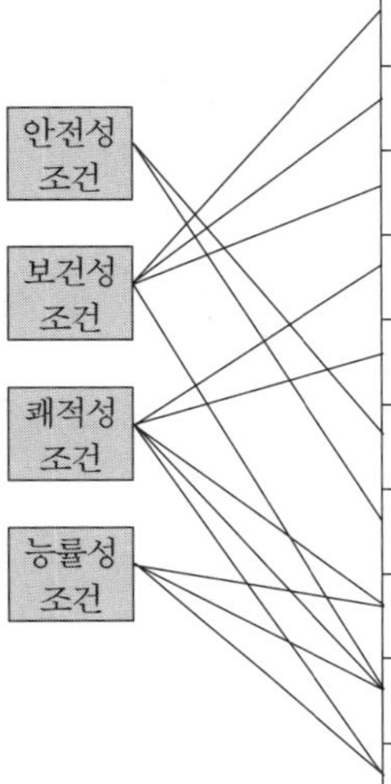

환경인자 \ 대구분 / 소구분(예)	건축물	대지	도로	건물과 건물과의 관계	건물과 도로와의 관계	대지와 도로와의 관계	건물과 대지와의 관계	인근지역과의 관계
	높이, 형태, 외벽, 창, 형식 등	규모, 형질 등	폭원, 배치 등	인동 간격 등	사선, Set Back 등	전면공지, 통로, Access 등	배치, 건축밀도 등	도시기본 계획, 도시 계획사업 등
채광	○		○	○	○		○	
일조	○	○	○	○	○		○	
통풍	○		○	○	○		○	
프라이버시		○	○	○	○		○	
소음	○		○	○	○			
방재(방화)	○	○	○	○	○	○	○	○
교통	○		○			○	○	○
미관	○	○		○	○	○	○	○
기반시설	○	○	○		○	○		○
공공공익시설	○		○			○		○

안전성 조건
보건성 조건
쾌적성 조건
능률성 조건

자료: 건설부(1981: 28).

〈표 1-2〉 도시설계를 위한 설계 제어 요소

구분	설계 제어 요소
대지	대지면적의 최소한도, 간선도로에 면한 대지의 접도 길이, 건축 가능 조건
용도	건축물의 용도 규제, 복합건물의 층별 용도 지정 및 용도 구성 비율
공지	공개공지 면적의 최소한도, 위치 지정, 특정 시설의 연상면적 공지율(일시에 많은 사람이 출입하는 시설은 유효 공지 설치 의무화)
건축물의 밀도, 높이	건폐율, 용적률, 사선제한, 높이, 층수의 최저·최고한도, 구역 전체의 건폐율과 용적률
배치	건축지정선, 건축한계선, 벽면선, 벽면지정선, 건축물의 전면 길이와 측면 폭의 비율
세가로	세가로의 지정, 보행자 공간망

자료: 건설부(1981: 158) 내용을 표로 작성.

〈표 1-3〉 도시설계 실현을 위한 유도 및 조장 방안

유형 구분		유도 방안
보상제도의 도입 (Bonus / Incentive)	합필한 대지	대지 규모의 최소한도와 기본 건폐율의 완화
	유효 공지	대지 내 유효 공지[대지 내 광장(Plaza)과 보행로(Pedestrian way)]를 마련했을 경우 일정 한도까지 용적률의 가산과 사선제한의 완화
	보행자 공간	대지의 일부를 보행자 공간으로 제공했을 경우 기준용적률에 일정 한도까지 용적률의 가산과 사선제한의 완화
	공공공지의 지정	대지 내 일정 부분 또는 대지 전체가 세가로 또는 보행자 공간, 공원 등 공공공지로 지정된 개인의 대지는 적정한 보상을 하고 수용하며 수용된 면적은 그 대지의 건축 계획 시 대지 또는 유효 공지로 간주한다.
	공중공지	복합 건물에 있어서 공중공지를 마련했을 경우 연상면적 계산에서 일정 한도의 면적을 감해 준다.
개발권 이양제도의 도입(Transfer of Development Right)	공공공지의 지정	대지 내 일정 부분 또는 대지 전체가 공공공지로 지정된 경우 그 개발권을 인근 대지나 타 구역으로 이양할 수 있다.
	특별 보존 지구의 지정	대지가 특별보존지구나 특별용도장려지구로 지정된 경우 그 개발권을 이양할 수 있다.
	높이 및 층수제한	대지가 건축물의 높이 및 층수제한 구역으로 지정된 경우 개발권을 이양할 수 있다.
세제, 융자, 보조금의 혜택		토지구획정리사업과 재개발사업의 혜택을 준용함을 원칙으로 한다.

자료: 건설부(1981: 159~1660) 내용을 표로 정리.

〈표 1-4〉 설계 규제 조건과 유도 및 조장 방안과의 관계

설계 제어 조건 유도, 조장 방안	합필한 대지	유효 공지	보행자 공간	공공 공지 지정	공중 공지	특별 보존지구 지정	높이 및 층수 제한	조사 및 계획 수립	주요 공공 시설	사업화
가산용적률		○	○	○						
사선제한의 완화		○	○	○						
대지면적 최소 한도의 완화	○						○			
건폐율의 완화	○						○			
가산대지			○	○					○	
가산상면적					○					
개발권이양		○		○		○	○			
세제, 융자, 보조금 혜택		○	○	○		○	○	○	○	○

자료: 건설부(1981: 166).

도시계획의 의도가 제대로 반영되기 곤란하다는 점을 지적한 것이다. 따라서 도시설계를 통해 도시(기본)계획이라는 전체 계획에 대해서 도시 내의 지구별 부분 계획을 세우고 도시와 건축 사이를 매개함으로써 계획의 제어를 보다 실감나게 할 수 있다는 주장이다.

마지막으로 도시설계를 통해서 도시계획의 실시 체계에 대한 횡적 조정 기능이 마련되어야 함을 이야기한다. 도시계획의 실시는 도로, 상하수도, 공원녹지, 주택 등 종적 분담 체계로 이루어져 있으나 우리의 생활환경은 구체적인 토지나 공간 영역 위에 형성되며 종합적인 것이므로 환경을 구성하는 다양한 도시 시설 중 어느 하나가 부족해도 불완전하고 불만족스럽다. 종적 시행 체계에서는 부서별 시설의 정비와 확충에는 신경을 쓰지만 다른 부서 소관의 도시 시설과 균형이 맞는지에 대해서는 무관심하다는 것이다. 실생활과 밀접한 도시설계를 통하여 분할되어 있는 건설 관리의 맥을 필요에 따라 서로 연

결시키고 묶어줌으로써 환경의 종합적 질이 향상될 수 있다는 것이다.

이 연구에서 핵심적 내용이 되는 도시설계를 통한 규제와 유도에 관한 내용을 간략히 소개한다(건설부, 1981: 158~183 참조). 도시설계를 제어하는 데 최저한도의 기준으로 요청되는 요소들을 '설계 제어 요소'로 규정하며 여기에는 대지, 용도, 공지, 건축물의 밀도와 높이, 배치, 세가로에 관련된 요소들로 구성되어 있다(건설부, 1981: 158 참조).

그리고 도시설계의 실현을 위한 유도 및 조장 방안에 대한 방안도 제시하고 있는데, 보상제도(incentive), 개발권 양도제(TDR)와 같은 물적 계획 부문뿐만 아니라 세제, 융자, 보조금 등의 재정적 지원에 대한 방안까지 고려하고 있다. 보상제도의 경우 합필 개발, 유효 공지의 제공, 보행자 공간의 제공, 공공공지로의 지정, 공중공지의 제공[42] 등의 경우에 적용될 수 있으며, 공공공지 또는 특별보존지구로 지정되거나 높이나 층수의 제한을 받는 경우에는 개발권을 이양할 수 있도록 하고 있다. 또한 도시설계의 유도 방안으로서 세제, 융자, 보조금 등의 지원을 토지구획정리사업과 재개발사업 수준으로 정하고 있어 물리적 측면뿐만 아니라 경제적 측면도 포함하는 유도 방안을 제시하고 있다(건설부, 1981: 159~166 참조).

3) 「서울특별시 주요 간선도로변 도시설계」

1981년 말에 완료된 「도시설계의 작성기준에 관한 연구」 이후 강병기 교수는 서울시 중심부의 가로변을 대상으로 하는 도시설계 작업에 들어간다. 당시 정부에서는 86아시안게임과 88올림픽게임을 대비하여 국제 도시로서의 서울

---

42) 공중공지의 제공에 따른 인센티브 연구는 이후 강병기 교수팀에 의해 수행된 「서울시 주요 간선도로변 도시설계」(1983)에 실제로 적용되었으며, 그러한 유도 방안에 관심을 가지고 실현된 대표적 사례가 명동 입구의 서울신탁은행 빌딩이다(강병기, 2009: 23~39 참조).

의 위상을 높이고 대외적인 도시 이미지 쇄신을 위하여 도심지역을 중심으로 도시정비를 추진하고자 도시설계를 진행했다.[43] 서울시에서는 마침 도시설계 작성 기준에 관한 연구를 막 끝냈던 강병기 교수가 그 일을 맡기에 적격이었던 것으로 판단했던 것 같다. 이에 1982년부터 1983년 초까지 서울시 종로구와 중구 일대의 도심지역을 대상으로 하는 도시설계 작업이 진행되었다.

> 정통성 콤플렉스를 가진 당시의 군부집권세력은 대외적 이미지 제고의 길을 찾는 데 혈안이 되어 있었고 아시안 게임은 그 절호의 기회로 기대되었다. 단시일 안에 수도 서울을 비롯한 여러 도시의 모습을 국제 수준의 것으로 치장할 묘수를 찾으라는 엄명이 각 부처와 도시 정부에 하달되었다. 고민하던 당시 김성배 서울시장은 1981년에 도입된 '도시설계 제도'에 착목하였다(강병기, 2009: 26 참조).

강병기 교수는 이 도시설계가 1980년에 건축법에 신설된 '도시설계' 제도를 실제 적용한 작품이었으며, 1981년에 마친 도시설계 작성기준 연구 프로젝트에서 검토한 도시설계의 제어 요소와 유도 및 조장 기법을 충분히 활용한 내용으로 구성되었다고 자평한다. 즉, 그 도시설계의 전략은 기존 법제도대로 건축하는 방법과 공익에 기여하면서 기존 제도를 초과하는 건축적 이득을 얻는 방법 중 개발자가 선택하도록 하는 것이 핵심이었다. 그런데 이 프로젝트의 발주기관인 서울시와 계획가인 강병기 교수 사이에는 큰 오해가 있었다. 서울시장도 도시설계라는 것이 마치 건축설계처럼 보고서에서 제시하는 대로

---

43) 서울 도심지역의 도시설계와 관련하여 1977~1979년에 도심 건축물의 규모, 용적 및 높이에 관한 기준이 작성되었고, 1981년 5월 22일에 도심부 건축물의 고도기준 조정에 대한 주요 간선도로변 도시설계 시행방침이 결정되었다. 그리고 이 도시설계안의 목표연도는 단기 1988년, 중장기 2001년으로 되어 있어 88올림픽을 대비한 계획이었다는 점을 짐작케 한다(서울특별시, 1983: 2 참조).

건축물을 금방 뜯어 고치거나 꾸밀 수 있는 것으로 생각하고 있었고, 담당 공무원도 그러한 것으로 기대하고 있었던 것이다. 그러한 생각을 가지고 있던 사람들에게 '선택 대안'만을 던져주고 그 선택은 개발 주체가 알아서 하도록 한다는 방식의 도시설계안은 대단히 황당했던 것 같다.

그(김성배 서울시장)가 이해하기로 그 '설계'라는 명칭이 암시하는 바처럼 도시를 단시일 안에 치장하고 둔갑시키는 요술 같은 설계(건축설계도처럼) 방안을 기대하였던 것이다. 과대한 기대(나중에 그 기대가 착각이었음을 알고 당황하였지만)를 등에 짊어지고, 1981년 건축법 8조1항에 신설된 '도시설계 제도'를 실제 적용하는 〈서울시 주요 간선도로변 도시설계안〉 작성 프로젝트 용역이 발주되었다. 용역 결과, 제시된 안은 도시설계 제도가 갖는 유도 기제를 십분 활용한 것이었다. 그러나 거기에는 아무런 설계도면이 없었다. 그림은 가상도뿐이고 도면은 현황을 자세히 조사 분석한 야장(현장조사기록)과 그에 기초한 '유도 조건'이 적힌 그림이 곁들여진 문서였다. 이 도시설계안의 전략은 기존 법제도대로 건축하는 길과 공공의 이익(공익)에 기여하는 대신 기존 제도를 초과하는 건축적 이득을 얻는 길 중 어느 쪽이든 자유롭게 택일하도록 하는 전략이었다. 그럴싸한 주요 간선도로변 건물에 대한 치장 설계도를 기대하였던 시장은 실망하였지만 실무자에게 용역 결과의 실시 적용을 명하였다. 실무자는 딱 부러지게 이렇게 하라는 내용을 갖고 있지 아니한 도시설계안과 지침을 앞에 놓고 현실 적용이 어렵다고 판단하여 일찌감치 서랍 속으로 집어넣으려 했다(강병기, 2009: 26~28 참조).

(서울시 간선도로변 도시설계는) 1982년일 것입니다. 그런데 나는 지금도 장래를 내다보고 그것을 현재시점에 확정하는 것에는 부정적입니다. 예를 들어서 기본계획의 사상도 그렇습니다. 그것은 큰 방향을 설정하는 것이지 장래를 지금 시점에서 '특정'하는 것에 관해서는 회의적입니다. (중략) 마찬가지로 도시설계도 상당한 선택의 여지를 두어서 선택 가능한 대안 중에서 선택하도록 하는 것이 좋다

고 했습니다. 그러한 의견에 대해서 논의가 있었던 것 같고, 당시의 서울시 변영진 건축과장이 이것을 실제 행정에서 사용하기 어렵다고 했습니다. 그래서 일단 주민들에게, "선택 가능 대안이 두 가지가 있는데, 종래 건축법대로 하겠습니까? 아니면 이것을 따라서 해보겠습니까?" 하니까 새로운 방안에 대해서는 건축주도 행정도 매우 애매했습니다(강병기, 2007: 281 참조).

〈그림 1-9〉 서울특별시 주요간선도로변 도시설계의 접근체계 개념도

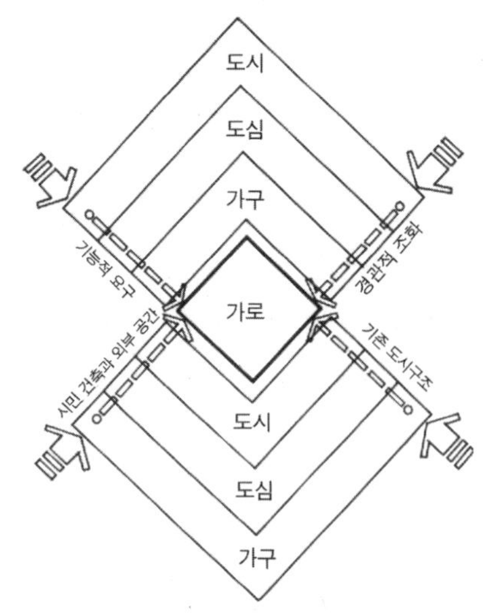

자료: 서울특별시(1983: 4).

서울시 간선도로변 도시설계의 대상 구역은 광화문에서 시청을 거쳐 서울역에 이르는 남북 방향의 세종대로, 광화문사거리에서 종로를 거쳐 동대문까지 이르는 종로 구간 그리고 시청 앞에서 을지로를 거쳐 동대문운동장에 이르는 을지로 구간으로 'ㅑ' 자(字)형의 도로변지역이다. 하지만 계획을 위한 현황조사 범위는 북쪽으로 율곡로, 남쪽으로는 퇴계로를 경계로 하는 서울의 도심부 전역을 대상으로 하는 광범위한 구역을 대상으로 하고 있다.[44]

이 도시설계의 목적은 도심 건축물의 고도제한에 대한 개선 방안을 마련하고 서울의 역사성을 살리고 전통문화유산을 보존하기 위한 도시설계의 방향을 제시하며 도심지역의 고밀화를 방지하기 위한 용도 규제와 도시의 스카이라인 및 도시 미관을 확보하는 방안을 강구하고 토지이용도를 높이고 도시공

---

44) 이 계획에서 현장조사는 계획 대상 지역뿐만 아니라 사대문 내의 주변 지역에까지 확대 조사하여, 각 지구별 특성을 정확히 파악하였다(서울특별시, 1983: 5 참조).

간의 확대 및 재개발사업의 합리적인 추진과 고층건물과의 관계를 연구하며 상징가로 건설을 위한 장기적, 종합적인 건축계획을 수립하는 것이었다. 그리고 마지막에 민간자본의 투자 효율성을 제고하는 방안을 제시하는 것을 포함하고 있다(서울특별시, 1983: 3 참조).

1. 과업의 목적

- 서울 4대문 내 고층건물 통제조치 개선 방안 수립
- 문화재, 고궁 주변, 한옥보존지구 등 서울의 역사성 및 전통문화유산 보존을 위한 도시설계의 기본방향 제시
- 인구 소산(疏散), 교통문제 해소 등 도심 고밀화 방지를 위한 건축물의 용도제한, 도시 스카이라인 변화성 부여, 도시 미관의 확보 연구
- 토지이용도 제고, 도시공간의 확대 및 재개발사업의 합리적인 추진과 고층건물과의 관계 연구
- 수도 서울의 상징가로 건설을 위한 장기적으로 종합적인 건축계획을 수립하여 규모 있고 정돈된 가로를 유도, 서울의 전통성과 고유성을 보전 육성
- 민간자본의 투자 효율성 제고

또한 도시설계에 대한 기본적 접근은 3단계 과정으로 진행되었는데, 먼저 도시 전체 및 도심의 기능이 유지되도록 가구의 골격과 가로 체계를 확립하고 2단계로는 가구 골격과 간선가로 체계 간의 상호 조화를 검토하며 마지막으로 간선가로와 연계성을 유지한 가구들이 도심의 골격과 부합되는가를 반복적으로 검토하는 것이었다(서울특별시, 1983: 4 참조).

1. 접근체계 개념

계획을 수행하기 위한 접근 방법의 기본적인 개념은 외관 수식보다 내부 발로적 경관 조성으로서 ① 기능적인 요구, ② 경관적인 조화, ③ 시민, 건축과 외부공간과의 관계, ④ 기존 도시구조의 존중에 주안점을 두며, 이에 대한 접근체계는 다음과 같다.

- 1단계: 도시 전체의 틀 속에서 제시된 공간의 기능적인 측면과 도심부가 차지하고 있는 중추적인 기능이 유지될 수 있도록 가구(또는 지구)의 골격, 가로의 체계를 확립한다.
- 2단계: 확립된 가구골격과 간선가로 체계의 상호 간에 조화가 이루어질 수 있는지의 여부를 판단한다. 이때 고려할 수 있는 사항은

  ① 정비의 틀
  - 지구 특성에 부합한 활동(activity)의 계승
  - 활동(activity)과 건물 형태
  - 활동과 흐름의 종류

  ② 정비의 도구
  - 보행자의 흐름(구 세로망 재생 등)
  - 자동차의 흐름(자동차의 통행제한 등)
  - 보행의 공존
  - 보행의 under 혹은 over pass
  - 자동차의 under 혹은 over pass 등이다.
- 3단계: 간선가로와 연계성을 유지한 가구들을 도심부의 골격 속에 끼워 맞추었을 때 부합할 수 있는지를 판단한다.

  이상과 같은 3단계 작업을 반복 조정하여 접근한다.

「서울시 주요 간선도로변 도시설계」 보고서에서 돋보이는 것 중의 하나는 수많은 도면 자료이다. 상기한 바와 같이 프로젝트를 진행하면서 대상지 주변의 도심지역 전반에 걸친 세부적인 현황조사 결과를 비롯하여 대상지에 대한 분석, 구상, 계획 도면이 작성되었다. 특히 도심지역 전체에 대해서 개별 건축물에 대한 층별 용도, 건축구조, 외부 공간까지 조사한 현황조사 자료 도면을 보면서 연구진의 집념과 노력에 압도되는 느낌까지 받을 정도이다. 그리고 개별 대지 및 작은 골목까지의 현황을 일일이 도면에 수기로 작성해 놓은 인벤토리 맵(inventory map)을 통해서 주요 건축물과 가구(block) 내부 도로에 대한 상태를 정확하고 정밀하게 파악할 수 있다(그림 1-11-1, 1-11-2).[45]

이 도시설계는 공간적 범위가 광대한 만큼 서울시 도심부의 수십 군데에 달하는 주요 지역에 대한 정비계획을 담고 있는데, 이 중 두 가지가 눈길을 끈다. 하나는 서울시청 광장의 조성 및 정비계획이며 다른 하나는 을지로입구 사거리 명동입구의 서울투자신탁 사옥(현 을지한국빌딩) 부지에 대한 도시설계에 의한 인센티브이다.[46] 이 두 사례가 눈길을 끄는 이유는 시청 앞 광장은 강병기 교수가 1970년대부터 자동차에 빼앗긴 시민의 공간(시청 앞 광장)을 회복해야 한다고 주장해 왔으며 2000년 이후 시민운동가로서 광장 조성에 참여하기까지 지속적으로 관심을 가지고 몸소 실천해 왔던 과제이기 때문이다.[47] 그리

45) 「서울특별시 주요 간선도로변 도시설계」 보고서는 본 보고서와 도면 자료집으로 구성되어 있다. 계획에 사용된 모든 도면을 모아서 엮은 도면자료집은 A2 정도의 크기로 230여 페이지에 이르는 대형 도면집이다. 그 안에는 수작업에 의한 현황조사 및 인벤토리 도면을 비롯하여 조사, 분석, 계획도면 등 수백 장의 도면이 실려 있다.

46) 1980년대 중반 서울투자신탁에서 건축한 이 빌딩은 을지로와 남대문로의 교차로이며 지하철 2호선 을지로입구역에서 명동 방면으로 나가는 5번 출구 앞에 위치하고 있다.

47) 그는 1971년 시청 앞 광장의 문제를 거론하였으며, 1983년에는 광장 조성을 위한 도시설계안을 제안했고, 2000년대 초반 이명박 서울시장 때에 시청광장을 조성하는 단계에서 시민위원회의 대표로서 참여했다(강병기, 2009: 95~97; 강병기, 2007: 338~346; 서울

〈그림 1-10〉 현황 도면의 예(건축물 1층 용도)

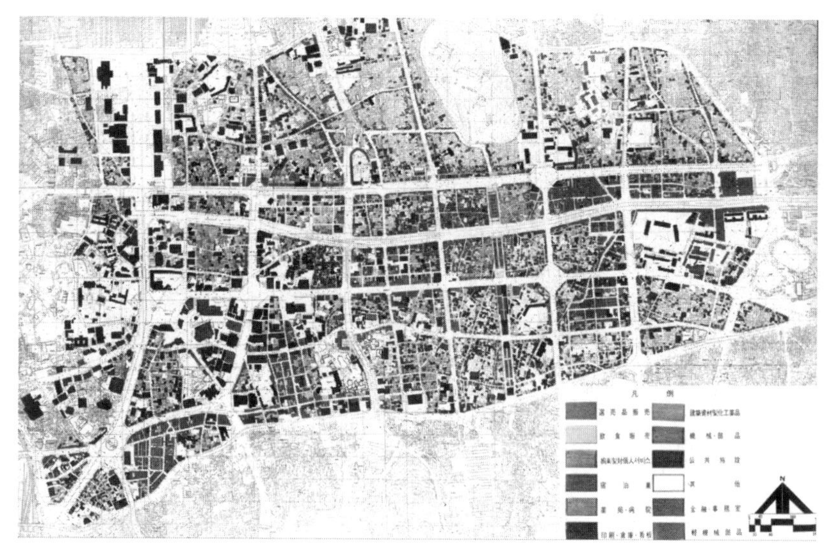

자료: 서울특별시(1983: 14).

고 명동 입구의 서울투자신탁 빌딩은 그가 도시설계를 통해서 실현하고자 기대했던 민간 개발자의 공익 실현이라는 생각을 개발자가 파악하고 실현시킨 희귀한 사례이다.[48)]

우리에게는 올림픽이나 월드컵 등의 주요 스포츠 행사 때 시민들이 모여서 응원을 하거나 국가의 중대사나 축제가 있을 때에 행사 장소로 인식되고 있는

특별시, 1983: 101~117 참조).

48) 「서울시 주요 간선도로변 도시설계」에 따른 유도적(incentive) 계획은 별로 실현되지 못했던 것 같다. 이건호 교수(목원대)와의 인터뷰에서 강병기 교수는 그 도시설계에서 제시한 방향으로 유도되어 실현된 사례가 몇 군데 정도 있었으며 실현이 부진한 이유 중에는 서울시에서도 그러한 계획에 대해서 소극적이고 부정적인 생각을 가지고 있었다는 점을 이야기하고 있다(대한국토·도시계획학회, 2009: 179 참조). 그리고 2002년 한국도시설계학회에서 있었던 간담회에서도 그때의 도시설계에 의한 유도적 계획이 실현된 것은 두 곳이라고 전한다(강병기, 2007: 281 참조).

〈그림 1-11-1〉 인벤토리 맵의 예(서울시청 주변)

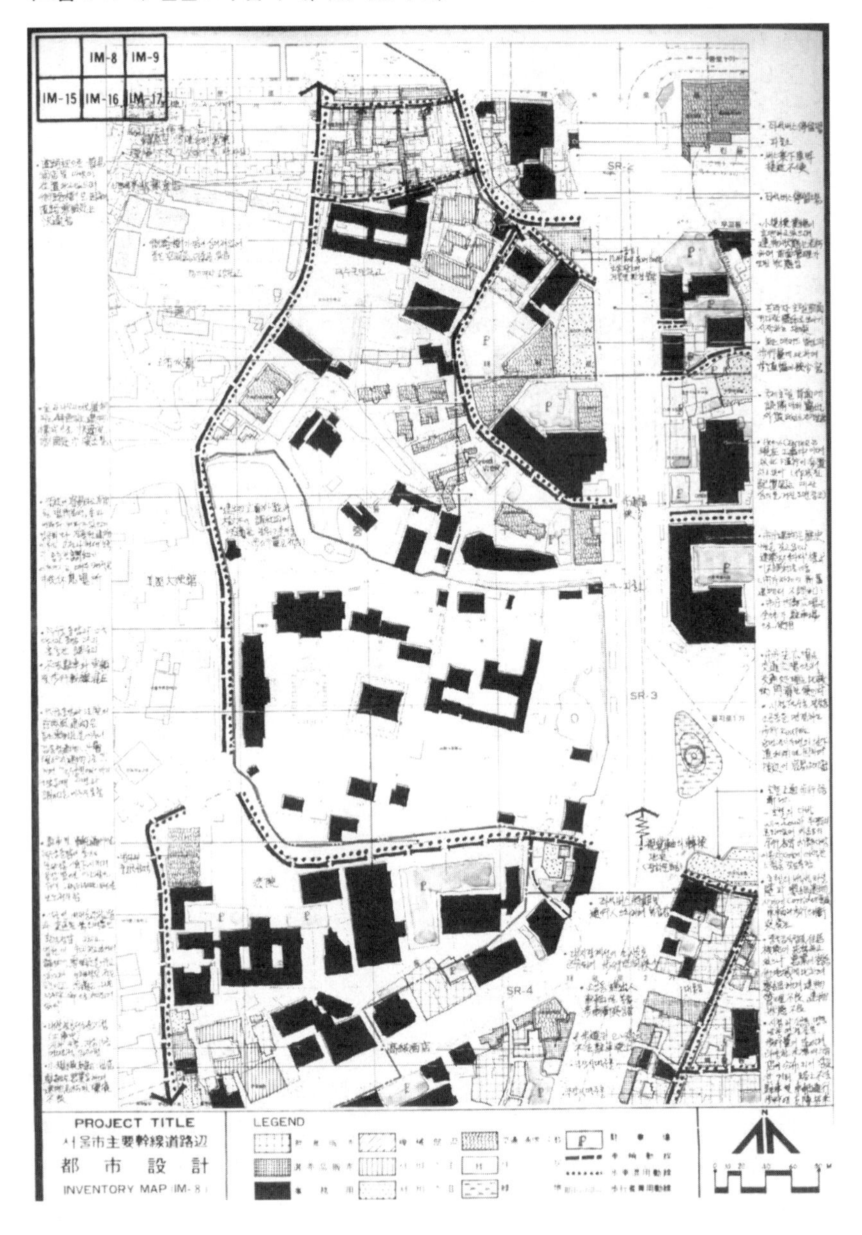

〈그림 1-11-2〉 인벤토리 맵의 예(서울시청 주변)

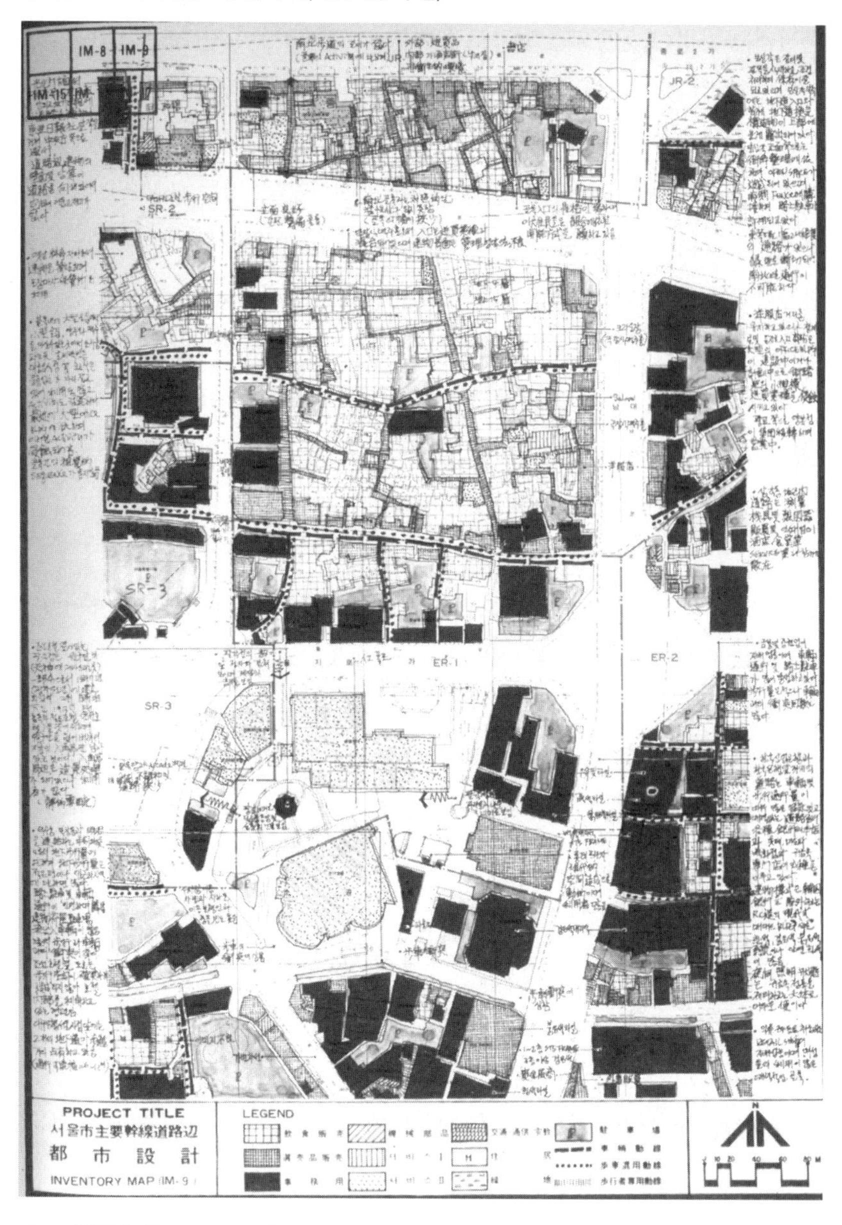

자료: 서울특별시(1983: 102~103).

시청 앞 광장은 1980년대 초반 「서울시 주요 간선도로변 도시설계」가 수립될 당시에는 차량이 운행되는 교차로 한복판으로서 광장의 지면으로 차량이 운행되고 있었다.[49] 즉 동서남북 네 방향과 광장을 'X'자(字) 행태로 가로지르는 교통 흐름으로 인하여 광장이라기보다는 거대한 교차로였다고 하는 게 맞다. 강병기 교수팀은 이 공간을 시민이 자유롭게 드나들 수 있는 광장으로 계획을 하였는데, 시청 앞 광장의 기능을 '자동차'용 공간에서 '보행자'의 공간으로 전환해야 한다는 사고의 시작은 이 도시설계의 수립 시기보다 10여 년 전으로 거슬러 올라간다.

1971년 강병기 교수는 「'시청 앞'에서 시청까지」라는 글을 통해서 자동차가 점령하고 있던 시청 앞 광장의 비인간성에 대한 문제를 지적하고 보행자를 배려하는 광장으로 전환해야 한다는 주장을 한다.

> 서울에서 '시청 앞'이란 버스 정류장은 태평로에 한 곳 있을 뿐인데 여기서 내려 시청을 찾아가 본 경험이 있는 시민은 십중팔구 '원, 이럴 수가 있나!' 하고 어이가 없어질 것이다.
>
> 서울시청은 본래의 역할과 기능을 지닌 탓에 많은 시민들이 찾아오는 곳이며, 또 시 당국으로서도 민의의 반영과 시민의 내왕(來往)을 환영하는 게 당연지사다. 그런데 시청에서 가장 가까운 '시청 앞'에서 내린 일반시민을 맞아들이는 길은 어떻게 마련되어 있는가? (중략) 또, '시청 앞' 버스정류장에서 내려 시청을 처음 찾아가는 시민들이 바로 눈앞에 보이는 시청 정문을 들어서기 위해서 건널 곳을 찾아 이리저리 헤매는 모습을 많이 보아왔기 때문이다(강병기, 2009: 95).

사실 필자도 시청 앞 광장, 특히 지하도에 대한 그다지 좋지 않은 기억을 가

---

49) 사실 서울시청 앞의 광장은 이 도시설계가 수립된 1983년 이후로도 계속해서 교통광장으로 사용되었으며 2004년에 와서야 잔디로 포장된 광장으로 조성되기에 이르렀다.

지고 있다. 시청 부근에서 길을 찾아갈 때 복잡한 지하도를 건너면서 한 번에 제대로 목표 지점으로 건너가질 못하고 두 번 또는 세 번의 시행착오를 거쳐야만 비로소 목적하는 출구로 나오곤 했던 경우가 부지기수였던 것 같다. 당시에는 "내가 길눈이 어둡거나 공간을 인지하는 능력이 많이 떨어지는가 보다!"라고 생각을 했었는데, 강병기 교수의 아래 이야기는 그러한 염려에 큰 위안이 되었다.

> 사실 길을 잃고 헤매는 시민들을 시청 부근의 지리에 어두운 탓이려니 생각하고 넘어갈 수도 있으나 그건 아니었다. 나 자신의 경험이지만 좀 더 가까운 길이 있겠지 하는 생각으로 찾아낸 최단 코스가 어처구니없게도 우회하는 건 물론이고 가파른 계단을 오르내려야 된다는 사실에 부딪쳤을 때엔 비분과 체념에 가까운 복잡한 감정에 사로잡혀야 했다(강병기, 2009: 95).

그는 지방정부의 청사라는 특성을 고려할 때, 시청 정문으로의 접근로 역할을 해야 하는 시청 앞 광장은 시민의 편의를 우선적으로 고려하여 조성되어야 함을 주장했다. 그가 생각했던 시민은 대다수를 점하는 시민이라는 것인데 구체적으로는 보행자를 의미했다. 시청을 방문하거나 시청 광장 주변의 장소를 목적지로 하는 대부분의 시민은 대중교통(버스)과 보행을 통해서 접근하기 때문에 이들의 편의성을 높여야 한다는 논리이다. 즉 "7만 대 가량의 자동차 못지않게 수십, 수백만의 걸어 다니는 시민"의 입장을 고려해야 한다는 것이다.[50] 그는 자동차에게 빼앗긴 지상의 공간을 시민에게 돌려주어 시민이 지상의 공간을 활보하는 주인공이 되도록 하는 광장으로 조성해야 한다고 주장했다.

---

50) 1971년 서울의 인구는 580만 명이며 차량 대수는 6만 7000대였다(『1972년 서울통계연보』 참조).

본래 도시의 주인공은 시민인 것이다. 그 시민이란 어느 특정한 일부 시민이 아닌, 대다수의 이른바 일반시민이란 뜻이고 따라서 도시의 모든 정책과 계획은 시민을 위주로 하여 입안, 실행되어야 하며 도시의 모든 시설과 조직은 오로지 시민을 위하여 존재하고 봉사해야 한다는 원칙론을 굳이 여기서 가타부타 말할 생각은 없다. 다만 원칙이야 어떻든 시민을 너무나도 푸대접하지 말았으면 하는 매우 조그마한 항의를 해보는 것이다.

시청 앞 광장에서 보행자를 제거함으로써 얼마나 도심부의 교통 소통이 좋아졌는지 모르겠으나 불과 7만 대 가량의 자동차 못지않게 수십, 수백만의 걸어 다니는 시민들의 소통도 염두에 두어야 하지 않을까. 다른 곳과 달리 시청 앞 광장에서만은 보도교나 지하도가 아니고 시민들이 지상을 유유히 건너는 동안 자동차는 기다리고 있도록 횡단보도와 안전지대, 또는 스크램블 방식(한꺼번에 사방팔방으로 건너가는 방식)이 이루어져야만 하겠다. 광장 안에 다리로 서 있는 사람이라곤 교통순경뿐이라는 작금의 광경은 바로 시민봉사정신의 부재를 상징적으로 나타내고 있는 것만 같다(강병기, 2009: 96~97).

「서울시 주요간선도로변 도시설계」에서 강병기 교수팀은 시청 앞 광장에 대해서 기존의 교통광장을 시민 활동 공간으로 전환하면서 주변의 주요 시설과의 경관적 조화와 보행연결로를 정비하는 것을 골자로 하는 시청 주변의 정비계획을 수립한다. 시민 광장의 조성을 위해서 광장의 4면을 둘러싸고 있던 차로 중에서 시청정문 앞의 차로를 폐쇄하여 시청정문과 광장을 연결하고 대신에 시청 북측으로 시청과 한국프레스센터와의 사잇길(세종대로20길)로 우회하는 도로계획을 수립한다. 또한 광장을 'X'자 형태로 횡단하던 교통 흐름을 광장 경계부 주위를 따라서 남쪽으로 이동시켜 플라자(Plaza) 호텔 정문 쪽에서 교차가 이루어지도록 계획하였다(서울특별시, 1983: 106 참조). 광장의 공간계획은 시청 지하공간과 직접 연결되는 계단을 설치하고 광장 중앙부는 녹지대로 둘러싸인 공공공지이며 그 주위를 넓은 보행공간으로 구성함으로써 현

〈그림 2-12〉 시청 앞 광장 교통 흐름 현황

〈그림 2-13〉 시청 앞 광장 교통 흐름 계획

주: 당시 시청광장을 가로지르던 교통 흐름을 남쪽으로 이동시키고 시청 정문과 광장사이의 차량통행을 제한하면서 교통광장을 시민 광장으로 계획하였다.
자료: 서울특별시(1983: 105~106).

〈그림 2-14〉 시청 앞 광장 계획안

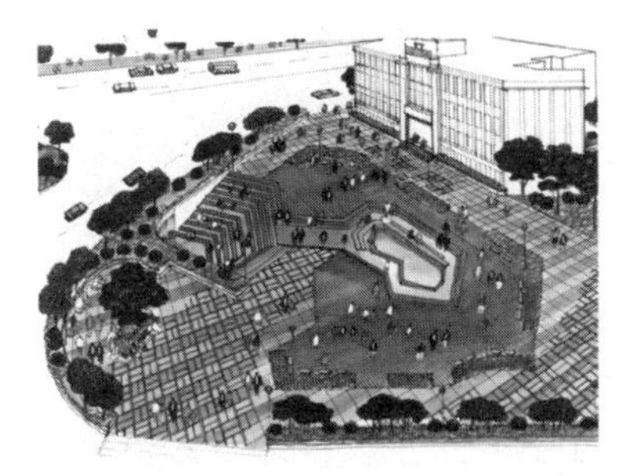

〈그림 2-15〉 시청 앞 광장 조감도

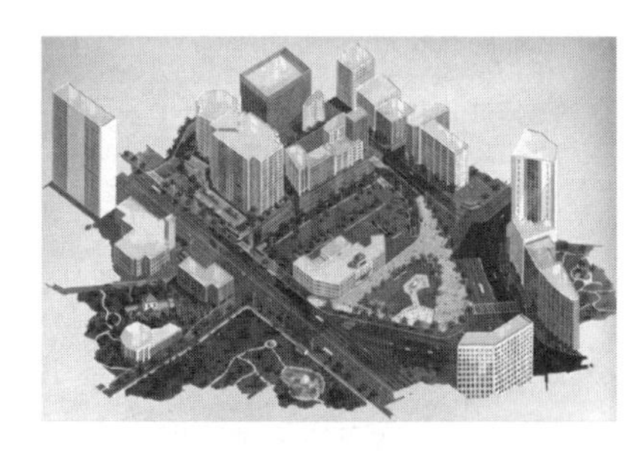

주: 당초 강병기 교수가 제안했던 시청 앞 광장은 지금과 같은 잔디밭이 아니었다. 도시적인 분위기 속에서 시민들이 자유로이 그리고 창의적으로 활용할 수 있는 다목적 공간을 제안했다.
자료: 서울특별시(1983), p.112 및 114

재의 잔디 광장과는 사뭇 다른 형식을 보여주고 있다.[51]

---

51) 1983년의 도시설계에서 제시된 광장의 형태와는 달리 2004년 조성된 광장은 잔디로 포장된 형태였다. 당시 광장 조성 과정에 시민참여의 방법으로 '시청 앞 광장 조성위원회'를 설치했었고 강병기 교수는 위원장을 맡았다. 2002년에 광장 조성을 위한 현상공모에서 당선작이 선정되었으나 기술적 문제에 대한 논의 속에 시행이 늦춰지던 중 서울시에서 일방적으로 '잔디 광장' 조성으로 방향이 결정되었고 위원회 측에서는 유지 관리의 문제와 시민 활동의 제약이라는 점을 들어 부적절함을 지적하였다. 당시 위원회와

1983년 「서울시 주요 간선도로변 도시설계」에서 모습을 드러낸 서울시청 앞 광장 조성 계획은 이후 약 20년의 세월이 흐른 후에 시민을 위한 광장으로 조성되기에 이른다.[52] 1996년부터 '걷고 싶은 도시'를 지향하며 시민운동을 이끌어오던 강병기 교수는 시민운동의 일환으로 광장 조성을 위한 주민운동을 벌여나갔고 이러한 열망이 받아들여져 서울시장으로 당선된 이명박 씨는 취임 공약에서 시민 광장의 조성을 약속하면서 광장의 조성이 가시화되었다.

> 지난 6월 10일 한국과 미국의 2002월드컵 1차전이 열렸던 날, 그동안 광화문 인근에서 거리 응원에 나섰던 거리 응원단이 자리를 옮겨 서울 시청 앞 광장은 붉은 물결로 꽉 채워졌다. 행정과 경찰이 나서서 유도·보호하여 100만이 넘는 시민이 이 교통광장을 메운 일은 아마 우리나라 역사상 처음 있는 일이다. (중략) 새로운 공간의 발견이다. 시청 앞에 광장이 있으면 좋겠다는 여론이 일었다.
>
> 월드컵 기간에 제4대 서울시장으로 당선된 신임 시장은 재빨리 취임 공약에서

서울시장 및 담당 부서와의 논의 과정을 보면 축제 일정에 맞추어 광장을 조성하기 위한 일방적, 졸속적 행정처리가 일부 있었음을 알 수 있다(서울특별시, 1983: 112; 강병기, 2007: 340~346 참조).

52) 강병기 교수는 서울시청 앞 광장이 조성된 경위에 대해서 "1982년 「서울시 주요간선도로변 도시설계」에서 최초의 시청 앞 광장 조성을 위한 계획과 설계도면으로 제안한 후 여러 기회를 통하여 이 비인간적인 교통광장을 시민이 걸어 다니는 시민 광장으로 바꾸자고 주장. 이러한 생각은 1971년 9월에 중앙일보에 기고한 "시청 앞에서 시청까지"에도 들어 있다. 한편 1996년 이후에는 '걷고 싶은 도시 만들기 시민연대(약칭 도시연대)'를 통해 시위와 건의, 대안 제시 등 줄기찬 주민운동을 한 일들이 계기가 되어 이명박 시장이 정책화함. 2002년 12월 '시청 앞 광장 현상설계공모'에서 당시 한양대학교 건축대학원 서현 교수안이 당선 안으로 결정됨. 그러나 불행하게도 약간의 기술적 신뢰성을 이유로 서울시는 2004년 hi-Seoul 페스티벌의 개막에 맞추느라고 시민의 여망과는 달리 시민의 출입을 꺼리는 '잔디'로 포장한 시민 광장이 출현함"이라고 설명한다(강병기, 2007: 56의 각주 22 참조).

시청 앞 교통광장을 보행 광장으로 바꾸겠다고 언명하였다. 약 30년 가까이 이 시청 앞 광장 조성을 건의해 온 본인으로서는 감회가 새로웠다(강병기, 2007: 48 참조).

새로이 조성되는 시민 광장은 어떻게 꾸며져야 하고 그 안에서 시민들은 무엇을 할 수 있는가? 1983년에 강병기 교수팀은 시청 앞의 교통광장을 시민 광장으로 바꾸는 물리적 계획안을 제안했었고, 이후 20여 년이 지난 시점에서 강병기 교수는 시민의 한 사람으로서 그리고 걷고 싶은 도시를 지향하는 도시 운동가의 한 사람으로서 시민들의 다양한 활동을 수용할 수 있는 다목적이고 변화에 자유롭게 대응할 수 있는 공간을 지향한다.

그럼, 어떤 광장이 바람직한가? 월드컵 때처럼 축제의 마당이다. 그뿐 아니라 여기는 서울의 명소가 되고 만남과 약속의 장소가 되고, 따사로운 날씨의 점심때에는 직장인이 담소하는 휴식처가 된다. 남녀노소를 가리지 않고 모여들고 함께 어울려 노는 놀이마당이기도 한다. 도심의 소음과 맞서는 록 밴드나 팝 음악 콘서트도 열린다. 그런가 하면 거리의 악사나 연기자의 솔로 퍼포먼스의 마당이기도 한다. 틈을 노리다 나타나는 롤러스케이트나 인라인스케이트 그리고 스케이트보드의 장기자랑이 펼쳐지기도 한다. 때로는 머리띠를 두른 시위군중이 광장을 분노로 메울 때도 있을 것이다. 그런가 하면 시장의 취임식도 열리고, 국제경기에서 선전하고 돌아온 선수의 환영식도 열린다. 공휴일에는 벼룩시장이 열려서 어린 아이와 함께 나들이 나온 가족이 흥정과 에누리를 즐기기도 한다. 어떤 날에는 역동적이지만 어떤 날에는 한가로이 먼 산을 바라볼 수 있는 확 트인 공간이 된다. 이런 변화무쌍한 공간을 다목적 공간(유니버설 스페이스)이라고 한다. 우리네 마당이 그랬던 것처럼 목적에 따라 그리고 꾸밈에 따라 변화가 자유로운 공간이다. 융통무애(融通無碍)한 마당공간이다(강병기, 2007: 48~49 참조).

〈그림 1-16〉 현재의 서울시청 앞 광장

자료: 다음(DAUM) 지도.

그러나 그는 광장 조성이라는 자신의 오랜 열망을 일방적으로 주장하거나 강요하려 하지 않았다. 아무리 좋은 계획이라 하더라도 권력이나 다수의 논리로써 밀어붙이는 방식은 부적절하며 합의를 통해 모두를 아우를 수 있는 방법을 찾아내야 한다고 주장한다. 비록 많은 노력과 오랜 시간이 요구된다 하더라도 그렇게 함으로써 결과를 함께 공유하고 실감할 수 있으며 민주적인 사회통합을 이룰 수 있다는 생각이다.

여러 여론조사 결과가 보고되었다. 아직 총론의 단계이므로 대체로 80퍼센트 이상이 광장 조성에 찬성이라 한다. 그러나 나머지 20퍼센트의 시민을 잊어서는 아니 된다. 그들이 품고 있는 불안과 우려가 해소돼야 한다. 여러 사정으로 문제해결이 어렵다면 그러한 사실과 그 사연을 알리고 설명하고 납득시켜야 한다. 이번의 경우, 종전처럼 시장이나 소수의 전문가나 시민대표들이 좋다고 판단하여 시민에게 만들어주는, 즉 위로부터 주어지는 식의 광장은 바람직하지 않다. 시민이 소망하는 광장을 만들어 달라고 밑으로부터 요청하여 만들어내야 한다. 당연히 조성된 광장의 유지와 관리에도 시민들이 나서서 책임져야 한다. 광장 조성에 호의적인 사회적 분위기가 있는 만큼 이런 때야말로 주민참여의 절호의 기회라 생각하고, 당국도 서둘지 말고 시민 합의와 협력을 기다리는 지혜를 갖기 바란다(강병기, 2007: 49 참조).

전술했듯이 서울시청 광장과 함께 서울시 간선도로변 도시설계와 관련해서 강병기 교수의 관심을 끌었던 개발 사례는 을지로입구 사거리에서 명동 방면 모퉁이에 건축된 서울투자신탁 사옥이었다. 시청 광장이 강병기 교수 자신이 반평생을 도시계획가로서 그리고 계획의 실천가로서 큰 관심을 갖고 계획의 실현을 위해 부단히 노력해 왔던 과업이라고 한다면, 명동 입구에 건축된 이 빌딩은 강병기 교수가 도시설계를 하면서 시도했던 인센티브를 통한 민간 주체의 공공 기여라는 의도가 실현된 사례이다. 이 건물의 건축계획을 보면서 본인의 도시설계 의도를 제대로 파악하지 못하고 있던 당시의 상황에서 대상 부지의 건축주 또는 건축가가 자신의 생각을 제대로 읽었다고 생각하면서 매우 반가웠을지도 모른다. 강병기 교수는 본인이 도시설계를 하면서 설정해 둔 광장 보너스 제도를 수용한 개발 주체의 안목과 지혜를 상당히 높이 평가했다.

한 금융기업이 기업의 이익과 공익 기여를 동시에 만족할 길이 여기 있다는 것을 간파하고 당시로서는 획기적 모험을 감행하였다. 을지로 입구, 명동으로 통하는 길목을 막고 있는 가구 모서리 협소한 삼각형 대지 위에 나름대로 이 지역의 랜드 마크가 될 수 있는 본사 건물을 지을 수 있는 묘수를 찾던 건축주와 건축가가 그 실현 방도로 이 광장 보너스 제도의 활용을 모험한 것이다. 물론 그 가능성을 제안한 건축가(한양엔지니어링 건축사사무소 이상수)의 안목과 지혜를 먼저 칭찬해주어야 하나 역시 건축주의 안목과 타산성에 기초한 과단성 또한 높이 평가할 만하다(강병기, 2009: 28 참조).

〈그림 1-17-1〉 서울투자신탁 부지 및 주변 지역 구상도

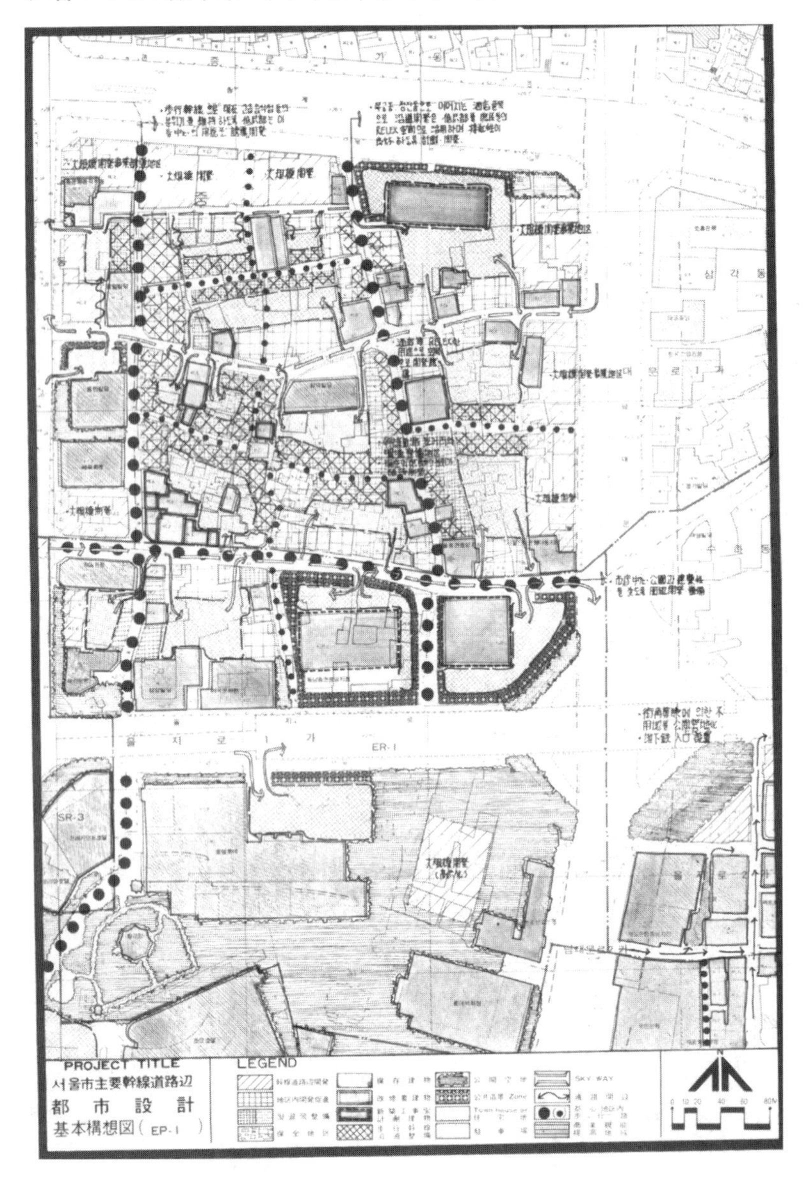

주) 좌측 도면에서 서울투자신탁 사옥 부지의 전면부에 공개공지를 지정하고 있으며, 우측 도면에서는 1층을 보행인에게 개방하여 휴식공간 및 명동의 출입구를 제공하도록 하고 이에 상응하여 보너스를 부여한다는 내용을 볼 수 있다.

〈그림 1-17-2〉 서울투자신탁 부지 및 주변 지역 구상도

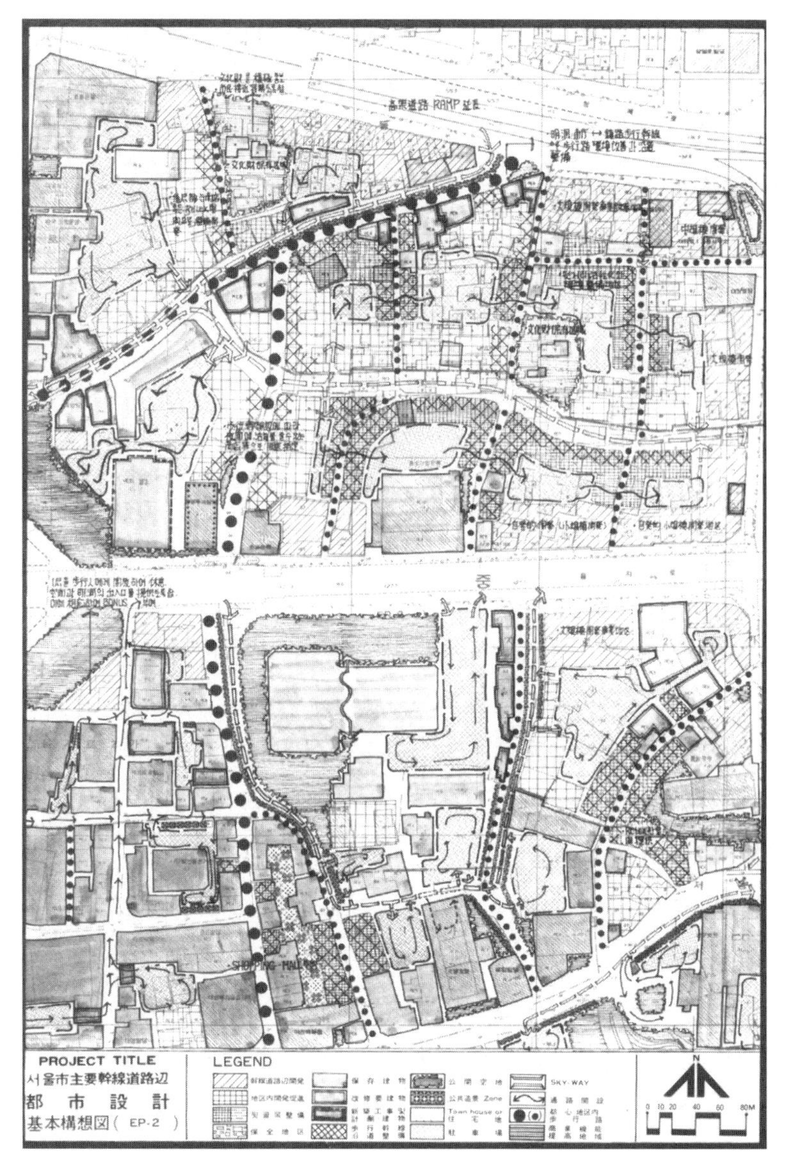

자료: 서울특별시(1983: 221, 228).

강병기 교수팀은 「서울시 간선도로변 도시설계」를 수립하면서 이 빌딩 부지에 대해서 을지로입구 교차로 쪽으로 공개공지 설치와 건축물의 1층을 보행자를 위한 휴식공간 및 명동 방면으로의 출입구를 제공하도록 하고 이에 대한 인센티브를 제공받을 수 있도록 하였다. 그런데 대상 부지의 건축주와 건축가는 서울시와의 협상을 통해 건축물 전면에 설치하도록 규정한 공개공지를 건물 내의 공공공지로 대체하면서 건축물을 을지로입구 교차로 쪽으로 내어서 건축하는 방법을 찾아냈고 서울시로서도 민간 기업으로부터 공공공간을 확보하게 되었다.

「서울시 주요 간선가로변 도시설계」에서 을지로 입구지역의 서울금융신탁 소유대지에 대한 구상과 규제를 보면, 삼각형 대지의 을지로 입구 네거리를 향한 장변 쪽에 공개공지 설치를 의무화하고, 건축물에 관해서는 "1층을 보행자에게 제공하여 휴식공간과 명동의 출입구를 제공토록 함. 이에 상응하여 보너스 부여"라는 규제성 지침이 주어져 있다. 본 건물은 지상의 공개공지 설치 규정을 건물 내 "하늘공원"이라는 공공에 열린 내부공간으로 대체 제공하는 대신 건축물 위치를 을지로 입구 네거리 쪽으로 당겨 지을 수 있는 길을 찾아냈던 것이다. 당시의 도시설계 취지와 지침을 십분 참조하고 활용하여 서울시와 협상한 결과이다. 이리하여 우리나라 건축역사와 도시개발 역사에 길이 남을 〈민간 사기업에 의한 공공 공간〉이 출현하였던 것이다(강병기, 2009: 28 참조).

건축물의 완공과 함께 조성된 하늘공원[53]에 대해서 강병기 교수는 매우 호의적인 태도를 보였다. 특히 공공공간인 하늘공원이 건물 내에 조성됨으로 인

---

53) 하늘공원은 건물 10층에 조성되었는데, 당시 도시설계 지침서에 그러한 공간에 대한 개념이 정립되어 있지 않아서 "sky plaza"로 명명했던 것을 건축주와 건축가들이 "하늘공원"이라고 이름 지은 것으로 추측된다. 강병기(2007), p.353 참조.

〈그림 1-18〉 서울투자신탁 부지 및 주변 지역 유도계획

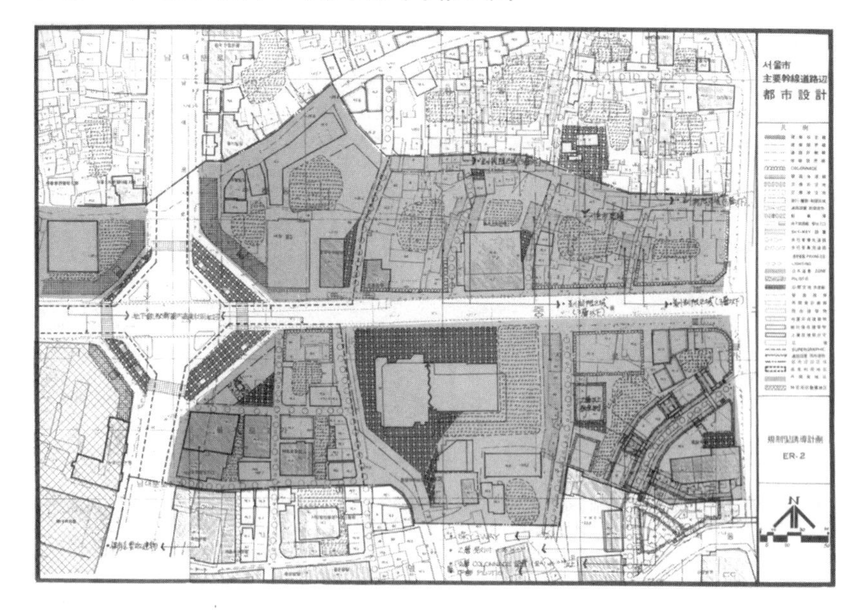

주: 위 계획도에서 서울투자신탁 부지의 전·후면에 비건폐 공개공지가 지정되어 있으며, 건물 중앙부를 필로티로 계획한 것을 확인할 수 있다.
자료: 서울특별시(1983: 229).

해서 자칫 건축주와 건물 내 사용자들에게 사유화될 수 있음에도 불구하고 일반시민이 손쉽게 알아볼 수 있고 부담 없이 접근할 수 있도록 안내표지와 접근로를 계획한 점에 대해서 상당히 긍정적으로 보았다. 또한 공원 자체도 공원으로서의 기능에 충실하기 위해 층고를 높이고 내부 공간의 계획도 공공공간에 적합하도록 노력했다고 평가했다(강병기, 2007: 352-353 참조).

건축주는 기왕에 공공에 제공한 '하늘공원'으로 시민의 접근성을 최대한 보장하기 위해 반전용 접근장치를 제공했다. 지하철 통로에서 올라서자마자 눈앞에 엘리베이터 홀이 보이는 유리벽과 출입구가 있다. '하늘공원'으로 누구의 제지도 받지 않고 출입할 수 있는 출입문이다.(중략)

반갑게도 엘리베이터 안 안내판 10층 부분에 "하늘공원"이라고 똑똑히 안내되어 있다.(중략)

당초 착공 시에는 10층 한 층을 공공공지 "하늘공원"으로 제공하려고 했다 한다. 그러다가 인테리어를 담당한 건축가가 건축주를 설득하여 층고를 높여 중2층 구성으로 하고 내부공간을 매우 입체적 변화와 경험이 가능한 주유(周遊)성 공간으로 구성하였다(강병기, 2007: 352-353 참조).

다만 건축허가 과정에서 개방된 공간으로 계획된 하늘공원에 대해 안전상의 문제를 들어 외벽을 설치하도록 함으로써 공중공원으로서의 매력이 다소 떨어졌다고 아쉬워하기도 하였다. 만약 그 당시에 허가권자인 서울시가 공중 공공공지로서의 기능과 매력을 유지하면서 안전상의 문제도 해결할 수 있는 방안에 대하여 건축주 및 건축설계자와 고민하고 해결 방안을 모색했더라면 그야말로 서울의 명소를 창조해 냈을지도 모른다.

〈생략〉 그 중에 '공중공개공지' 조항을 활용하여 지상의 공지 대신 공중에 '하늘공원'을 만들려고 건축심사를 신청했더니, 11층 높이의 뚫린 개발 오픈스페이스는 안전성에 문제가 있다고 유리창을 달도록 변해버렸다고 해요. 매우 아쉬워요. 그대로 됐더라면 서울의 명소가 하나 생겼을 터인데. 결과적으로 전적으로 공공에 완전 개방되지 못하고 반 사유화되고 말았지요. 도시설계는 형태만 규정하는 것이 아니라 운용의 소프트웨어도 포함하는 작업이거든요(대한국토·도시계획학회, 2007: 174~175 참조).

강병기 교수는 민간의 역할에 의해 조성된 공공공간인 하늘공원에 대하여 칭찬을 했던 것과는 달리 관리자인 서울시의 관리 소홀과 무관심에 대해서 일침을 놓는다. 즉 공익에 기여한 민간의 역할에 대한 홍보도 필요하며 외부에서 하늘공원에 이르는 동선(動線)상에 일관성 있게 안내 표지를 설치하여 시민들의 이용 편의성을 높여야 한다는 것이다.

> 한 가지 문제 삼아야 할 점은 이 공간을 탄생시키는 과정에서 결정적 역할을 하였던 허가권자인 서울시가 이 "하늘공원"에 대하여 어떤 역할을 했으며 공공공간을 어떻게 유지 관리하였는가를 묻지 않을 수가 없다. 이 공간 어디에도 이것이 건물주의 협조로 조성되고 유지 관리되고 있는 공공공지임을 명시하는 안내나 표지물이 없다. (중략) 이 건물 1층 안내판이나 엘리베이터 안 안내판에는 "하늘공원"의 존재를 알리고 안내하고 있으나, 막상 이 건물이 "하늘공원"을 위해 반전용으로 마련했다고 보아지는 출입구 근처에는 어디에도 건물 안에 시민이 자유롭게 이용할 수 있는 공공공지 "하늘공원"이 존재함을 알리거나 암시하는 표지물이 아무것도 없다는 점이다(강병기, 2007: 354 참조).

또한 시민들이 공공공지를 사용하기 위해서 요구되는 행정서비스가 제대로 이루어지지 않고 있다는 점도 지적하고 있다. 조성된 공간은 어떻게 이용되는가에 따라서 효용이 나타나게 되고 다양하고 창조적인 이용이 활발해질 때 공간의 문화가 생성된다는 것이다. 즉 강병기 교수가 생각하는 도시설계의 범위는 단순히 공간을 만들어내는 데 그치는 것이 아니라 조성된 공간을 여하히 공공의 용도로 창의적으로 활용되도록 운영·관리하는 데까지 나아가야 한다는 것으로 이해된다.

> 그뿐만 아니라 "하늘공원"에는 소규모 전시회를 비롯하여 여러 모임도 가능하게 설계되어 있다. 그런데 그러한 전시회나 모임을 위해 어떠한 절차가 필요하고 어디에 신청해야 할지에 관한 아무런 공지나 안내가 없다. (중략) 분명한 것은 여기 "하늘공원"이 진정 시민의 공공공지라면 이래서는 아니 된다는 것이다. 건축공간은 특정 기능을 전제로 설계되지만 그 기능을 넘어서는 창조적 기능을 사용자가 창안하고 부가할 수도 있는 일이다. (중략) 이 공간을 이용하는 시민의 요청을 창

〈그림 1-19〉 서울투자신탁 사옥 전경

〈그림 1-20〉 하늘공원 전경

주: 서울투자신탁 사옥의 현재 명칭은 을지한국빌딩이다.
자료: 강병기(2009: 24, 33).

의적으로 받아들이고 공공공지의 활용을 꽤하는 것이 서울시의 역할이자 임무가 아닐까.

새로 만들어내는 조성사업에는 열을 올리면서도 막상 준공되고 완성된 후의 유지 관리는 소홀한 것이 우리나라 공공 건축 공간의 현주소이다. 공간 문화는 그 물리적 외형이나 규모에서 비롯하지 않는다. 건축 환경 문화는 건축물의 규모나 외형과는 어쩌면 상관없이 주어진 공간을 여하히 활용하여 문화적 콘텐츠를 창조해내는가에 달려 있다(강병기, 2007: 354-355 참조).

5. 강병기 교수 도시설계론의 의의

앞에서 살펴 본바와 같이 도시설계가로서 30여 년을 활동하면서 강병기 교수는 계획가이자 도시운동가로서 도시의 현실을 딛고 민주적 계획을 주장했고 지향해 왔다. 이제 글을 마무리하면서 그가 견지해 왔던 도시설계 사상은 무엇이며 오늘날 어떠한 의미를 가질 수 있는가에 대해 생각해 보기로 한다.

1) 강병기 교수의 이상도시 설계론

서울의 명소 중 하나로 많은 사람들에게 알려져 있는 곳이 종로의 뒷골목, 지금은 '피맛골'이라고 부르는 좁은 골목길이다. 피맛골은 원래 '피마(避馬)길'이라고 불렸는데, 말(馬)이나 가마를 타고 다니던 양반들을 피해 서민들이 이용하던 길이었다. 이 좁은 골목 양쪽으로 서민들이 이용할 만한 국밥집, 선술집 등도 생겨났을 것이다. 그래서 피맛길은 단순한 '이동로'의 기능을 넘어 서민들이 지나다니고 일을 보기도 하고 사람을 만나기도 하는, 서민들의 삶과 문화가 깃들인 장소로 변모되었을 것이다. 서울의 주 골격을 이루고 있는 종로와 같은 대로(大路)는 지체 높은 양반들이 지배하는 공간이라고 한다면 바로 그 뒤로 서민들이 양반들의 눈치를 볼 것 없이 자유롭게 활개를 칠 수 있는 곳이 피맛길이다.

강병기 교수는 이 피맛길이 서민들이 고관대작들과 노상에서 마주칠 때마다 땅에 엎드리다시피 하는 생활의 불편을 해소하고자 그들만의 공간으로 고안해 낸 것이라고 해석한다.[54] 그는 피맛길을 도시 조직에 만들어진 서민들의

---

54) 강병기 교수는 "이 피맛길은 다른 여느 골목들보다 더 좁다. 이 좁은 골목에는 말이나 가마는 아예 들락거릴 엄두도 못 낸다. 그뿐만 아니라 의관을 차려입은 양반도 출입하기가 쉽지 않다"라고 말한다(강병기, 2007: 333 참조).

성역으로 보았다. 즉 그 곳에는 양반들이 말이나 가마를 타고는 들어올 수 없으며, 의관을 차려입고서도 매우 불편하므로 양반계급에 대한 반발을 보여주는 서민들의 공간적 해학이라는 것이다.

> 나는 이 좁디좁은 피맛길과 피맛골에서 사당패나 탈춤놀이에서 은유적으로 양반을 골탕 먹이던 것과 같은 통렬한 서민의 해학을 읽는 것 같다. 가면이나 몸짓이 아닌 공간적 해학이다. 양반이 양반으로서의 겉치레를 하고서는 들어설 수 없는, 서민들의 성역을 도시 조직 속에 붙박이 해놓은 것처럼 해석된다. 뚫려 있고 열려 있으면서도 어떤 유의 사람은 거부하는 장치를 은연중에 갖추고 있는 공간이다. 양반들이 서민을 거부하거나 겁주는 장치가 지천으로 깔려 있었던 시대에, 자기네 같은 무지렁이들이 좀 편하게 다닐 수 있게 해달라며 만든 골목길이다. 양반이라도 미행 차림으로 간편한 서민복 차람이면 이 골목에 들어올 수 있지만, 그렇지 않고는 거부당할 수밖에 없게 만들었던 것이다. 이 통렬한 해학적 공간의 그 창의성은 놀랍고도 존경스럽다(강병기, 2007: 334 참조).

그리고 오늘의 도시에도 피맛길이 필요하며 도시의 주체인 시민들이 함께 만들어갈 것을 제안한다. 자동차로부터 해방되어 도시의 참모습을 보고 느낄 수 있는 걷는 길이다. 그러한 길들이 생겨나고 이들이 각각 개성을 갖게 된다면 도시의 명소가 될 수 있다고 한다. 다양한 개성을 갖는 명소들이 만들어질 때 그 도시는 자동차와 보행자, 남녀노소, 큰 것과 작은 것, 오래된 것과 새로운 것 등 다양하고 때로는 모순되기도 하는 것들 간의 공존과 공생을 수용할 수 있다는 것이다.

> 현대 도시를 활보하는 자동차 길은 본시 사람이 다니던 길이다. 힘이 센데다 시류에 편승하여 온통 길이란 길을 내 것인 양 활주하는 자동차에게 감히 넘보지 못하는 현대판 피맛길을 도시 여기저기에 부활시키고 싶은 것이 우리의 소망이다.

나아가 자동차에서 내려 두 다리로 걸어야만 당신네 도시의 진면목을 접할 수 있게 하는 그러한 현대판 '피맛길'인 도시의 명소를 만드는 궁리도 해보자. 여러분의 궁리에 의해 발견되거나 만들어지는 도시의 명소는 마을 만들기 운동의 좋은 시발점이 될 수 있다. 도시에 부자와 빈자가 더불어 살아야 건강한 도시이다. 마찬가지로 자동차와 사람이 더불어 존재가치를 가질 때 편리하면서도 건강한 도시가 된다. 어느 한 쪽만이 우세한 도시는 다른 한쪽에게 엄청난 스트레스를 주는 병든 도시이다. 도시의 이편성과 사회의 건전성 회복에 더욱 경쟁적이어야 할 시대가 다가오고 있다. 다실(茶室)의 개구멍[55]과 같은 고도의 해학과 창의성을 갖춘 도시가 기대되고 있다(강병기, 2007:335 참조).

강병기 교수는 현대 도시에서의 피맛길을 어떻게 구현해 보고자 했을까? 그의 '피맛골 철학'과 매우 관련이 깊고 유사한 형식으로 보이기도 하는 글을 소개하려고 한다. 이른바 '이상도시 설계론'이랄 수 있는 재미있는 글을 통해서 강병기 교수가 이상으로 생각하는 '공존의 도시'란 무엇인가에 대해서 생각해 보기로 한다.

건설부로부터 도입된 도시설계 제도의 실행을 위한 설계 지침에 관한 연구를 의뢰받아 수행하던 무렵인 1980년에 강병기 교수는 흥미로운 아이디어를 발표한다. 「이상도시 서울의 설계」라는 제목의 원고가 그것인데, 여기서 그는 '공존(共存)의 도시'를 위한 설계 모형을 제안했다.[56] 이 글은 수 페이지 정도

---

55) 일본 다도의 창시자인 센노리큐가 그의 주군이었던 도요토미 히데요시의 졸부 취향에 대한 반발로서 다도의 격식과 장비 그리고 다실을 의도적으로 소박하게 하였고, 다실에는 주인이나 하인이 드나드는 일반적인 크기의 문과 손님이 드나드는 개구멍만 한 출입구를 두었다. 그가 도요토미 히데요시를 초청했을 때 도요토미 히데요시는 개구멍만 한 출입구로 드나들면서 최고의 차 전문가로부터 접대를 받았다고 좋아했다고 한다(강병기, 2007: 334 참조).

56) 강병기 교수의 이상도시는 신구, 미추, 고저, 대소, 빈부 등 모든 것들이 공존공영(共存

의 소고(小稿)에 불과하나 '부자와 서민', '노인과 어린이', '자동차와 보행자', '오랜 것과 새 것' 등 일상생활의 다양한 요소가 공존해야 한다는 명쾌한 논리와 그러한 공존과 공생을 전제로 하는 도시설계의 개념을 제시했다.

그의 이상도시는 권력층과 부자뿐만 아니라 서민도 주인이며 이들 모두에게 즐겁고 따사로운 거리이며, 노약자와 장애인에게 친절하고 그들의 자리가 보장되는 도시이다. 또한 자동차와 보행자가 공존하는 도시로서[57] 보행자는 주인이며 자동차는 말(馬)이 되는 도시이다.[58] 마지막으로 오래된 것과 새것이 공존하는 도시인데, 시민들은 신구를 대립이 아니라 보완 현상으로 보고 양자의 모순이 공존하기를 바란다고 설명한다.[59]

도시의 다양성과 다중성 그리고 다차원성이 공존하는 이상적인 도시란 어떠한 모습일까? 그는 차도와 보도는 평면적으로 분리된[60] 그물망 체계(network system)의 공간구조를 상정한다. 보차(步車) 동선의 점적(點的) 교차점[61]

共榮)하는 도시이다(강병기, 2009: 113 참조).

57) 보행자와 자동차의 공존이란 보행자를 보호하기 위해 자동차를 배제한다는 의미가 아니다. 도시에서 자동차를 몰아낸다면 도시가 마비되기 때문이다(강병기, 2009: 114 참조).

58) 자동차가 말 역할을 한다는 것은 사람이 원치 않을 때는 자동차가 숨을 죽이고 숨어 있다가 사람이 원할 때는 수분 이내의 거리에 자동차가 있어야 한다는 의미이다(강병기, 2009: 114 참조).

59) 신구(新舊)의 교체 과정을 통해 옛 것의 역사성이 자연스럽게 새것으로 이전되며 이런 과정에서 도시의 연속성이 보장되고 역사의 축적과 신구 대비의 조화와 보완이 이루어진다(강병기, 2009: 115 참조).

60) 그는 입체적 분리 방식은 비인도적이고 노약자를 외면하는 방식이므로 가능한 억제하고 고가도로나 지하차도 등 자동차가 오르내리는 것도 바람직하지 않다고 주장한다(강병기, 2009: 115 참조).

61) 보도는 지금 대부분의 시가지 도로에서 보는 것처럼 차도와 연접하는 것이 아니다. 따라서 보도와 차도는 특정 지점에서만 교차하게 된다(강병기, 2009: 115 참조).

은 대중교통수단의 승강장이기도 하다. 시가지에는 두 개의 도로 네트워크－차도 네트워크와 보행로 네트워크－가 존재하게 되는데, 자동차가 다니는 대로변의 건물들은 차도가 아닌 가구(block) 안쪽의 보행로에 면해서 배치된다.

대로변의 건물은 고층으로 건축되어 가구의 외곽을 형성하는 반면 보행로에 면한 안쪽의 건물은 인간 척도(human scale)에 맞추어 나지막하다. 가구 외곽의 고층건물은 정형적인 형태와 기능을 담는 반면 안쪽의 저층건물은 비정형적이며 다양한 기능을 수용한다. 가구 내부의 공간은 한옥의 안마당처럼 다양한 행위와 활동이 일어나는 곳이며, 사람과 손수레와 자전거가 오가며 때론 복잡하지만 인간적인 분위기를 느낄 수 있는 곳이다.

> 이러한(대로변의) 건물들은 자동차의 스케일(scale)에 맞추어 상당한 고층으로 세워지고 한 가구(block)의 외곽을 형성한다. 이에 비해서 보행자 네트워크에 면한 안쪽은 인간 척도에 맞추어 나지막하다. 겉에 있는 건물들의 정형적인 모습과 기능에 비하면 비정형적이다. 자질구레한 기능을 포용하지만 그 모습은 때로 멋지기도 하고 때로는 허름하기도 하다.
>
> 가구의 안은 재래 우리 한옥의 안마당이랄 수 있다. 거기는 일정치 않은 여러 가지 행위와 요사이 말로 해프닝이 일어나는 곳이다. 삶과 손수레와 자전거가 오갈 것이고 어느 모로는 지저분할지도 모르나 반면 인간적 체취가 물씬 풍길 것이다(강병기, 2009: 115~117 참조).

이 설계안에서는 하나의 가구에서도 입지적 특성에 따라 내부와 외곽부의 기능과 형태에 차이를 두고 있으며 여기에는 도시에서 필수적인 교통 유형별 특징에 기반을 두고 있다. 자동차라는 '필요악(必要惡)'과 사람이 공존하는 방식으로서 이중의 격자형 도로체계를 설정하고 자동차도로에 의해 가구를 분할하고 있다. 가구의 내부구역은 인간 척도에 맞춘 소규모의 저층 건물로 개발되어 다양한 변화를 연출할 수 있으며, 외곽부는 고층, 고밀의 정형적인 형

〈그림 1-21〉 '공존의 도시' 보·차 네트워크 개념

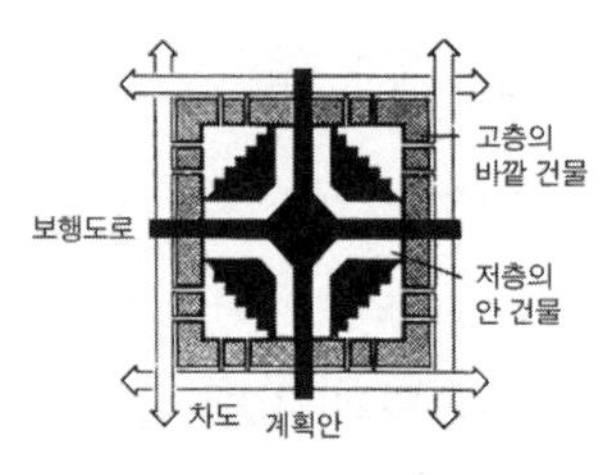

〈그림 1-22〉 '공존의 도시' 블록 단면

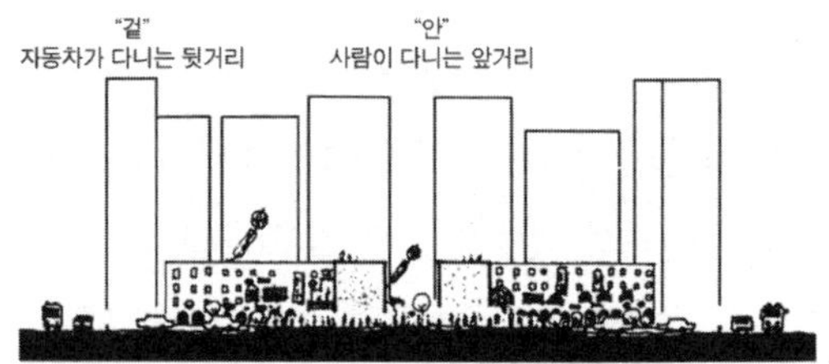

자료: 강병기(2009: 116)

태를 만들어냄으로써 각각의 입지적 특징을 살릴 수 있다. 이와 같은 도시가 도시를 구성하는 대립적이고 모순되는 요소들이 공존하면서 나름대로 조화되는 도시이다.

안에는 저층이고 인간적 척도에 맞춘 소규모 건물들이 들어서게 되므로 다양한 변화를 줄 수 있다. 고층 개발을 못하는 대신 겉에 들어서는 번듯한 거물들에 개발권을 팔수도 있고 권리로서 보유할 수도 있어 가구 전체로서의 용적이나 개발밀도는 일정하게 유지된다. 겉 부분은 고층화할 수 있고 용적률은 크지만 자동차의 접근이 쉬울 뿐 사람의 접근이나 흐름과는 멀어지는 난점이 있고, 안 부분은 사람의 접근과 많은 흐름이 있어 장사하기에는 좋지만 용적률이 낮아 건폐율은 크지만 저층건물밖에 안 된다. 이런 점으로 보아 겉과 안의 지가차(地價差)는 그다지 격차가 심하지 않을 것이다. 겉과 안이 다 같이 그 특성을 살려 나갈 수 있다(강병기, 2009: 117 참조).

강병기 교수의 이상도시란 평화롭고 아름다우며 착하고 좋은 것으로 가득 찬 이상향(utopia)이 아니었다. 도시는 수많은 주체들로 이루어지며 그 주체는 각각의 논리대로 움직이고 있다는 사실에 주목한다. 만약 도시계획이 이와 같은 개별 주체의 특성을 무시한 채 일부 기득권층의 생각에 의해서 결정된다면

〈그림 1-23〉 '공존의 도시' 모형

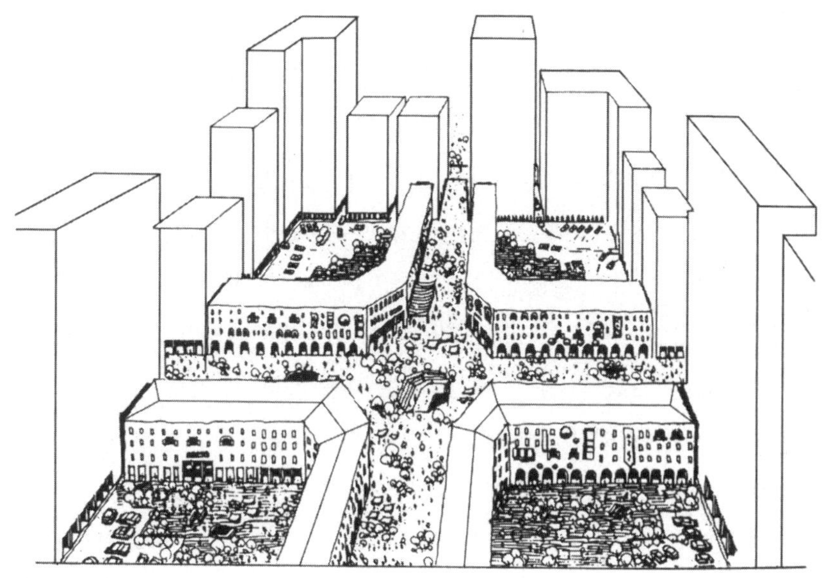

자료: 강병기(2009: 114).

수많은 반발에 부딪칠 것이고 계획의 실현은 요원해질 수 있다는 것이다. 따라서 서로 다른 생각과 행동패턴을 가지고 있는 다양한 주체의 상호 모순적인 주장을 수용하되 이들이 갈등과 대립 대신에 공존과 공생하는 도시가 바로 강병기의 이상 도시인 것 같다.

> 새것과 오래된 것, 아름다운 것과 미운 것, 질서와 자유, 딱딱함과 부드러움, 부자와 빈자, 높음과 낮음, 귀함과 천함, 넓음과 좁음, 밝음과 어두움, 선과 악, 빠름과 느림, 사람과 자동차 그리고 남과 여 이들 모든 것들이 공존할 수 있는 도시. 그것이 바람직한 도시가 아닐까?(강병기, 2009: 117 참조)

2) 더불어 살아가는 도시를 꿈꾸다

'공존의 도시' 거기서는 '사람'이 주인이어야 한다. 사람이 주인이고 사람을 위한 도시설계는 어때야 하는가? 강병기 교수는 사람을 위한 도시설계의 여덟 가지 원칙을 이야기하고 있다(강병기, 2007: 326~329 참조). 첫째로 사람[62]의 눈높이와 척도에 맞춘 디자인, 둘째는 사람을 우선시하는 디자인,[63] 셋째는 사회적 양자를 우선하고 더불어 사는 디자인, 넷째는 남보다 튀기보다 이웃과 함께하는 디자인, 다섯째는 효율보다 효과를 우선하는 디자인,[64] 여섯째는 창의력을 방해하지 않는 디자인,[65] 일곱째는 이용과 유지 관리가 저비용인 디자인, 마지막으로 다양성을 갖춘 디자인[66]이다.

강병기 교수는 도시를 만드는 일은 다양한 주체들을 모아놓는 것이 아니라 이 주체들이 모여서 도시라는 전체를 이루는 것이라고 한다. 거기에는 도시 만들기의 주체인 시민, 기업, 행정부서 등이 있어서 이들은 도시에 필요한 각종 물리적 시설을 만들어내고, 계획 또는 개발의 원칙으로서 기준이나 지침을 만드는 데 시민과 지방정부가 참여한다. 거기에 계획의 실현을 주도하는 지도

---

62) 여기서 사람은 평균적 인간이 아니고 설계된 시설이나 제도, 공간이 작동할 구체적 지역 또는 집단에 속하는 사람들, 즉 주민이다(강병기, 2007: 327 참조).

63) 사람과 자동차가 공존할 수 있는 환경을 디자인하는 것을 의미한다(강병기, 2007: 327 참조).

64) '빨리빨리'의 효율 대신 느리더라도 원활하고 납득이 가는 주민참여를 통하므로 효과는 크다(강병기, 2007: 328 참조).

65) 불특정 다수를 위한 공공 디자인은 규정적이기보다 도발적, 암시적, 유도적인 억제된 디자인이 창의와 참여를 유발한다(강병기, 2007: 328 참조).

66) 다양한 이웃과 다투고 경합하기보다 어울리는 디자인이 다양한 주체와 욕구 속에 공존하고 공생하고 나아가 상생하는 지경에 이르는 것을 이상으로 한다(강병기, 2007: 329 참조).

자가 있다. 이 지도자가 다양한 다수의 주체 간의 상호작용을 조정하면서 이들을 일정한 방향으로 이끌어갈 때 서로 다른 악기들이 소리를 내어 전체로서의 교향악을 만들어내 듯 도시가 만들어진다고 한다.

> 여러 가지 개성을 가진 시설과 건물, 그리고 사람들이 모여서 매력 있고 조화로운 전체로서의 도시를 만들어낸다는 점에서 도시 꾸미기나 만들기는 교향악과 공통점이 있어 보인다. 도시 가꾸기에 쓰이는 악기는 여러 시설이며, 악기 연주자는 시설을 만드는 시민이나 기업 그리고 행정부처의 각 부서인 셈이다. 도시를 만들기 위한 악보에 해당하는 기준이나 지침을 만드는 것은 교향악처럼 한 사람의 작곡가가 아니라 의식 있는 시민들과 지방정부라는 복수의 주체이다. 악보에 의해 연주를 하나로 엮어나가는 지휘자는 자기 고장에 애착과 애정을 가지고, 도시의 장래를 걱정하고 꿈과 현실을 넘나들며 도시의 장래를 구체적으로 그려보고 구상할 수 있어야 한다. 더 나아가 지휘자는 서로 다른 여러 주체(연주가) 간 상호작용을 조정하면서 모든 연주가(주체)를 한 방향으로 끌고 갈 수 있는 지도자이어야 한다. 이 지도자는 때로 개인일 수도 있고 기업이나 단체일 수도 있다. 또 그 개인이나 기업과 단체가 전문가 또는 전문가 집단일 수도 있고 때로는 비전문가일 경우도 있다. 그리고 행정가로서 시장일 수도 있고 행정 공무원이 하나로 뭉친 집단일 수도 있다. (중략)
>
> 도시의 매력은 다양한 존재가 더불어 살면서 빚어내는 조화로움과 넉넉함 속에서 배어난다. 다양한 다름의 존재 간에 조화로움을 빚어내기 위한 오케스트레이션이 도시 만들기의 요체이다(강병기, 2007: 238~239 참조).

도시설계가 강병기, 그는 왜 도시설계의 필요성을 주장하고 도시설계의 위치와 역할을 자리매김하기 위해 애써왔던 것일까? 그는 도시설계가 도시계획분야의 민주주의이며 도시설계를 통해 도시의 다양한 주체가 '공존'하고 '공생'하는 사회가 이루어질 수 있다고 믿었다. 그에게 도시설계란 획일적, 경직적인 도시계획도 아니고 너무나도 자유분방하고 개별적이어서 지극히 이기적인 건축도 아니었다. 도시설계는 도시계획과 건축의 중간에서 주민을 포함한 개별 주체의 사정과 여건 그리고 창의적 사고를 수용하여 민주적 도시계획이어야 하고, 이기적인 개별 주체의 사고와 행동을 주변을 배려하는 공생의 자세로 나아가도록 하는 도시정비의 기술이다. 이를 위해서는 시민의 생각과 자세의 전환도 필요하겠지만 도시설계를 주도하는 계획가와 행정의 변화가 우선적으로 요구된다.

근래 들어와서 도시 재생이나 마을 만들기 등 시민의 참여를 전제로 하는 도시계획 운동이 부각되고 있으며 제도화되기도 하였다. 그러나 아직까지도 제도의 운영은 크게 변화되지 못한 것 같다. 업적을 중시하는 행정에서는 아직도 '빨리빨리'라는 구태에서 벗어나지 못하고 있으며, 계획가들 또한 눈높이를 충분히 낮추지 못하고 있는 것으로 보인다. 도시의 계획이나 설계는 그 실현을 목적으로 한다는 점에서 계획이나 물리적 실행 자체의 효율화보다는 그 결과에 대해 시민이 만족하고 적극적으로 참여함으로써 시민의 삶의 질과 도시의 매력을 높이는 데 효과적이어야 한다는 점을 기억해야 한다. 제각기의 삶의 모습을 가지고 있는 여러 주체가 모여서 배려와 양보로서 살아가는 도시, 서로 다름을 인정하고 그들의 의지와 선택을 통해 자발적으로 참여하는 도시 만들기를 꿈꿔본다.

■ **참고문헌**

강병기. 1980. 「도시설계의 정의와 범주에 관한 소고」. 대한지방행정공제회. ≪도시문제≫, 제15권 제2호, 84~101쪽.

강병기. 1993. 『삶의 문화와 도시계획』. 나남.

______. 2007. 『걷고 싶은 도시라야 살고 싶은 도시다』. 보성각.

______. 2009. 『삶의 문화와 도시』. 보성각.

강병기 외. 1984. 『도시론』. 법문사.
건설부. 1981. 「건축법 8조 2항에 의한 도시설계의 작성기준에 관한 연구」.
대한국토·도시계획학회. 2008. 『서양도시계획사』. 보성각.
______. 2009. 『이야기로 듣는 국토·도시계획 반백년』. 보성각.
바넷트, 조나단. 1982. 『도시설계와 도시정책』. 강병기 역. 법문사.
서울특별시. 1972. 『서울통계연보』.
______. 1983. 「서울특별시 주요 간선도로변 도시설계」.
______. 2015. 『서울통계연보』.
온영태 외. 2004. 『지구단위계획의 이해와 활용』. 한국도시설계학회.
한국도시설계학회. 2012. 『한국도시설계사』. 보성각.

제2장

주민참여를 통한 걷고 싶은 도시 만들기

김은희
도시연대 정책연구센터장

1. 보행권과 시민운동

1987년 6월항쟁 이후 정치권력에 의해 억눌려 왔던 다양한 생활적 요구들은 1989년 경실련을 필두로 환경, 소비자, 여성, 교통 등 여러 분야의 시민운동으로 표출되기 시작했다. 교통을 주제로 한 시민운동 역시 '어린이 교통안전'의 심각성을 인식한 필자를 포함한 몇몇 사람들에 의해 시작되었는데 1992년 '교통문제를 생각하는 시민의 모임'이라는 시민단체를 설립하고 조직 재편성 및 확대를 통해 1993년 녹색교통운동을 창립하였다. 녹색교통운동은 출범하면서 '보행권'을 전면에 내세웠다. 보행에 대한 사회적 관심이 전혀 없는 상황에서 '보행권 역시 보장받아야 할 시민적 권리'임을 최초로 선언한 것인데 이를 계기로 보행권에 대한 사회적 관심은 높아지기 시작했다.

1994년, 필자를 포함한 녹색교통운동 창립 멤버는 여러 가지 이유로 녹색교통운동을 그만두고 도시연대[1]의 전신인 '시민교통환경센터[2]'를 설립하게 되는데, 보행권에 대한 사회적 관심은 높아졌으나 운동으로 어떻게 구현해 나가야 하는지, 다양한 이해관계가 중첩되는 보행을 '교통'이라는 영역에 한정하는 것이 타당한지에 대한 고민이 깊었기 때문이다.

시민교통환경센터는 통학로 중심의 보행환경개선운동을 주민들과 함께 적극적으로 펼쳐나가기 시작했다. 최소 3개월의 기간을 가지고 학교와 주민들을 만난 뒤 주민들과 함께 사고 발생 현황 조사, 사고 당사자 인터뷰, 현장 사진촬영, 주민 의견 조사, 의견 조정 과정을 거치면서 요구안을 확정하고 주민서명을 진행했다. 통학로 사업 대상지마다 주민들이 앞장서서 일주일 만에 약 2000명의 주민 서명을 받아냈던 것은 그만큼 절박한 문제였기 때문이다.

이와 더불어 보행환경개선운동 과정을 이론적으로 분석하고 대안을 모색하는 젊은 연구자들의 모임도 운영했는데 「주택가 생활도로 정책 개선방안 및 학교권역 설치에 관하여」(1994년)라는 제목의 보고서를 발간하였다. 보고서의 주요 내용은 선(線) 중심의 교통정책으로는 지역특성을 고려한 보행정책을 수립할 수 없으므로 토지이용과 도로 형태를 결합한 유형 개발과 유형에 따른 보행정책이 차별화되어야 한다는 것이다. 또한 주택가생활도로라는 개념을 제시하고 생활도로에서 보행정책의 중심은 주민이어야 하며 주민참여를 통해 추진되어야 함을 주장했다.

사실 주민과 밀착하여 통학로 보행안전활동을 진행하게 된 배경은 법도 공무원도 전문가도 도와주지 않았기 때문이었다. 도로교통법은 철저하게 자동차 중심으로 구성되어 있었으며, 공무원은 '규정이 없다' '예산이 없다' '자동차 통행을 방해한다'는 이유로 매번 불가능하다는 답변만 보내왔다. 전문가들은 여전히 자동차 중심의 교통체계에 사로잡혀 있었다. 그렇기에 절박하게 호소

---

1) 도시연대의 본래 명칭은 '걷고싶은도시만들기시민연대'이며, 본 글에서는 약칭인 '도시연대'로 기술함.

2) 시민교통환경센터는 1996년 '걷고싶은 서울만들기운동'을 펼치면서 1997년 '걷고싶은 도시만들기시민연대'로 전환하였음.

하는 주민들과 함께 하는 것이 당시 선택할 수 있는 최선의 방법이었다.

이처럼 주민참여에 대해 몸으로 체득하면서 방법과 개념들을 하나씩 정리해나갈 즈음 일본의 마치즈쿠리(まちづくり)를 접하게 되었다. 그것을 우리말로 직역하여 '마을만들기[3]'라 했는데 현재까지 마을만들기로 불리고 있는 이유다.

주민과 함께 진행한 안전한 통학로 만들기 운동은 담당 행정기관과 힘겨운 씨름을 벌이면서 횡단보도 및 과속방지턱, 보도설치 등 나름의 성과를 거두었지만, 지점별 시설물 설치 운동의 한계도 동시에 나타났다. 생활도로에서 벌어지는 다양한 사회적, 문화적, 경제적 관계들을 총체적으로 바라보지 못하다 보니 근본적인 원인은 그대로 둔 상태에서 획일적인 보행안전시설물들이 동네마다 반복적으로 설치되는 결과를 초래했다. 아래로부터 개선해 나가는 운동방식은 분명 의미 있는 시도였지만 보행환경은 기대치만큼 나아지지 못한 것이다.

이러한 한계를 절감하면서 자동차 중심의 도시구조에 대응하기 위해서는 보행권운동을 넘어서서 보행을 기반으로 하는 도시사회운동으로 전환해야 한다는 결론을 내리게 되었다. '보행권은 직접적 이해당사자인 주민들의 생활문제이며 우리 도시의 가치와 철학의 문제이기 때문에 현장을 기반으로 하되 도시사회의 근본적인 변화를 끌어내는 방안'이 필요하다는 인식을 하게 된 것이다.

---

3) 마을만들기는 2000년대 중반부터 마을가꾸기, 마을공동체 등 여러 가지 용어로 불리고 있음.

2. 걷고싶은 서울만들기운동

1995년 12월, 시민교통환경센터는 서울시정개발연구원(현 서울연구원) 박사들과 서울시의회 의원과 함께 생활교통으로서 보행운동 및 보행조례 제정 운동을 펼치기로 합의했으며, 운동의 중심을 잡아줄 대표는 당시 한양대학교 교수로 재직 중이던 강병기 교수가 흔쾌히 맡아주기로 했다. 강병기 교수는 1996년 1월, 서울시정개발연구원 월례모임에서 시민운동 참여에 대한 구상을 밝히면서 인연이 닿은 것이다.

> 2년 전 회갑을 맞으면서 앞으로 내가 무엇으로 사회에 봉사해야 할지 많이 생각했습니다. 오래 고민한 결과 시민운동을 해야겠다는 생각을 하게 되었습니다. 도시의 사람 문제를 중심으로 하는 시민운동을 하면서 민선 단체장들의 업적을 체크하고 평가할 수 있는 체크리스트를 만들어보고 싶습니다(네이버 블로그, "정석의 걷고싶은도시, 살기좋은 동네").

강병기 교수는 '서울시청 앞 보행자광장 조성'도 운동으로 풀어갈 것을 제안하였는데 이에 따라 '생활교통으로서 보행운동, 보행조례제정, 서울시청 앞 보행자광장 조성'이라는 세 가지 운동 과제를 최종 설정하고, 세 가지 운동의 접점을 만들어줄 목표로 '걷고싶은 서울만들기운동'을 선언하기로 했다. 또한 시민교통환경센터 등 9개 단체가 모여 '걷고싶은 서울만들기 운동본부(이하 운동본부)'를 구성하고 공동대표는 강병기, 김창국, 이병철, 주종환이 맡으면서 본격적인 활동을 시작하게 되었다.

우선 운동본부는 현장에 기반한 구체적인 시민실천을 위해 ① 어린이에게 안전한 도시 ② 장애인과 노인에게 친절한 도시 ③ 대중교통이 편리한 도시 ④ 자연이 숨쉬는 도시 ⑤ 문화를 느낄 수 있는 도시를 주요 의제로 설정하였다. 또한 사회적 관심과 지지를 모아나가기 위해 워크숍, 캠페인 및 매달 소식지 ≪걷고싶은서울≫을 1만 부 제작하여 배포하였는데 서울지하철노동조합의 협조로 각 역사 매표소 앞에 비치한 소식지는 표를 구매하는 승객들에 의해 순식간에 동이 나기도 했다.

걷고싶은 서울만들기운동에 대한 여론의 관심도 매우 높았다. 각 일간지와 방송에서는 운동에 대한 소개와 조례 제정, 시청 앞 광장 조성, 횡단보도 설치 등에 대해 지면을 할애해 줬다. 운동본부의 활발한 활동과 사회적 관심 속에서 '걷고싶은 서울만들기운동'은 많은 성과를 이루어냈다.

우선 조례제정운동을 통해 1997년 1월 '서울특별시 보행권 확보와 보행환경개선에 관한 기본 조례'가 발효되었으며, 서울시청 앞 보행광장도 2004년 서울광장이라는 이름으로 조성되었다. 이를 계기로 서울시청에는 횡단보도가 설치되었고, 이후 시민단체들의 '횡단보도 설치운동'에 의해 2005년 광화문사거리에도 횡단보도가 설치되었다.

서울시 행정에도 변화가 나타났다. 서울시는 1996년 8월, 교통관리실 교통운영과에 보행과 자전거를 담당하는 '녹색교통계'를 신설하였는데 우리나라 최초의 보행담당 부서가 생긴 것이다.

정책에도 많은 변화가 일어났다. 관철동과 인사동에 차 없는 거리 조성을 시작으로 고건 시장이 취임하면서 25개 자치구별로 '걷고싶은 거리만들기 사업'도 추진되었고 횡단보도 설치에도 적극적으로 나서기 시작했다.

서울의 얼굴이 바뀌기 시작한 것이다.

삶터를 마음 놓고 걷고 싶다는 소원은 서울이라는 삶터를 보다 친근하고 즐겁게 해보자는 생활적 욕구와 평범한 보통 사람들의 존엄성을 소중히 여겨 달라는 민주주의 실천을 외치는 인권적 욕구인 것이다. 따라서 걷고싶은 서울만들기운동은 서울이라는 도시 환경의 여러 측면에서 종전처럼 생산의 논리보다 시민의 생활 논리와 인권의 존엄성을 소중히 하는 도시 행정을 확실히 가시적으로 펼치라는 주문임과 동시에 그 구체적인 방법까지도 제시하고 있는 운동이다. 걷고 싶은가 아

〈그림 2-1〉 1996년 5월 걷고싶은 서울만들기 운동본부 출범식과 1998년 서울시 보행환경 기본계획

닌가라는 단순 명료한 잣대로 아주 간단하게 도시의 삶의 질을 판단할 수 있다. 걷고 싶은 도시는 좋은 도시이다. 걷고 싶지 않은 도시는 살고 싶은 마음이 일어날 수 없는 나쁜 도시이다(강병기, 「걷고싶은 도시라야 살고싶은 도시다」, 도시연대 기관지 ≪걷고싶은도시≫ 창간호, 1997년).

'걷고싶은 서울만들기운동'을 주도한 시민교통환경센터는 본격적인 도시사회운동을 펼치기 위해 1997년 6월, 강병기 교수를 대표로 모시고 걷고싶은도시만들기시민연대(약칭 도시연대)로 조직을 재편하였으며, 현재까지 활동을 이어가고 있다.

3. 서울특별시 보행조례 제정운동

■ **쉽지 않은 과정들**

서울시는 세계 최초로 보행조례를 제정한 지자체이며, 보행조례 제정은 서울을 차량 중심의 도시에서 사람 중심의 도시를 만들기 위한 초석이라고 할

수 있다.

보행조례 제정운동을 펼치게 된 이유는 걷고 싶은 서울의 발전 지향성을 담아내기 위한 제도적인 틀이 필요했기 때문이다. 그리고 주민 스스로 자신이 살고 있는 도시의 보행환경을 가꾸고 관리해 나가는 자치 정신을 담아낼 수 있는 제도적 틀이 조례라고 보았다.

1995년 12월부터 보행조례 제정을 위한 논의가 시작되었고 전문가, 시민단체, 시의원 등 33명이 참여한 조례제정위원회를 구성하였다. 조례제정위원회는 조례 전문과 기본 내용 검토, 조례 명칭 결정 등을 위한 실무소위원회를 두었는데 강병기 교수가 위원장을 맡고 시민교통환경센터와 시의원, 서울연구원, 변호사가 소위원회 위원으로 참여하여 6개월 동안 조례안 만들기 작업에 들어갔다.

조례제정과정은 쉽지 않았다.

우선 헌장으로 할 것인지 조례로 할 것인지, 서울시장의 보행권 선언으로 할 것인지 등 형식에 대한 논의들이 있었는데, 여러 논의를 거치면서 행정부를 구속해서 시장이 구체적인 일을 하도록 하기 위해서는 헌장보다는 조례가 타당하다는 결론을 내리게 되었다.

또 하나는 모법(母法)이 없는 상태에서 지방자치단체가 법적인 구속력이 있는 조례를 독자적으로 만들 수 있는가라는 점이었다. 지방자치제 도입 초창기였고 제도적으로 불안정한 상황이었기에 상위법이 없는 지자체 독자적인 자주 조례 제정에는 많은 제약이 따랐다.

또 다른 논의 내용은 구체적인 보행환경개선사업 대부분은 자치구 행정관할 범위이고, 횡단보도나 신호등 등 보행안전 시설물의 설치권한은 경찰청에 있는데 과연 서울시 조례에서 이 부분을 풀어나갈 수 있는가라는 것이었다. 다양한 생활조건과 토지이용 등 지역 여건을 고려하면서 경직되지 않은 조례를 만들어낼 수 있는가라는 것도 쉽지 않은 문제였다. 여러 논의를 거치면서 자치구의 권한을 고려하여 구체적인 실무 지침적 내용은 피하고 조례 제정 후

자치구가 서울시 조례를 근거로 구 조례를 만들어나갈 수 있도록 시민운동을 펼쳐나가기로 했다.

조례 제정 방식은 서울시의원이 입법 발의하는 형태로 진행했다. 1996년 10월 22일 서울시의원 30명의 지지 서명으로 의원입법발의를 거쳐 1997년 1월15일 「서울특별시 보행권 확보와 보행환경 개선에 관한 기본조례」(조례 제3376호)가 정식으로 발효되었다.

■ 보행조례의 성과와 한계

조례의 목적은 '서울시민의 보행권 확보와 보행환경개선에 관한 기본사항을 규정하여 서울시가 보행환경 시책을 종합적이고 계획적으로 추진토록 함으로써 안전하고 쾌적한 보행환경을 조성하고 시민의 보행권을 확보함을 목적으로 한다'고 규정하였다.

용어 정의에서 보행환경을 '보행자의 보행과 활동에 영향을 미치는 물리적, 감각적, 정신적 측면과 이에 관련된 제도 등을 포함한 총체적 환경'으로 정의함으로써 단순한 시설에서 벗어나야 한다는 것을 강조하였으며, 시민의 권리와 책무를 부여하여 보행환경 개선의 주체로 자리매김하였다. 구체적으로 행정을 강제하는 내용으로는 '서울시장은 보행환경기본계획을 매 5년마다 수립하고 연도별 시행계획을 수립하여야 한다'는 규정이다. 또한 도시계획 등 보행환경과 관련이 있는 주요 계획이 수립되거나 변경될 때에는 보행환경기본계획을 최대한 반영해야 하며 더불어 보행환경 조성 기준을 더욱 명확히 설정하고 보행환경 개선을 위한 예산계획을 수립하도록 규정함으로써 조례의 현실성을 확보하고 있다.

조례 제정 후 보행조례 규정에 따라 서울시는 1998년 1월 보행환경기본계획 수립을 시작으로 이후 5년마다 기본계획을 수립하고 있으며 이에 근거하여 연도별 사업들도 적극적으로 추진하고 있다. 현재 보행조례는 각 부서 간 추진하고 있는 보행환경개선사업의 연계성 및 일관성 확보와 다양한 교통환경의 변화에 대응하기 위해 네 차례 개정되었다.

서울시보행조례제정운동의 의미는 크게 두 가지다.

하나는 지방자치 선도 기능이다. 시민발의가 쉽지 않은 상황에서 시의원과 시민단체, 전문가의 실질적인 참여와 지속적인 논의 속에서 당면한 도시문제 해결 대안으로 조례안을 완성하여 입법발의에 이르렀다는 것은 지방자치의 새로운 선례로 남고 있다.

두 번째는 입법 선도 기능이다. 당면한 문제 해결을 위해 만든 보행조례는 이후 보행과 관련된 법들이 제정되는 데 중요한 계기를 만들었다.

그러나 시민운동적 차원에서 바라본다면 한계도 명확했다.

광범위한 시민의 지지와 참여 속에서 진행하고자 했으나 실제 시민들의 능동적 참여를 끌어내지는 못했다. 보행과 관련된 법과 제도들의 문제점을 시민과 공유하고 개선 필요성과 방향에 대한 적극적인 활동을 펼치지 못한 것이다.

또 하나는 서울시 보행조례 제정 이후 전국각지에서 '보행조례 제정운동'이 유행처럼 퍼졌는데 조례제정운동의 의미에 대해 제대로 공유하지 못함으로써 자치단체장의 치적으로만 활용되었다는 것이다.

조례는 제정하는 것보다 조례의 가치와 의미가 제대로 실현될 수 있도록 조례에 기반한 활동을 어떻게 펼쳐나갈 것인가가 훨씬 더 중요하다. 그동안 힘겹게 만든 조례가 사문화되는 사례들을 우리는 너무나 많이 보아왔다. 그렇기에 보행조례 제정운동은 '걷고싶은도시'를 만들어나가기 위한 기준선이며, 지속적인 도시사회운동을 펼쳐나가야만 그 의미가 살아날 수 있다. 시민운동적 관점에서 좀 더 냉정한 평가가 필요한 이유다.

4. 서울시청 앞 보행자광장 만들기

■ 서울시청 앞을 열어라

시청 앞에서 시청 정문까지 직선거리는 불과 300~400미터이며 장방형의 3번을 우회하는 실제 경로도 800~1000미터 정도여서 거리적으로는 얼마 되지 않는다. 그러나 소요되는 시간은 20~25분 정도가 걸리며 그동안 길을 찾고 허덕이며 계단을 오르내리는 데 굉장한 신경과 체력이 소모된다. 만약 직선으로 걷는다면 3~4분 정도면 충분한 것을 생각하면 이럴 수가라는 말이 절로 나온다. 시청 앞 광장에서 보행자를 제거함으로써 얼마나 도심부의 교통소통이 좋아졌는지는 모르겠으나 불과 7만 대 가량의 자동차 못지않게 수십, 수백만의 걸어 다니는 시민들의 소통도 염두에 두어야 하지 않을까. 다른 곳과 달리 시청 앞 광장에서만은 보도교나 지하도가 아니고 시민들이 지상을 유유히 건너는 동안 자동차는 기다리고 있도록 횡단보도와 안전지대가 이루어져야 한다[강병기, 「시청앞에서 시청까지」, 『삶의 문화와 도시』(나남출판, 1993)].

강병기 교수의 서울시청 앞 보행자 광장 조성 요구는 1970년부터 거슬러 올라가는데 1983년 '서울시 주요간선도로변 도시설계' 작업을 하면서 시청 앞 시민 광장 조감도를 제시하기도 했으나 별다른 변화들은 일어나지 않은 상태였다.

강병기 대표가 시민교통환경센터에 '시청 앞 보행자광장 조성 운동'을 제안한 이유는 시민운동을 통해서 진행해야 가능할 것이라는 판단을 했기 때문이다. 강병기 대표의 제안을 받은 시민교통환경센터는 내부적 논의를 거치면서 '시청 앞 보행자광장 조성운동'을 펼치기로 하였는데 이유는 다음과 같다.

우선, 숭례문에서 경복궁까지 이어지는 거리를 서울의 대표적인 걷고 싶은 거리로 조성하자는 것이었다. 당시 경복궁에서 숭례문까지 단 하나의 횡단보

〈그림 2-2〉 1996년 8월 시청 앞 보행자광장 캠페인과 시민 광장 제안도

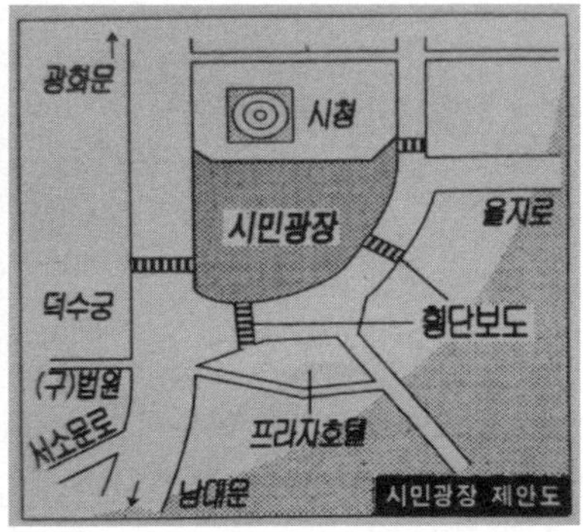

도도 없었는데 보행자광장을 매개로 숭례문과 광화문사거리에도 횡단보도 설치가 가능하리라 판단한 것이다. 또한 횡단보도 설치와 보행환경개선사업을 통해 숭례문-덕수궁-시청광장-세종문회회관-경복궁을 연결하는 대표적인 거리를 조성할 수 있다고 보았다. 두 번째는 보행자광장을 거점으로 정동, 명동, 종로, 인사동 등을 보행으로 연결하는 '도심보행벨트' 구축의 초석이 될 수 있을 거라 판단했다. 세 번째는 자동차에 둘러싸여 시민과 괴리되는 시정에서 광장문화를 통해 시민들의 자유로운 몸짓과 목소리에 귀를 기울이고, 시민과 함께 시정을 펼쳐나가는 풀뿌리민주주의를 실현하고자 하였다. 마지막으로 걷고싶은 서울만들기에 대해 시민들이 구체적으로 체감할 수 있는 가시적인 성과를 만들고자 했다.

1996년 8월21일, '걷고싶은 서울만들기 운동본부' 주최로 서울시청 앞에서 '시청 앞 보행자광장 만들기' 피켓팅 시위를 전개하고 조순 시장에게 시민의견서를 제출하였는데 보행자광장을 조성하면 서울시 전역이 주차장이 될 정도로 심각한 교통체증에 시달릴 것이라는 전문가와 행정의 반대에 부딪히면서 논의는 중단되었다.

운동본부 해산 후 도시연대는 다시금 시청 앞 보행자광장 조성을 위한 활동을 모색하기 시작했다.

〈그림 2-3〉 시민교통환경센터 제시안(위 좌측), 서울시 및 경찰청 제시안(위 우측/아래 좌우)

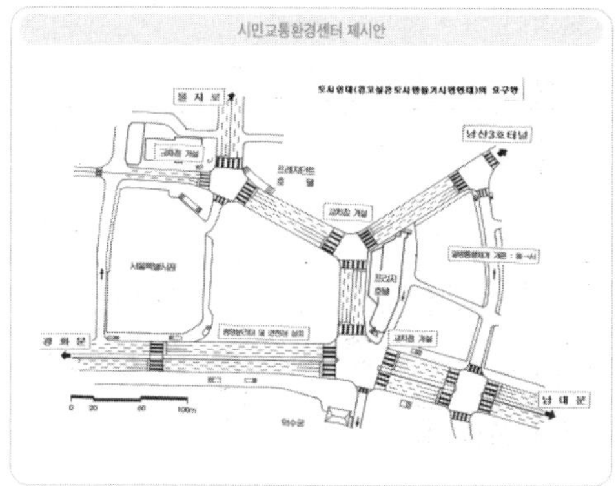

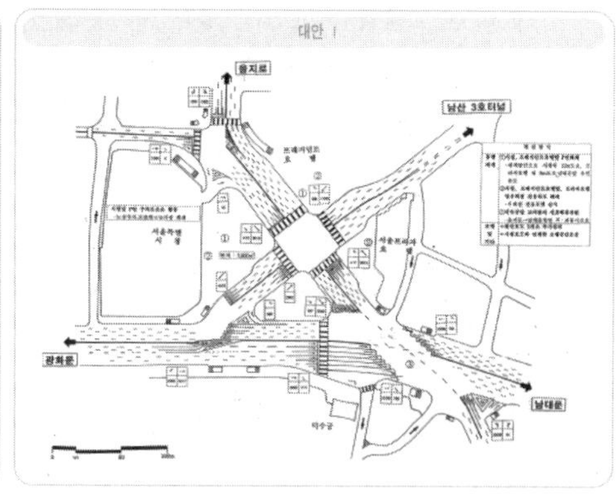

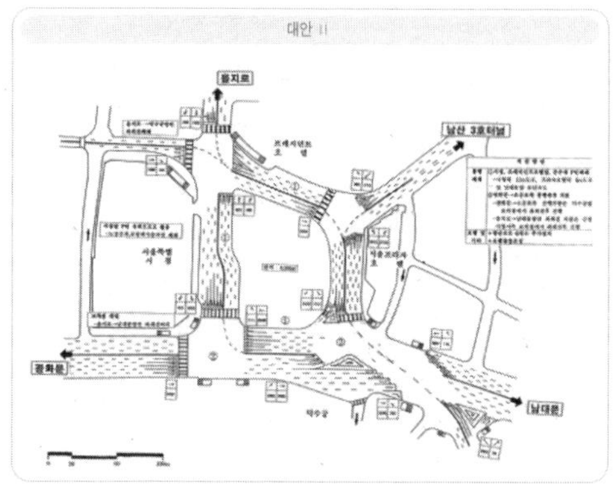

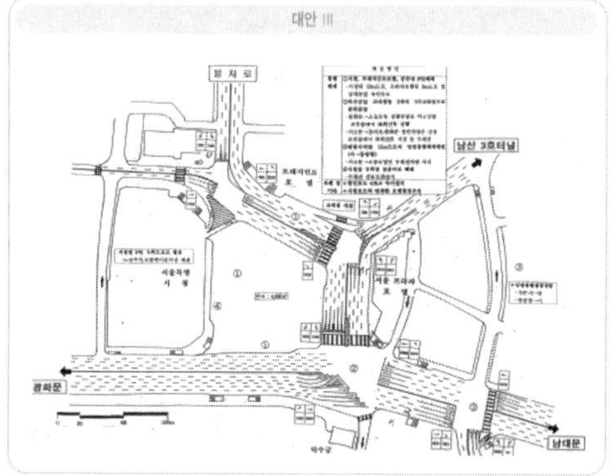

1999년 민선 3기인 고건 시장이 취임하면서 도시연대는 교통처리 방안과 함께 시민교통환경센터 때부터 제안했던 시청 앞 전체를 광장으로 만드는 구체적인 광장 조성안을 제시했다. 서울시는 과거와 달리 긍정적인 태도를 보이면서 적극적으로 논의에 임했으나 도시연대 광장 조성안에 대한 부담감과 경찰청의 반대에 부딪히면서 논의는 결렬되었다. 도시연대의 전면 광장안에 대해 경찰청과 서울시청은 일정한 공간만을 대상으로 하는 부분적인 광장설치안 세 가지를 제시했는데 도시연대는 전면적인 광장 설치여야만 진정한 광장이 될 수 있으므로 일부 공간에만 광장을 조성하자는 행정의 안은 받아들일 수 없다는 입장을 거듭 강조했다. 입장차가 좁혀지지 못하면서 시청 앞 광장 조성운동은 오랫동안 소강상태에 빠지게 되었다.

■ **시민이 열고 서울시장이 닫다**

소강상태에 빠졌던 시청 앞 보행자광장 조성 운동의 물꼬를 터준 것은 2002년 월드컵 경기였다. 시민들이 시청 앞에 모여 광장과 광장 문화를 스스로 만들어나가는 광경을 연출한 것인데 도시연대는 이를 계기로 다시금 시청 앞 광장 조성 운동을 펼쳐나가기로 했다. 우선 '서울시청 앞 광장 조성을 위한 시민토론회'를 개최하였으며 사회적 분위기도 우호적으로 전환되기 시작했다. 서울시청 앞 광장 조성 찬반에 대한 서울연구원 설문조사에서도 응답 시민의 80%가 찬성하였는데, 월드컵을 통해 광장 문화의 소중함을 체험했기 때문이었다.

이러한 분위기와 맞물려 이명박 시장은 서울시청 앞 광장 조성을 주요 시책으로 설정하였으며, '시청 앞 광장 조성위원회'를 꾸리기도 전에 광장 조성안에 대한 현상설계 공모를 할 만큼 빠른 걸음을 내디뎠다. 그리고 '서울시가 일방적으로 추진하는 것이 아니라 시민들의 의견을 듣고 추진하겠다'라는 시장의 공약에 따라 2002년 8월 시청 앞 광장 조성위원회(이하 조성위원회)를 구성하였다. 조성위원회는 서울시 조례에 근거한 심의 및 자문기구로 도시계획·조경, 역사·문화, 교통 등 3개의 소위원회로 구성되었으며 도시연대 강병기 대표가 위원장을 맡아 의욕적으로 활동을 시작하였다. 당시 조성위원회에 참여한 위원들의 의욕도 매우 높았는데, 광장 조성 기본계획 수립과 교통대책, 광장 조성 후 활용 방안 마련 등 실질적인 책임과 권한을 가진 위원회 활동을 적극적으로 수행하고자 했다.

그러나 위원들의 활동 결과는 참담했다. 설계당선안 실현에 난항을 겪으면서 2004년 2월, 서울시는 하이서울페스티벌 일정에 맞추기 위해 위원회와 한마

〈그림 2-4〉 2002년 7월 시청 앞 시민 광장 조성을 위한 토론회

디 상의 없이 잔디광장으로 결정했는데 당시 위원으로 활동했던 서울대 황기원 교수는 "좋은 시작, 거친 과정, 나쁜 결과"[4]로 그 과정을 규정할 정도였다.

2003년 3월에 선정된 광장설계 당선작인 '빛의 광장'은 TFT-LCD 2000여 개를 광장 바닥에 깔고 고강도 유리를 그 위에 덮어 비디오아트 등 다양하게 활용할 수 있도록 설계한 것인데 조성위원과 심사위원들은 한국의 IT기술을 세계에 알릴 수 있는 혁신적인 설계로 평가했다. 그러나 설계안을 실현하기 위해서는 여러 가지 기술적인 문제들을 풀어나가야 했고, 시공 가능한 업체를 찾기도 쉽지 않았지만, 조성위원회와 당선자는 여러 가지 대안을 놓고 분주하게 움직이면서 차근차근 해결방안을 찾아나가고 있었다.

하지만 서울시에게는 시간이 없었다. 물론 조성위원회와 사전 협의한 적도 없었지만 서울시는 조성될 멋진 광장에서 2004년 5월, 개장식 겸 제1회 하이서울페스티벌을 개최하겠다는 속내를 갖고 있었다. 부산영화제와 같이 세계

---

4) 도시연대 기관지 2004년 5,6호 특집 "서울광장, 열린 것인가"에 투고한 황기원 교수의 원고 제목임.

〈그림 2-5〉 서울광장 조성 전(좌) 설계당선안(중) 서울광장 조성 후(우)

자료: 서울시홈페이지.

적인 페스티벌을 서울시에서 개최하는 것이 필요하다는 서울시장의 강력한 의지에 의해 기획된 하이서울페스티벌은 반드시 조성된 광장에서 개최되어야만 했다. 그렇기에 당선작 실현은 시간이 오래 걸릴 것으로 판단하고 당선작의 변경을 요구하기도 했다. 조성위원회의 입장은 단호했다. '당선작은 변형없이 원안대로 그대로 실현되어야 한다'는 입장을 굽히지 않았으며 하이서울페스티벌을 위해 임시로 차를 막고 개최하는 방안을 제시하기도 했다.

뒤늦게 알게 된 사실이지만 이미 서울시는 내부적으로 당선작 폐기 및 잔디광장 조성으로 결론을 내린 상태였다. 그렇기에 2004년 2월, 조성위원회의 요구로 개최된 회의에서도 '잔디라도 깔아야 한다'는 입장만 반복한 것이다.

서울시의 일방적인 움직임에 강병기 대표는 강하게 항의하였으나 행정의 의도와 일정에 제동을 걸기에는 역부족이었다. 이후 모든 일정은 서울시의 의도대로 일사천리로 진행되었다.

조성위원회와 시민들의 2년간 노력은 이렇게 서울시장의 일방성에 의해 물거품이 되어버렸다. 결국 시청 앞 광장은 '보여주기식 시민참여'만 있었을 뿐, 시민 의견을 반영한 것은 시민공모를 통해 확정된 '서울광장'이라는 명칭밖에 없었다. 이처럼 시청 앞 보행자광장 조성과정은 '위원회를 들러리로 만든 전시 행정의 표본'이었다.

■ 광장은 열려야 한다

서울시의 일방적 추진에 대해 도시연대, 경실련, 문화연대, 새건축사협회, 민주노동당 등은 '시청앞광장되찾기시민대책위원회'를 구성하여 기자회견을 열고 당선된 설계안대로 조성할 것을 강력히 촉구하였다. 서울시가 일방적으로 추진한 잔디광장은 광장의 역할을 기대할 수 없다고 비판한 것이다.

서울광장 조성 이후 서울시는 광장의 유지, 관리를 이유로 시민들의 이용을 제한하는 광장운영에 관한 조례를 추진하였는데, 도시연대, 문화연대, 경실련 도시개혁센터, 민주노동당 서울시당, 민주화운동정신계승국민연대 등 5개 시민단체는 2006년 8월 3일 서울시청 앞에서 '서울광장 공공성 강화'를 촉구하는 기자회견을 열었다. 강병기 대표는 성명서 낭독 및 인터뷰를 통해 "광장은 시민들이 무엇이든지 할 수 있는 자유로운 공간이어야 하는데 서울광장은 운영에 있어서 폐쇄적이며, 서울시가 잔디광장을 조성하고 이를 유지, 관리한다는 명목으로 시민들의 자유로운 광장 이용을 가로막으려고 하고 있다"고 비판했다.

그리고 시민단체들은 서울시에 네 가지 요구사항을 전달했는데 첫째, 설계안 변경에 대해 공식 해명할 것, 둘째, 본래의 취지대로 광장을 조성할 것, 셋째, 현 조례안을 전면 백지화하고 시민의 자유로운 접근과 적극적인 행위가 보장되는 광장 운영안을 마련할 것, 넷째, 시민이 중심이 되는 원칙을 재정립하고 실현할 것 등이다. 이에 서울시는 설계안 변경의 불가피성과 잔디광장은 임시 광장이라는 점, 서울광장 사용에 있어 시민들의 자유로운 이용을 충분히 보장하겠다는 견해를 전달해 왔으나 이후에도 광장 사용에 자의적인 기준을 적용하여 이용을 제한해 왔다. 한때는 서울광장 전체를 전경 차량으로 막아 접근 자체를 전면 금지하기도 했었다.

결국, 시민단체들은 서울시의 자의적 판단에 대해 인권위에 제소하였고, 인권위는 서울광장에 대한 자의적인 사용허가로 인해 국민의 기본권이 침해되

〈그림 2-6〉 2006년 7월 3일 시민단체들의 시청 앞 광장 조례 반대 성명서 발표

지 않도록 재발 방지 대책 및 광장 사용의 구체적 기준 마련을 권고하기도 했다.

강병기 대표는 시청 앞 광장 조성 과정을 회상하면서 "주민의견 존중과 주민참여는 아직 선거철 슬로건에 머물고 있으나 실천 과정에서 주저앉지 말고 칠전팔기로 밀고 올라가는 수밖에 없다"며 행정에 대응하는 주민참여 방안에 대해 본격적인 활동을 기획하기 시작했다.

5. 걷고싶은도시만들기운동과 마을만들기

보행조례제정운동은 걷고싶은 서울만들기운동의 출발이며 그 주체는 주민들이다. 지역밀착형 시민운동을 통해 보행조례는 생명력을 갖게 되며, 나아가 도시개혁과 시민자치를 위한 도시사회운동으로 발전해야 한다.

도시연대는 '걷고싶은도시만들기운동'의 다섯 가지 의제를 중심으로 적극적인 지역밀착형 현장활동으로 전환하기 시작했다. 1995년도 활동처럼 현안에 따라 주민들을 만나고 헤어지는 것이 아니라 현안 해결을 넘어서서 지역에서부터 걷고 싶은 도시를 만들어나가기 위한 시스템을 구축하고자 했다. 녹번초등학교 안전한 통학로만들기(1996~1997년), 인사동 활동(1996~2008년), 부평

문화의거리 만들기(1997년-2010년) 등 여러 활동을 진행했으며, 이러한 경험을 토대로 1999년도에는 워크숍 「걷고싶은도시와 주민참여에 대하여」를 개최하고, 마을만들기운동이 도시연대의 주요 운동 방향임을 선언하였다.

그러나 도시연대의 마을만들기운동에 대해 많은 시민단체는 생소해 했다. 지역단체보다 더 지역에 밀착하고, 지역을 넘어서는 이슈를 만들어내는 방식을 경험해 보지 못했기 때문이었다. 마을만들기운동에 시민단체들이 본격적인 관심을 갖게 된 계기는 2002년 비영리민간단체지원법이 제정되면서부터이며, 2006년 참여정부의 '살고싶은 도시(마을)만들기 지원사업'이 시행되면서 행정과 시민단체들의 관심은 폭발적으로 확대되었다.

> 최근 수개월 사이에 한국에서는 주민참여에 의한 마을만들기가 표면으로 떠오르고 있습니다. 주민에 의한 아래로부터의 마을만들기가 정착될 수 있도록 키를 바꾸는 노력을 하고 있습니다만, 정부 기준과 보조라는 사업방식에 익숙한 사람들과 이를 통해 실적을 올린 정부 고급 관리들의 생각의 전환이 난제라고 할 수 있지요. 어떻든 전반적인 분위기로는 나쁘지 않은 방향으로 움직일 것 같다는 예감은 듭니다. 또한 거의 10여 년에 걸친 도시연대를 본거지로 한 수수한 노력이 어쩌면 빛을 볼지 모른다는 생각도 해봅니다. 그래서 방관자의 입장이 아닌 적극적인 활동가로서 움직여볼까 생각하고 있는 중입니다(2006년 7월, 강병기 대표님이 와타나베 교수에게 보낸 편지 일부).

살고싶은 도시(마을)만들기 사업이 본격화되자 강병기 대표님은 필자에게 "내가 우산이 되어줄 테니 자네들 마음대로 한번 해보게"라며 마을만들기 포럼을 구상하고 위원장을 맡을 준비도 하셨다. 이는 행정이 주도하는 프로젝트성 사업이 갖는 한계를 회피하는 것이 아니라 적극적으로 치고 나가면서 운동의 주도권을 쥐라는 것이었는데, 그것이 녹록하지 않을 것이라는 판단하에 스스로 우산이 되리라 자임하신 것이다.

마을만들기 포럼과 별도로 한국에 온 와타나베 교수와 강병기 대표는 한국과 일본, 대만의 중견 또는 젊은 연구자들을 중심으로 마을만들기 국제네트워크(ASCOM) 구성에 박차를 가하고 있었다. 마을만들기에 관심이 있는 전문가와 시민단체의 네트워크를 조직하고 우리의 경험과 사례들이 어떤 의미가 있는지 3개국의 사례 발표와 논의를 통해 공동연구를 만들어나가고자 했다.

마을만들기 포럼에 대한 논의가 무르익을 즈음, 또 한편으로는 ASCOM 한일회의가 열리기로 한 2007년 6월 11일, 강병기 대표의 별세 소식에 모두 망연자실했다. 하지만 한국마을만들기네트워크는 『우리, 마을만들기』(2012, 도서출판 나무도시)라는 책을 출판하며, 시민운동의 영역으로만 인식되었던 주민참여 마을만들기가 모든 정책의 핵심으로 자리매김하게 되었다.

> 흔히 거주환경의 바람직한 미래상은 전문가에 의해 만들어져야 하고 그럼으로써 개개인의 이해관계를 초월한 공공의 입장에서 계획이 제시될 수 있는 것으로 믿어져 왔다. 그러나 이것은 그림의 떡에 불과하다. 주민의 협조와 합의 없이는 불가능하다. 살고 있는 환경을 가장 잘 알고 있는 것은 그곳 주민이며, 주민의 잠재력을 잘 파악하고 있는 것 또한 주민이다. 스스로가 안고 있는 문제를 스스로의 창의력으로 해결해 나가며, 만들어진 거주환경을 스스로의 힘으로 지키고 기르고 가꾸어갈 수 있게 하는 과정을 통해서 주민은 자기 환경을 아끼고 자랑스럽게 생각하게 된다. 이를 통해 지역마다 특성과 활기를 가진 거주환경이 달성될 수 있다. 도시계획은 이러한 주민들 내부로부터의 움직임을 자연스럽게 길잡이 해주고 전문가적 입장과 기술과 지식으로 조언해 주는 역할을 해야 한다. 도시의 주인은 인간이어야 하고, 도시를 만들어가는 것은 도시계획가를 비롯한 이른바 전문가들이 아니고 주민이어야 한다[강병기, 「앞으로의 도시계획」, 『삶의 문화와 도시』(나남출판, 2009)].

강병기 대표님이 도시연대와 함께 한 이유이다.

제3장

1980년 서울시 역세권 중심 공간 구상 로사리오 계획의 제안과 그 의의

최창규
한양대학교 도시대학원 교수

1. 서울시가 분산형 공간 구상을 추진한 배경

1) 1960년대 이후 서울시 공간구조 개편 논의의 배경

서울은 1953년에 끝난 한국 전쟁의 여파와 농업 생산력 기반 붕괴에 따른 이주민의 유입, 그리고 1960년대부터 시작된 산업화에 따른 종사자들의 이주에 의해 급격한 도시화를 경험하게 된다. 1960년 240만 명이던 서울시 인구는 이어지는 30년간 매 10년마다 약 250만씩 증가하여 1990년에는 1,000만 명에 이르게 된다. 1960년대 서울은 조선 초기에 형성된 4대문 안을 기반으로 일본 점령기에 영등포와 노량진을 중심으로 한 제한적인 교외 개발이 진행되었을 뿐인 열악한 도시 하부구조를 가지고 있었다. 이에 따라서 주택, 교통 및 환경 문제 등 다양한 도시 문제들을 경험하게 되고 이에 대한 시급한 해결이 요구되었다.

전통적인 단핵(單核) 도시였던 서울의 중심에는 상업, 사무 공간 심지어는

학교까지 도시의 모든 공공 및 민간 시설이 집중되어 있었다. 전체 통행 발생량 중 4대문 안으로 진입하는 비율이 32.1%에 이르렀고, 155개의 버스 노선 중에서 144개가 도심을 통과하는 전형적인 일극 집중 구조를 보였다(김형만, 1977: 94). 자가용 승용차 소유가 보편화되기 전이었던 당시에 이미 18만 대의 자동차만으로도 이미 서울시 도심은 극심한 교통 혼잡을 겪고 있는 상황이었다. 2000년대에는 통행량이 160만 대에 이를 것이라고 전망되지만 도심에서 더 이상의 도로 확충 가능성은 없어 보였다(김형만, 1977: 96). 도로망이 도심을 중심으로 한 방사형으로 되어 있어서 도심 외의 직장을 갈 때에도 도심을 지나야 하는 교차 통근(cross commuting)의 문제도 중요하게 대두되었다(김형만과의 2013년 7월 직접 인터뷰).

교통 혼잡 이외에도 도심의 기능을 분산할 중요한 필요성이 있었다. 한강 이북에 과다한 인구 집중은 군사적으로 심각한 위험성을 내재한 것으로 간주되었다(손정목, 2005a: 129~130). 1950년 한국전쟁이 발발하였을 때 북한은 서울을 3일 만에 점령했고, 이에 따른 남한의 인명 피해와 타격은 상당하였다. 냉전 시대의 우파 진영의 전초 기지였던 한국에서 수도 서울의 위치는 바람직하지 않아 보였다. 한국 정부는 1970년대 서울의 기능 분산을 도시계획적으로 해결하고자 지속적으로 노력하였다.

단핵 중심의 도시 구조가 가지는 교통 및 안보 문제를 해결하는 것이 서울시 도시계획의 중요한 과제였으며, 이에 대한 해법으로 크게 두 가지 방안이 제시되었다. 그 하나는 행정수도를 남쪽에 건설하여 이전하는 것이었고, 다른 하나는 서울시의 도시 공간구조 재편이었다.

후자를 달성하기 위해서, 다핵 구조를 기반으로 한 도심 기능 분산이 지속적으로 제시되었다. 서울시가 1963년에 시 경계를 확대한 후에 최초로 만들어진 1966년의 도시계획과 비공식적인 1968년의 도시계획 등에서 3핵 체계가 지속적으로 제안되었으나 구상에 그쳤다(손정목 2003: 265~266). 1970년대 중반에 새로운 서울시장 구자춘은 집중화된 서울 도심의 분산을 위하여, 김형만에 의하여 제기된 3핵 도시 구상을 받아들인다. 이를 당시 막강한 권력을 가지고 있던 박정희 대통령과 아이디어 경진 대회(당시 이름은 '아이디어 콤페티션')이라는 형태를 빌려서 보다 구체적인 형태로 발전시키도록 했다(손정목 2003: 269~279). 이후 서울의 공식 도시계획들은 모두 하나의 도심과 2개 또는 다수의 부도심을 갖는 다핵 도시 구상을 받아들이게 된다.

2) 서울시 도시기본계획 내 공간구조 계획(안)의 변화 흐름

1960년대 이후 한국이 국가 주도의 발전 모형을 유지해 왔음에도, 서울은 1990년까지 법적인 종합 또는 기본계획(comprehensive plan)이 없었다. 그 전의 계획들은 서울시 차원에서 외부에 용역을 주어서 받은 비법정의 제안(proposal)들에 그쳤으나, 그 내용들은 직간접적으로 중요한 영향을 미쳐왔다(손정목, 2003; 이건호, 2009).

이와 같은 제안들 중에서 서울시 차원에서 가장 크게 투자를 한 계획은 아마도 1977년부터 1980년까지 이어지는 제안들일 것이다. 그 시작은 1974년 서울시장이 김형만의 다핵 구조 전략 제안을 비공식적으로 받아들이고 이것을 1977년 7인의 콤페티션을 거쳐서 1980년의 「서울 도시개발 장기전략 중기계획」을 통하여 구체화된다. 세 권으로 이루어진 이 계획안은 이후 서울시 도시계획에 큰 영향을 미치며, 이때 로사리오(Rosario) 개념이 최초로 소개된다(이건호, 2009: 167).

서울시는 1990년 건설부 승인으로 최초의 법정 도시기본계획을 확정했다. 이는 1 도심, 5 부도심, 59 지구중심의 다핵적 공간구조와 소극적인 분산적 공간구조 대안을 포함하고 있었다(서울특별시, 1990: 58~61, 221). 이 계획안에서 역세권 정비에 대한 논의를 도시 활동 입지 원칙(서울특별시, 1990: 218~222)과 시가지 개발 및 정비 부분(서울특별시, 1990: 227~233)에 걸쳐서 논의했다.

1997년의 「2011 서울도시기본계획」에서는 적극적인 다핵화를 추진할 것을 주장했다(서울특별시, 1997: 14). 여기에서는 역세권 및 분산 구조의 효과를 당시 도입 초기였던 지리정보시스템(GIS)을 이용하여 다양한 시뮬레이션을 통해 제시했다. 이 제2차 법정 도시기본계획은 1 도심, 4 부도심, 11 지역중심, 54 지구중심 계획을 채택했다.

2006년 '2020년 서울도시기본계획은 기존의 공간구조에서 약간의 변화를 가하여 1 도심, 5 부도심, 11 지역중심, 53 지구중심을 채택했지만, 역세권에 대한 집중적인 논의는 하지 않았다. 도시 관리와 주택 개발 그리고 토지이용 파트에서 '역세권'이라는 단어가 사용되고 있는 것에 반하여, 특이할 점은 지구중심 과다 지정과 분산 구조가 도시 공간구조를 왜곡시키고 있다는 비판이 제기되었다는 것이다(서울특별시, 2006: 92). 이 계획에서는 1997년 계획이 계층적 구조를 왜곡시키는 것으로 판단하고, 분산적 공간구조에 대한 논의를 하지 않았다.

2014년 '2030년 서울도시기본계획(서울 플랜)'은 1977년 김형만의 제안을 확대하여 3 도심을 받아들이고 기존 계획의 12 지역중심과 53 지구중심을 포함하며, 서울 대도시권에서 서울의 역할에 대한 고려를 반영하여 7 광역중심을 신설했다(서울특별시, 2014). 이 계획에서는 역세권이라는 단어는 사용되지 않았으며, 분산 구조에 대한 논의는 없었다.

로사리오 계획은 1980년에 최초로 공식적으로 제안되었고 이후 10여 년의 과정을 거쳐서 1990년과 1997년의 서울시 공식 계획에 반영되었다. 최근 2014년 계획에서는 논의되지 않았으며, 역세권이라는 단어도 거의 사용되지 않았고, 로사리오 제안이 있었다는 것을 아는 사람도 매우 제한적이라 잊힌 계획이 되었다. 그러나 1990년대 53 지구중심들에 대한 용도지역 상향 내용은 계획에서 변화되지 않고 있으며, 서울시의 기성 시가지 개발에 대한 발표는 대부분 역세권을 대상으로 하고 있다.

2. 미래를 위한 로사리오 대도시권(Rosario Metropolis for tomorrow)의 내용

1) 로사리오 제안 이전의 분산형 공간구조 제안: 1977년 활동 축(Action Corridor)

서울시가 개최한 1977년 7인의 아이디어 경진 대회에 강병기도 초대되어 발표를 했다. 이때 다른 6명도 단핵 도시가 아닌 다핵심 도시를 제안했다(서울특별시, 1977). 강병기 교수도 근본적으로 다핵 구조를 지향하지만, 보다 더 적극적인 분산 구조인 '집산형(集散形, reception and distribution shape)'이라고 명명한 형태의 분산 구조를 제안한 것이 특징적이다(〈그림 3-1〉 참조). 그는 시의 외곽은 방사선 구조(radial system)를 가지고 도심 주변은 환 구조(circle shaped structure)를 결합한 체계를 제안했다. 그는 지하철망이 도시구조 개편의 중요

〈그림 3-1〉 활동 축(action corridor) 개념 제안

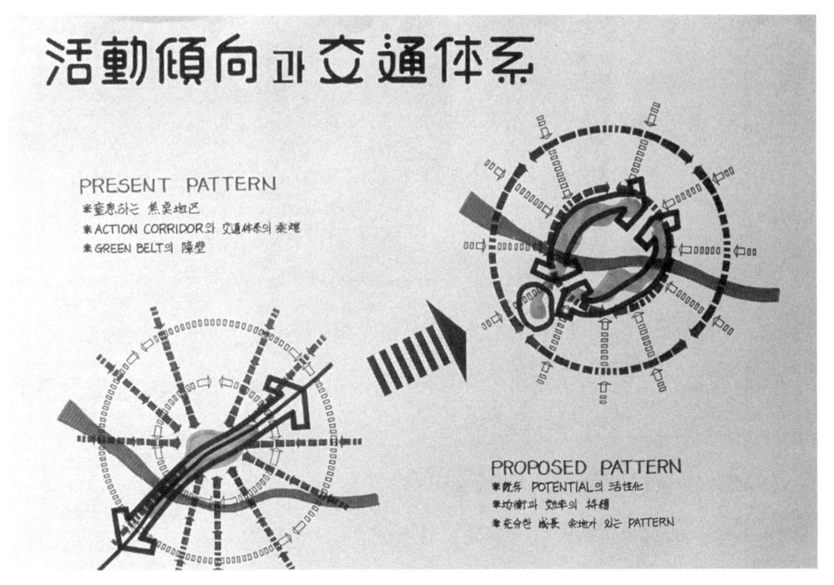

자료: 강병기 교수의 1977년 7인의 콤페티션 발표 슬라이드

〈그림 3-2〉 역세권 개발의 기본 모형

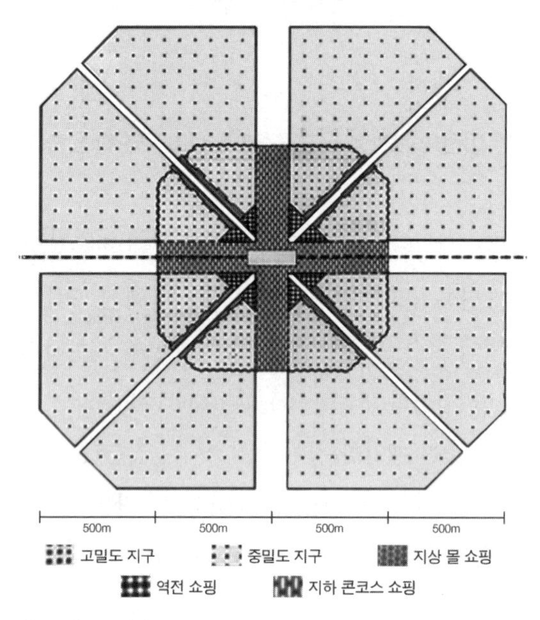

자료: 서울특별시(1980: 488)

한 기동력이 될 것이라고 전망하고, 지하철 망은 그가 활동 축(action corridor) 또는 활동 환(action ring)이라고 칭한 환 모양의 도심을 지탱할 수 있도록 하여야 한다고 주장했다(강병기, 1977: 227).

그러나 이러한 그의 제안은 서울시에 받아들여지지 않았으며, 7인의 콤페티션 전에 서울시와 조율이 되었던 김형만의 제안을 중심으로 서울시 계획(안)이 만들어지게 되었다(이건호, 2009: 167; 손정목 2003: 269~279). 이 계획(안)에 뒤이어서 서울대 환경대학원의 최상철 교수의 주도로 보다 종합적이고 포괄적이며, 실질적으로 기본계획의 성격을 가지고 있는 「서울 도시개발 장기구상 중기계획」의 수립이 추진되며, 도시개발 및 정비 부분의 계획을 담당한 강병기는 "전철 역세권에 의한 도시정비 전략"을 계획에 포함되도록 했다(서울시 특별시 1980: 486~494). 이 안에는 각 전철역을 중심으로 개발 밀도를 상승시키고, 역 주변에는 상업가로와 지하공간을 개발하는 것이 포함되었다(〈그림 3-2〉

참조).

2) 로사리오 제안을 만들게 된 기초 개념들

1980년의 계획(안)을 출간하고, 서울시는 그 해 10월에 2000년을 목표로 한 서울의 계획에 대한 대규모의 국제 세미나를 개최했는데, 이 자리에 초대된 강병기는 서울시에 대한 '로사리오' 계획안을 발표했다. 그가 남긴 몇 가지 인터뷰, 글, 그리고 제자들의 증언에 의하면, 그는 다음과 같은 영향을 받고 로사리오 계획을 하게 되었다.

첫 번째는 소리아 이 마타(Soria Y Mata, 1882)의 '선형 도시(La Ciudad Lineal, Lineal City)'이다. 1980년대 그는 선형의 끝을 서로 연결하면 원(ring)이 된다고 강조하였다(이건호 교수의 증언, 2015년 7월 인터뷰). 소리아 이 마타 이후, 많은 계획가들이 선형도시 개념을 받아들이고 실현하였으나, 원형의 공간구조는 최근까지 확인되지 않고 있다. 소리아는 실제 도시공간에 선형 도시를 적용하면서 원(ring)과 같은 다이어그램을 그렸다. 강병기 교수는 로사리오의 기본 개념은 "string(끈, 실제 의미는 '지하철망')"이라고 표현하였으며, 이를 이용하여 구슬(beads, 실제 의미는 '역')을 연결하여 묵주(rosarion) 또는 목걸이(necklace)를 만들 수 있다고 제안했다(Kahng, 1980: 501). 그는 1980년대 그의 연구실의 연구원이었던 이건호에게 "선형 도시의 양쪽을 이으면 목걸이가 된다"라고 설명했다(이건호 교수와의 2015년 7월 인터뷰).[1] 이는 소리아의 제안을 보다 적극

---

1) 흥미로운 것은 로사리오 계획과 전혀 연관이 없는 원(ring)형의 공간구조가 세종시의 공간구조로 채택되었다는 것이다. 국제 설계 경기로 진행되었던 세종시 계획의 기본구상안 중에서, 5개의 당선작이 선정되었으며, 이들 중 2개의 안이 원형의 공간구조를 가지고 있다(온영태, 2016: 164~173). 이들 중 현재 세종시의 공간구조의 기본을 제공한 안드레스 페레아 오르테가(Andrés Perea Ortega)의 'The City of Thousand Cities'의 개념과 장 피에르 뒤리그(Jean Pierre Durig)의 'The Orbital City'는 강병기 교수가 1980년

〈그림 3-3〉 1990년 서울시 도시기본계획상의 사다리형 공간구조 제안

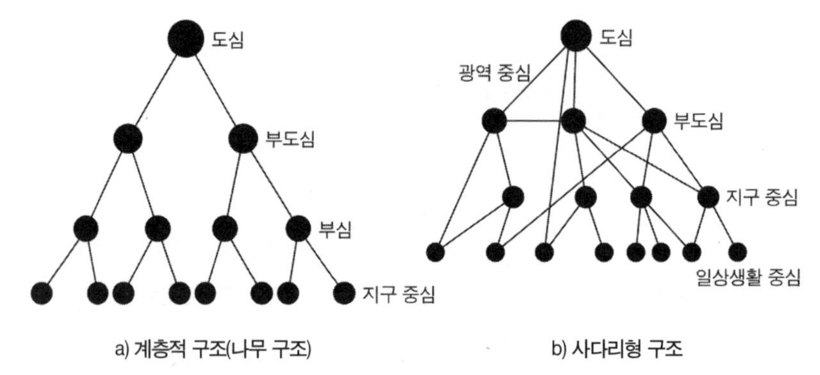

자료: 서울시(1990: 59)

적으로 해석하여 서울시 전체에 역을 중심으로 한 분산형 구조를 만들고 이를 지하철 망으로 연결하는 염주형 공간구조를 제안한 것이다.

두 번째는 크리스토퍼 알렉산더(Christopher Alexander)가 1965년 주창한 *A city is not a tree* (도시는 나무가 아니다, 실제 의미는 '도시는 계층 구조가 아니다') 이다. 이 글은 강병기 교수가 도시를 바라보는 시각에 지대한 영향을 미쳤고, 그는 다수의 글을 통해서 이를 주창했다. 그 대표적인 글은 강병기(1979) 「느슨한 시스템」이라는 글이며, 이 속에서 크리스토퍼 알렉산더의 의견을 거의 그대로 인용하고 있다. 1990년 서울시 계획에서는 알렉산더가 주창한 사다리 구조를 서울시에 적용하는 제안을 하고 있다. 다이어그램에 의하면 일반적인 공간구조 계획이 계층 구조(hierarchy structure)의 성격을 갖는 데 반하여, 사다리(lattice) 구조하에서 부도심들이 그 아래의 지구중심들(district centers)을 서로 공유하고 있는 것으로 표현된다(〈그림 3-3〉. 참조). 그는 지속적으로 도시계획이 가지는 한계에 대해서 이야기하곤 했다. 도시계획가는 명확해 보이는 계층 구조(tree structure)를 염두에 두고 계획하지만, 실제 실현은 그렇게 되기보

대 초에 이건호 교수에게 이야기한 개념과 우연이면서도 놀랍게도 일치한다.

다는 사다리 구조의 형태로 구성되는 것으로서 실제 계획가는 사다리 구조를 염두에 두고 계획을 해야 한다고 강병기 교수는 주장했다.

세 번째는 그의 지도 교수인 단게 겐조의 영향이다. 강병기는 대학원생으로 있으면서 도쿄만 계획(Tokyo plan-1960)에 직접 참여하였다. 알렉산더도 예를 들었듯이, 그 계획은 계층적 구조의 접근을 시도한 것이다. 강병기가 단게에게 영향 받은 것은 이 계층적 공간구조가 아니라 전체 문제점을 관통하는 종합적인 생각으로(강병기 2009: 440~441; 이건호, 2009: 168) 교통, 주택, 토지이용을 따로 따로 보지 않고 이를 통합하여 하나의 체계로 제안하고자 하는 것이 그의 생각이었다.

마지막으로 중요한 것은 현실에서 받아들여질 수 있는가 하는 가능성의 확인이다. 강병기는 이것을 현실에서 벌어지는 토지이용 변화의 가능성을 보고 확인하였다. 그가 확인한 제한 조건은 가용한 토지가 제한되고, 주택 수요는 증가하고, 1극 중심의 도심 집중이 가속되며, 교통 혼잡이 증가하고 있는 조건이라는 것이다. 이러한 상황하에서, 강병기는 서울에 1974년 처음으로 전철이 들어선 역 주변으로 고밀도의 아파트가 건설되고 상업이 확산되는 것을 관찰하고, 이와 같은 시장(market)의 동력과 수요가 있음을 확신했다(Kahng, 1980: 492~499).

3) 로사리오 제안이 가지는 도시계획 역사적 의미 세 가지[2)]

로사리오 계획은 세계 도시계획사에서 다음과 같은 세 가지의 의미를 제공하고 있다. 첫째, 1993년 피터 캘소프(Peter Calthorpe)가 제안한 TOD(transit-oriented development) 개념과 그 이전의 대도시권을 연결하는 역사적 고리

---

2) 이 세션은 로사리오 계획에 대한 도시계획 역사적 의미를 서술한 Sung and Choi(2017)의 연구를 재정리하였다.

〈그림 3-4〉 로사리오 대도시권 다이어그램(원제는 the Rosario Metropolis of Tomorrow)

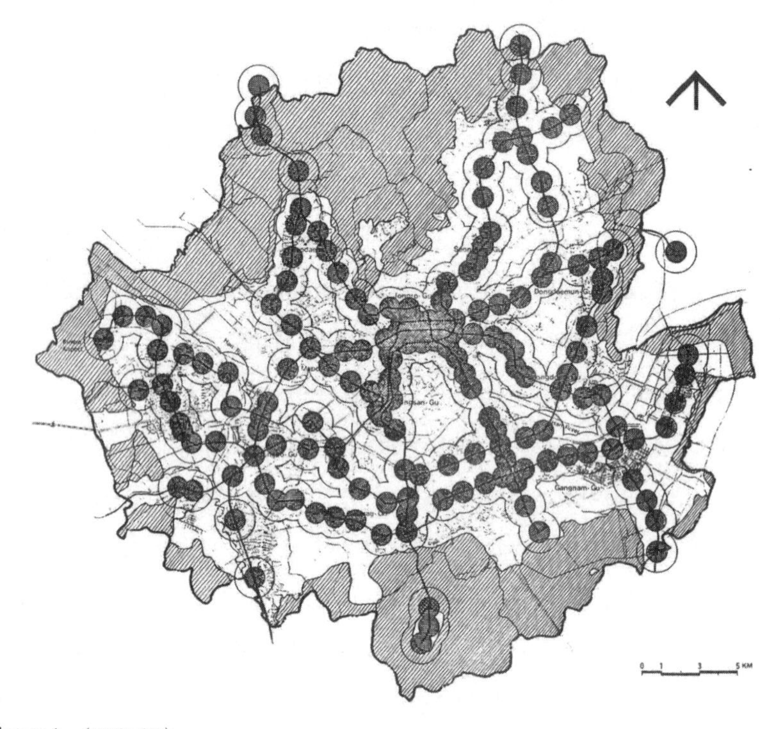

자료: Kahng(1980: 502).

의 의미를 가지고 있다. 둘째, 대중교통과 주택 공급을 연결하여 급격한 도시화를 겪는 대도시권의 교통과 주택 문제를 동시에 해결하려는 선도적인 시도였다. 셋째, 재정적으로 여유롭지 못한 개발도상국에서 대중교통을 공급하고 운영하기 위한 자족적 체계를 갖추려는 시도를 진행했다. 이들 개별에 대한 자세한 설명은 다음과 같다.

로사리오 계획은 그 자체로서 논의되기보다는, 대중교통 중심 개발(TOD)과의 유사성 또는 그 개념의 일환으로 소개되고 있는 것이 사실이다(예를 들어, 성현곤 외, 2008; Sung and Oh, 2011). 그러나 피터 캘소프가 제안한 TOD 개념도 19세기 말의 전원도시운동(Garden City movement)과 스톡홀름의 1952년

종합계획의 개념에서 비롯되었음은 주지의 사실이다(Hall, 2002: 415). 유럽에서 전개된 대중교통 중심의 계획들이 대도시권을 대상으로 한 계획이었다면, 캘소프의 TOD 개념은 주로 근린 단위에 그 초점을 맞추고 있으며, 몇 개의 역세권을 단위로 한 지역 단위의 계획은 제한적이다(Calthorpe, 1993: 70~71, 118~135). 캘소프의 제안 이후 20여 년이 지나서야 일부에서 대중교통 중심 회랑(Transport-Oriented Corridor: TOC)이라는 개념으로 공간적 확장이 이루어졌다. 단일 또는 몇 개의 역세권, 더 나아가 하나의 회랑을 대상으로 한 대중교통 중심 개발은 그 효과가 제한적일 수밖에 없으며, 근본적으로 이와 같은 개발은 대도시권 단위로 진행되어야 그 효과를 얻을 수 있을 것이다. 이에 반하여 코펜하겐의 1947년 핑거 플랜(Finger Plan), 스톡홀름의 1952년 계획, 파리의 1965년 계획들은 대도시를 대상으로 한 광역적 차원의 계획이었다. Sung and Choi(2017)는 이와 같은 대도시권 차원 계획들의 지향점이 대중교통 중심 대도시권(transit-oriented metropolis: TOM)이라고 보았다.

로사리오 계획이 제안될 1980년 서울은 분산형 공간구조를 만들어야 할 필요성뿐만 아니라 주택 부족 문제를 매우 심각하게 겪고 있었다. 오늘날 개발도상국은 주택 부족과 교통 문제를 야기한 급속한 도시화로 인해 압력을 받고 있는 동시에 장기적인 지속 가능한 도시개발을 위한 도전에 직면해 있다. 앞서의 계획을 세웠던 당시 코펜하겐과 스톡홀름도 현재 개발도상국이 경험하고 있는 것과 비슷한 도시화의 압력을 받았으며, 이들 도시를 수도로 한 덴마크와 스웨덴은 다른 유럽 국가들에 비해 상대적으로 덜 부유하고 미개발되어 있었다(Cervero, 1995a: 43, Knowles, 2012: 252). 파리의 1965년 계획과 1950년대 토론토의 철도망 개발 및 기타 유럽 도시들의 사례는 대중교통과 새로운 주택 개발을 동시에 고려하는 대도시 규모 계획의 예이다. 이들은 주로 주택 공급을 확대하기 위한 신개발과 이를 기존 도심과 연결하는 대중교통의 연결의 틀을 가지고 있다(Hall, 2002: 334~348; Knowles, 2012: 252~254; Knight and Trygg, 1977: 235~236, 238). 이 계획들은 대중교통 개발과 주택 공급을 연계하는 것을 기반으로 하고 있기에 '대중교통과 주택(transit and housing)' 계획이라고 칭할 수 있을 것이다.

대중교통은 건설 및 관리 비용이 비싸지만 대중교통 개발에 따라서, 접근성이 향상되면 토지 가치가 높아지는 강력한 잠재력을 가지고 있다. 따라서 효과적인 개발 이익 환수 전략(value-capture strategy)이 확보되지 않는다면, 공공부문은 건설 및 운영 관리 투자만을 하고, 민간 부문이 증가한 토지 가치를 통하여 횡재하는 역설적인 상황이 발생하고 만다.

유럽의 대중교통 시스템이 승객을 이끌어가는 데 성공해 왔지만, 미국의 대중교통 시스템은 일반적으로 실패로 간주된다. 하지만 이 둘이 갖는 공통점은 대규모의 보조금으로 운영되고 있다는 것이다(Hall, 2002: 347~350). 이에 따라서 홍콩의 MTR(이전 이름은 Mass Transit Railway Corporation)의 'Rail and Property(철도와 부동산)' 개발 계획은 대량 수송 건설 및 관리를 위한 효과적인 전략으로 판단된다(Cervero and Murakami, 2009). 개발도상국은 대개 대중교통 시스템을 개발하고 관리하기에 재원도 부족하고 운영 시스템도 부족하기 때문에, 자족적인 시스템을 개발할 필요가 있다. 로사리오 계획에서는 역세권의 밀도를 증가시켜서 대중교통 이용자의 수를 증가시켜야 한다는 주장과 함께, 공기업을 통한 선제적인 토지 매수를 통하여 개발 이익을 환수하는 직접적인 수단을 제시하고 있다. 이와 같은 제안은 현재 찬사를 받고 있는 홍콩의 Rail and Property 개념의 대부분을 포함하고 있어 선도적이라고 평가 받을 만하다.

로사리오 계획은 대도시의 중요한 문제를 처리하기 위한 통합된 접근 방법을 제공하고, 개별 역세권에 TOD 개념을 적용할 수 있는 수단도 제시하는 보기 드문 총합적 접근이다. 이 계획은 대도시의 공간 계획과 정거장 규모의 프로토 타입, 신속한 대중교통 및 주택 공급, 대중교통을 유지하는 등의 접근 방식을 채택하기 위한 노력을 기울였다. 로사리오 계획은 급격한 도시화를 경험한 많은 대도시들이 지향했던 '대중교통 중심 대도시권(TOM)' 구상과 '대중교통과 주택 공급(transit and housing) 연계 구상' 그리고 최근 대두된 커뮤니티와 근린의 주거 및 보행 환경을 중시하는 TOD 구상을 종합한 중요한 연결고리라는 도시계획 역사적으로 중요한 의미를 갖는다.

로사리오 계획의 시작점은 하나의 역에 대한 대중교통 중심 개발(TOD) 계획이 아니라, 공간구조 계획이었다. 이는 기존의 도시문제를 해결하기 위해서 도시 전체의 공간구조를 개편하려고 한 것으로 시작점인 TOD를 넘어서 공간구조 개편의 내용을 포함하고 있으며 지하철 망의 노선을 따라 집적된 도시 기능들을 마치 '묵주(rosario)'나 목걸이(necklace)처럼 연결할 것을 제안했다.

이것은 분산형(de-centralization) 구조를 지향하게 된다. 도로망은 하나의 점으로 집중하는 형태로서 엄격한 계층 구조적 성격을 가지고 있음에 반하여, 지하철 역을 주요한 결절점으로 생각하면 다향방적인 분산 구조를 가능하게 된다. 지하철의 개발을 서울 대도시권의 재조직화 과정의 수단으로 사용하고자 토지이용과 교통수단을 결합하였으며, 당시 도심에 집중한 도시 기능과 도로 교통망을 지하철이라는 새로운 교통수단을 활용하여 재배치하는 분산형 공간구조를 제안한다.

이 계획은 교통 혼잡과 주택 부족을 겪고 있는 도시 문제를, 제한된 토지자원과 기존의 도시 조직이라는 한계 상황하에서, 계획된 전철망을 이용하여 도시 구조를 개조해 해결할 것을 제안할 뿐만 아니라 경제 개발 초기였던 한국에서 어떻게 고가의 도시 기반시설인 전철을 건설하고 관리할 수 있는가에 대한 공간 계획적 해답이었다.

4) 로사리오 계획에서 각 역세권의 형태

로사리오 계획을 로버트 서베로(Robert Cervero)가 주창하는 TOD의 Ds를 기반으로 분석하면, 밀도(density), 다양성(diversity), 설계(design), 대중교통까지 거리(distance to transit), 목적지 접근성(destination accessibility), 수요 관리

〈그림 3-5〉 로사리오 계획에 의한 역세권 중심 인구 밀도의 재배분 계획

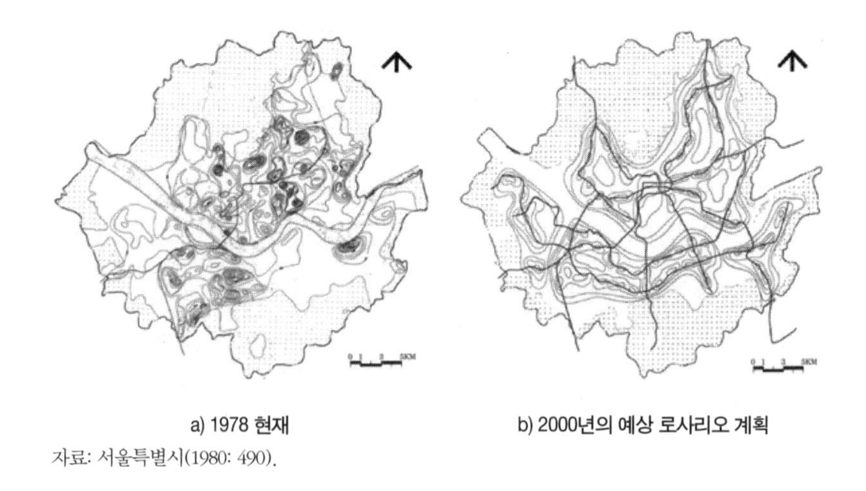

a) 1978 현재　　　b) 2000년의 예상 로사리오 계획

자료: 서울특별시(1980: 490).

(demand management)의 요소가 있음을 다음과 같이 확인할 수 있다.

로사리오 계획은 역 주변에 고밀(high density)의 개발을 지향한다(〈그림 3-2〉를 보라). 1978년 서울의 인구밀도(net population density)는 227인/ha으로 추정되었으며, 강북 지역의 일부는 313인/ha에 이르렀다(서울특별시, 1980: 489). 그는 향후 건설될 9호선까지 187개의 역 주변 1km 범위의 평균 인구밀도(average population density)를 350인/ha까지 올려서 약 800만 명의 인구를 더 수용하자고 계획한다(서울특별시, 1980: 491). 1978년에 단독주택(detached house)이 서울시 주택 총량(housing stock)의 80%에 달하였으며, 이에 대한 선호가 보편적이었다(Kahng, 1980: 500~501). 서울시의 인구 증가와 주거 수요 증가를 감안하여 그 인구를 수용하기 위해서는 고밀의 아파트 개발이 필요하다는 것을 강조하였다(〈그림 4-5〉 참조).

로사리오 계획은 역세권 내에서 다양한(diversity) 토지이용을 강조하였다. 역 주변에 1층과 지하는 상가(mall)와 콘코스(concourse, 지하철역의 중앙홀) 등의 상업시설을 배치하고자 하였으며, 저층과 중층에는 업무시설의 개발을 제안했다(〈그림 3-5, 3-6〉 참조). 일본의 역 주변에 주거뿐만 아니라 상업 및 업무

〈그림 3-6〉 로사리오 계획 내 역세권 토지이용 구상

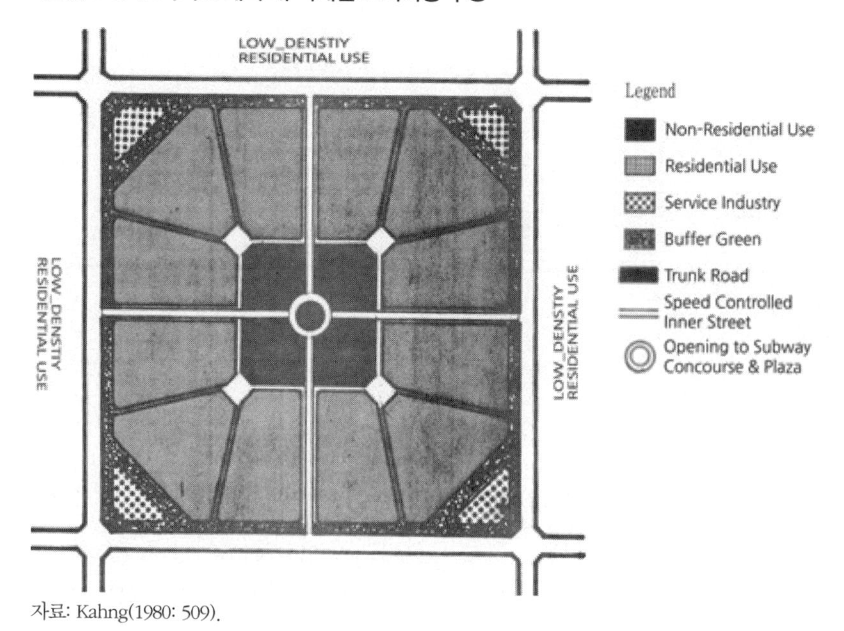

자료: Kahng(1980: 509).

시설이 집중한다는 것을 관찰하고, 이들을 앞의 조건인 고밀도로 혼합되기를 제안한다. 즉 밀도 조건을 만족하면서 다양성을 지향하기 위해 자연스럽게 역 주변에 모이는 용도들을 계획적으로 복합화하여야 한다는 제안을 한 것이다. 역세권에는 지구중심 상업용도와 중고밀도 주거용도를 원칙으로 하며, 필요에 따라서 산재형 도시형 산업시설을 입지할 수 있도록 하였다.

로사리오 계획에서는 설계(design)을 통하여 다양한 기능들의 효율적이고 안정된 관계를 지향하였다. 기존에 없던 주거 밀도 상승과 새로운 주거의 개발 그리고 혼합적 토지용도 개발을 원활하게 관리하기 위해서, 로사리오 계획은 설계를 강조하였다. 강병기는 스스로를 urban designer(도시설계가)라고 칭하였는데(Kahng, 1980: 492), 이는 도시설계 개념이 보편적이지 않던 당시 한국의 상황으로서는 매우 예외적인 것이다. 서울시 차원에서 각 분야 전문가들로 구성된 위원회가 통합적이고 협동적인 접근을 할 것을 제안하고, '도시설

〈그림 3-7〉 역세권의 단면도 예시

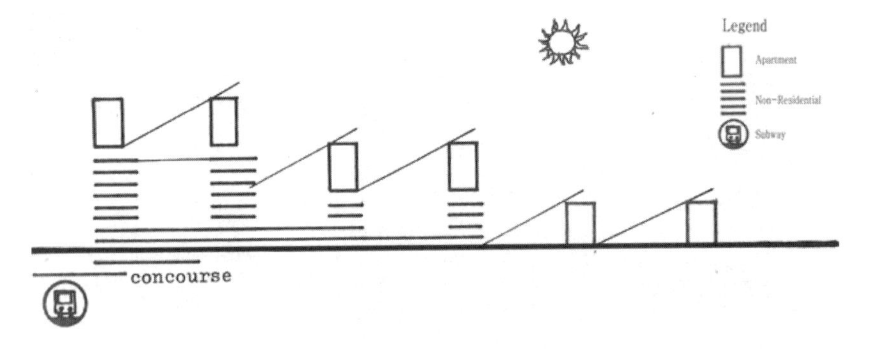

자료: Kahng(1980: 502).

계' 전문가를 양산하여 역세권 개발 구상의 실시 단계에서 협동과 통합을 담당토록 하여야 함을 강조하였다. 그는 로사리오의 실천을 위해서 지구 단위의 접근이 필요하다고 지적하고, 제1차 역세권을 하나로 묶는 종합적 계획과 설계를 제안했다. 또한 이를 위한 실천 수단 및 조직까지 제안하는 통합적 계획 접근법을 제시하였다. 강병기 교수는 한국에 도시설계 개념을 도입한 선구자 중 한 명이며, 지속적으로 도시설계 연구회를 이끌었고, 2000년에 설립된 도시설계 학회 초대 회장을 역임하기도 하였다.

로사리오 계획은 대중교통까지 거리(distance to transit)를 줄이기 위한 기본적인 방안으로, 서울 인구의 약 90 %가 역세권에 사는 것을 구상하였다. 이 계획에서는 서울에서 개발 가능한 지역을 간략하게 계산하여, 이 계획의 목표 인구 밀도가 달성된다면 약 860만 명이 역세권에 거주할 수 있을 것이라고 추정했다.

이 계획은 또한 상업 및 서비스 토지 이용을 역세권에 집중 배치하여 목적지 접근성(destination accessibility)을 향상시킬 것을 제안하였다(〈그림 3-3, 3-4〉 참조). 또한 경공업 등의 작업장을 역세권으로 옮김으로써 목적지를 증가시키고, 상업시설을 철도 콘코스에 배치하며, 기타 사무 기능을 상부에 배치할 것을 제안하고 있다.

마지막으로 로자리오 계획은 수요 관리(demand management)적 접근과 함께 보행자 환경을 개선할 것을 제안하였다. 지하철 역세권에는 차량의 통과교통을 제한하고, 보행자 환경을 개선할 것을 제안하였다.

3. 서울시 공식 도시계획 내에서 로사리오 개념의 실현[3)]

1980년 로사리오 제안은 약 10년에 걸쳐서 서울특별시의 최초 도시기본계획에 포함되었다. 서울대학교 환경대학원의 환경계획연구소가 서울시 용역으로 진행하여 1984년에 제출한 「서울도시구조개편 및 다핵도시개발에 관한 연구」에도 역세권 개발계획에 대한 내용이 1980년 보고서와 유사한 내용으로 반영되어 있다(서울대학교 환경계획연구소, 1984: 301~308). 1990년에 발표한 「2000년대를 향한 서울시 도시기본계획」에는 시가지 개발 및 정비계획에서 "역세권 개발 및 정비계획"이 공식적으로 포함되었다. 그 내용은 강병기가 1980년에 제시하였던 "전철 역세권 정비에 의한 도시정비 전략" 및 "로사리오 구상"과 상당부분 일치하며, 보다 실천적으로 전환하여 개발의 개념을 포함했다. '도시개발공사'가 주도하는 선행 매입을 통하여 개발 이익의 사유화 방지와 개발 주도 방안이 제시되었으며, 역세권 지역의 용도 혼합, 용적률 배분 및 인구 수용 목표 등이 제시되었다.

이와 같은 역세권 중심의 정비 방안은 최상철, 강병기, 백운수와 권영덕에 의해 작성되었고, 1992년 서울시정개발연구원이 발간한 「서울도시계획·정비구상 당면과제와 논리」에도 수록되어 있다(최상철 외, 1992). 이 보고서에는 개

---

3) 이 절의 주요 내용은 최창규 외(2012: 6~7)를 기반으로 수정되었다.

발 이익 환수에 대한 보다 적극적인 정책이 요구되었다.

1994년에는 강병기 교수의 실질적인 지도하에 역세권의 주택공급 효과에 대한 다양한 분석이 진행되었다. 그 작업의 결과는 이원영 외(1994)이며, 이 보고서는 다양한 시나리오를 기반으로 역세권의 밀도에 대한 시뮬레이션을 진행하였다. 그 보고서의 목표는 역세권 고밀화를 통해서 상당한 양의 주택공급이 가능함을 확인하고 있다. 기존의 로사리오 계획에서 다이어그램이나 수작업을 통해서 제시되었던 개념들의 적용 효과를, 당시 도입 초기이던 GIS를 활용하여 역세권 중심의 용적률과 인구 배분 시뮬레이션을 통하여 계산하고 시각화하였다. 이를 통하여 역세권의 정비를 통한 서울 시내의 용적률 증가를 진행하는 것만으로도 가구당 인구수 배분에 따라 약 300만~600만 명의 인구를 수용할 수 있는 것으로 추정하였다. 이는 1990년부터 2010년까지 경기도의 인구 증가분 350만 명을 수용할 수 있는 규모이다. 서울시 외곽의 신개발을 급속하게 추진하지 않더라도 서울시 시가지 정비를 통하여 수도권 주택 수요를 흡수할 가능성을 제시한 것이었다. 2011년을 위한 서울시 도시기본계획을 준비하는 작업의 일환이었던 이 연구는, 서울시의 공식 기본계획에 반영되었다.

1995년 「2011년을 향한 서울시 도시기본계획」에서는 공간구조 개편 전략과 역세권에 대한 계층화가 제안되었다. 둘 이상의 전철노선이 교차하고 도시구조 개편에 중요한 역할을 담당할 수 있는 지역을 대상으로 '거점 역세권'으로 구분하고, 중심지 체계 내에서는 지구중심 이상의 위계를 갖도록 토지이용의 고도화를 제안한다. 교차 역세권 중 거점 역세권이 아닌 지역과 일반 역세권은 제3종 주거지역 혹은 준주거지역 용도 변경과 이에 상응하는 상세계획구역의 지정이 제안된다. 이러한 제안에 근거하여 27개 대상지에 대한 지구상세계획이 진행되었다.

권영덕 외(1997)는 보다 실현적인 대안을 만들기 위하여 서울시정개발연구원의 정책보고서로서 「역세권에 대한 도시계획차원의 대응방향」을 발표했다. 이 보고서를 통하여 역세권의 편리하고 안전한 보행환경 구축, 승용차 이용 억제 방안, 환승연계 교통시설 확보, 인구 유발 시설의 유치와 보행 동선 연결 방안 등이 제시된다. 또한 도시계획과 정책 운용적 측면의 개선 방안을 제시했다. 이 보고서는 보행자 우선 도로, 민자 역사 개발과 입체적 토지이용 방안 등 최근의 주요 논의들을 포함하고 있다.

이와 같은 일련의 제안과 연구를 통해서 제안된 역세권 개발 및 정비 개념은 서울시 도시계획에 지속적으로 반영되어 왔다. 1990년, 1997년 그리고 2006년의 서울도시기본계획에서는 역세권을 포함한 계획 개념들이 포함되어 있으며 변화를 거치고 있다. 1990년에는 시가지 개발 및 정비계획 수단의 일환이었다면 최근에는 중심지 체계와의 결합된 형태로 전환되고 있다. 강병기 교수는 1970년대 서울시가 가지고 있던 일극 중심의 한계를 극복하고 주택 문제 및 대중교통 운영 문제를 동시에 해결하고자, 대안적인 개념으로 로사리오 계획을 구상하였고, 실행 방안으로서 역세권 중심의 정비를 제안하였다. 이 개념과 실행에 대한 보다 분석적인 접근이 있다면, 현재 도시계획에서 지향하고 있는 지속 가능 개발에 대한 중요한 사례를 발굴할 수 있을 것이라고 판단된다.

4. 로사리오 제안의 교훈과 과제

로사리오 구상은 1970년대 급격한 도시화를 겪었던 개발도상국의 수도 서울을 대상으로 하고 있다. 도심 기능 집중, 도로 교통 혼잡, 부족한 주택 공급, 그리고 정부의 제한적인 재정 규모라는 상황에서, 이들을 동시에 해결하면서 대중교통 중심의 대도시를 조성하고자 하는 도전적인 제안이었다. 이 제안이 가지는 의미를 세 가지로 정리하면 다음과 같다.

첫째, 로사리오 계획의 시작점은 대도시권 차원의 공간구조 개편이다. 최근에 역세권 하나 또는 일부 노선에 집중한 TOD 개념이 논의되고 있으나, 그 효과는 제한적일 수밖에 없다. 도시 전체의 공간구조를 전환하고자 하는 시도가 있을 때, 기본계획 차원의 효과는 제고될 수 있을 것이다. 대중교통망에 대한 신설과 재정비 시에는 토지이용계획과의 긴밀한 연계가 필요하며, 이러한 시도는 하나의 역세권 또는 노선 차원이 아니라 도시 전체의 공간구조를 염두에 두고 진행되어야 한다.

둘째, 주어진 제약 조건에 대한 이해와 이를 활용하려는 시도를 하였다. 당면한 다수의 도시문제를 염두에 두고 이들을 해결하는 통합적 전략으로서 로사리오 계획이 제안되었다. 이 계획은 토지이용과 대중교통을 결합하는 선도적인 개념을 가지고 있을 뿐만 아니라, 주거 공급을 위한 밀도 계획, 재정적으로 지속성을 확보하기 위한 방안, 보행자 중심의 역세권 조성 방안 등 다양한 문제들에 대한 통합적인 해결책을 제시하고 있다. 그 문제를 해결하는 기반이 되는 수단은 전철망이며, 전철이 건설 효과를 다른 영역과 연계하여 극대화하고자 한 통합적 접근법을 가지고 있다.

셋째, 아이디어를 단순히 관념에 두지 않고 다양한 측면에서 분석을 시도하여 실현 가능성을 제고하고자 하였다. 1990년 서울시 도시기본계획에 반영된 이후에도 로사리오 계획을 실현하기 위한 다양한 시도들이 진행되었다. 정책적으로 제시한 최상철 외(1992)에 이어서, 그 효과를 분석적인 측면에서 제시한 권영덕 외(1992), 이원영 외(1994), 권영덕 외(1997)와 함께, 1990년대 중반에 법적으로 새로 신설된 상세계획을 활용한 거점 역세권들에 대한 용도지역 상향과 세부계획들이 지속되었다. 아쉬운 것은 2000년대 이후에는 이와 같은 노력들이 지속적이고 종합적으로 이루어지지 않았으며, 서울시 기본계획에서 그 논의는 대부분 사라진 것이다.

로사리오 제안이 실제 계획에서 실현되기까지는 약 17년의 시간이 소요되었다. 이 동안 한국은 급속한 경제 발전을 이루었으며, 서울 대도시권은 1980년대 말의 1기 신도시 건설이라는 일대 사건을 겪었다. 약 120만 명을 위한 5

개의 1기 신도시를 계획하고 건설하는데, 약 6년의 기한에 실시하던 시절이었다.

로사리오 계획은 원칙적으로 개념적 제안이었으며 강병기 교수는 이를 실현하기 위해서 당시의 도시계획 제도하에서 점진적인 접근을 시도하였다. 공식 도시계획에 반영되기까지는 시간이 필요했지만, 급격한 변화는 이미 진행되고 있다. 서울 대도시권 전체를 변화시킬 기회는 놓쳤을 것이다. 하지만 당초의 생각하였던 점진적인 변화의 가능성은 아직도 우리에게 있다.

비록 서울시의 도시기본계획에서는 로사리오 계획이라는 단어도 남아 있지 않고, 역세권을 중심으로 한 공간구조 개편 논의도 활발하게 이루어지지는 않지만, 최근 서울시가 발표하는 도시개발 및 정비 정책들의 대부분 역세권에 대한 논의가 바탕에 깔려 있다. 예를 들어서, 역세권을 고밀 개발하고 주택을 공급하려는 정책들은 서울시의 역세권 Shift에서부터 최근에는 역세권 2030 청년주택 등으로 전환되어 왔다. 계획과 정비에 대한 일상적이고 장기적인 결정에서 역세권을 중요시해 간다면, 서울시의 공간구조는 점진적이고 지속적으로 전환되어 갈 것이며, 강병기 교수가 구상하였던 로사리오 대도시권도 실현될 것이다.

■ 참고문헌

강병기. 1977. 〈서울시 공간구조 개편 계획 슬라이드〉. 개인소장

______. 1979. 「느슨한 시스템」. 대한국토도시계획학회 편. ≪국토계획≫, 14(2), 2쪽.

______. 2009. 『삶의 문화와 도시계획』. 보성각.

권영덕 외 4인. 1997. 『역세권에 대한 도시계획차원의 대응방향』. 서울시정개발연구원.

김형만. 1977. 「서울시 공간구조 제안」. 서울특별시 편. 『서울도시기본구조연구』. 서울특별시, 3~211, 213~232쪽.

서울대학교 환경계획연구소. 1984.「서울도시구조개편 및 다핵도시개발에 관한 연구」. 서울특별시.

서울특별시. 1980.『서울 도시개발 장기구상 중기계획 3』. 서울특별시.

______. 1990.『2000년대를 향한 서울시 도시기본계획』. 서울특별시.

______. 1995.『2011년을 향한 서울시 도시기본계획(안)』. 서울특별시.

______. 1997.『2011년 서울도시기본계획』. 서울특별시.

______. 2006.『2020년 서울도시기본계획』. 서울특별시.

______. 2014.『2030년 서울도시기본계획』. 서울특별시.

성현곤 외. 2010.「압축도시 중심의 미래도시 개발전략과 기본구상: 미래 교통기술의 적용과 3차원 공간 활용을 중심으로」. 한국교통연구원 연구총서 2010-22.

성현곤·김옥연·김진유. 2008.「대중교통지향형개발(TOD)의 의의와 바람직한 개발방향」. 대한국토도시계획학회. ≪도시정보≫, 통권 제321호, 3~13쪽.

손정목. 2003.『서울도시계획이야기 3』. 한울.

______. 2005a.『한국 도시 60년의 이야기 1』. 한울.

______. 2005b.『한국 도시 60년의 이야기 2』. 한울.

온영태. 2016.「도시계획과 설계: 설계가 극복하려 했던 것」. 상생회 편.『세종시 이렇게 만들어졌다』, 164~173쪽.

이건호. 2009.「강병기 교수의 계획과 사상에 대한 인터뷰」. 국토도시계획학회 편.『이야기로 듣는 국토·도시계획 반백년』. 보성각, 147~207쪽.

이원영 외 6인. 1994.『서울21세기구상, 도시기반부문』. 서울시정개발연구원.

최상철·강병기·백운수·권영덕. 1992.『서울도시계획 정비구상』. 서울시정개발연구원.

Calthorpe, Peter. 1993. *The Next American Metropolis: Ecology, Community, and the American Dream.* Princeton Architectural Press.

Cervero, Robert. 1995. "Sustainable new towns: stockholm's rail served satellites." *Cities*, 12(1), pp.41~51.

Cervero, Robert & Jim Murakami. 2009. "Rail and property development in Hong Kong: experiences and extensions." *Urban Studies*, 46(10), pp.2019~2043.

Hall, Peter. 2002. *Cities of Tomorrow*, 3rd edition. Oxford, UK: Basil Blackwell.

Kahng, Byong-Kee. 1980. ""ROSARIO" Metropolis for Seoul 2001: A Strategic Frame for Joint Development along Subway System." In Korea Planners Association (Eds.) *The Year 2000: Urban Growth and Perspectives for Seoul*, pp.492~511. Seoul, Korea.

Knight, R. L. & L. L. Trygg. 1977. "Evidence of land use impacts of rapid transit systems." *Transportation*, 6, pp.231~247.

Knowles, R. D. 2012. "Transit-oriented development in copenhagen, Denmark: fromthe finger plan to Ørestad." *Jounal of Transportaion Geography*, 22, pp.251~261.

Sung, Hyungun & Oh, Ju Taek. 2011. "Transit-oriented development in a high-density city: identifying its association with transit ridership in Seoul, Korea." *Cities*, 28, pp.70~82.

Sung, Hyungun & Choi, Chang Gyu. 2017. "The link between metropolitan planning and transit-oriented development: An examination of the Rosario Plan in 1980 for Seoul, South Korea." *Land Use Policy*, 63, pp.514~522.

제4장

압축도시의 필요성과 도입 사례 분석

박종철

목포대학교 명예교수

1. 토지이용 혼합을 기반으로 하는 압축도시의 개념과 필요성

압축도시(compact city)의 키워드는 토지이용 혼합, 적정 인구밀도, 도보권, 대중교통, 교외부 난개발 억제이다. 성장 한계선 밖 교외부의 난개발을 억제하며, 기성 시가지 내(그중에서도 거점지구)에 도시 기능 시설과 주거 기능을 집중 정비하며, 거점지구 상호 간은 대중교통으로 연계시킨다는 개념이다.

압축도시의 필요성은 다음의 세 가지로 요약할 수 있다. 첫째, 수요자인 주민에게는 생활편익과 건강 증진과 녹지공간 확대를, 둘째, 공급자인 자치단체에는 재정 부담 경감과 저탄소 에너지화를, 셋째, 사업자에게는 서비스 산업 활성화 및 외출 기회 확대에 따른 소비 증대를 도모하기 위함이다. 결과적으로, 인구감소·고령화 시대에 대응하는 축소 도시, 그러면서도 도시 생활인을 배려하는 도시, 지속 가능한 도시라 할 수 있다.

이하에서는 일본 및 한국에서의 압축도시 도입 사례 분석을 통해, 장래 한국을 대상으로 한 강병기 교수의 로사리오 모델의 적용 가능성을 살펴본다.

2. 일본의 압축도시 도입 사례

1) 압축도시 계획 개념의 정치화(情致化) 및 확산 과정

압축도시라는 용어와 개념은 사용자에 따라 다양하게 사용되고 있으며, 모델도 제각각이다. 한국에서는 압축도시 및 콤팩트시티(compact city)로 불리며, 일본에서는 집약(형)도시 및 콤팩트시티로 사용되고 있다. 유럽에서는 콤팩트시티로, 미국에서는 뉴어버니즘으로, 영국에서는 어번빌리지로 각각 불리고 있다.

일본의 경우 시기별로 압축도시를 계획할 때 중시하는 점을 달리했다. 최근에 들어서 도시구조의 고밀·압축화, 즉 기성 시가지 내 거점의 중시 및 거점 내 도시 기능 및 주거 기능의 집적이 중시되고 있다. 아울러, 거점 내 보행자교통 및 거점 간 대중교통에 의한 연계가 강조되고 있다.

일본의 압축도시 추진 사례를 통해, 개념의 변천, 추진 결과 및 추진 체계를 정리하였다(〈표 4-1〉). 압축도시 계획 개념의 핵심은 기성 시가지 내 도시 기능 및 주거 기능의 고밀·집적이라 할 수 있다. 이들 개념은 현재까지 크게 변한 것이 없지만, 각 단계가 진행될수록 추상적인 것에서 구체화가, 도보권을 중시하는 생활 거점화, 토지이용과 대중교통과의 연계 강화가 강조되고 있다.

일본의 경우, 압축도시 추진 과정을 다음과 같이 3단계로 구분할 수 있으며, 도시의 크기에 관계없이, 지방과 수도권 등 전국에서 적용하고 있다. 도시 쇠퇴가 현저히 진행된 도호쿠(東北) 지방, 규슈(九州) 지방에서 이를 적극적으로 채택하고 있음은 특기할 만하다. 단계 구분[1]은 시기를 구분할 정도의 결정적

---

1) 필자가 일본국토교통성 홈페이지의 관련 위원회 활동, 관련 법률 및 지침, 연구물을 참고하여 임의 구분하였다. 관련 위원회는 사회자본정비심의회(도시계획 역사적 풍토분과회, 도시계획부회, 도시계획 소위원회) 및 콤팩트시티 형성 지원팀, 산업구조 심의회,

인 역할을 한 관련법 제정·개정 및 당시의 압축도시 모델도(圖)를 참고하여 필자가 임의 구분하였다(〈표 4-1〉).

제1기(1998.5~2006.6)는 1998년 5월 마치즈쿠리(まちづくり) 3법[도시계획법, 중심시가지의 활성화에 관한 법률(이하 중심시가지 활성화법), 대규모 소매점포 입지법]의 개정으로 시작된 시기이다. 상업 기능의 공동화(空洞化) 대책을 중심으로 하여 중심시가지의 공동화 방지와 활성화 추진을 시도하였다. 중심시가지의 쇠퇴를 상업 쇠퇴의 문제로 보고 해결책을 마련한 시기이다. 하지만 중심지 활성화 정책의 효과는 미진하였다.

제2기(2006.6~2012.9)는 2006년 6월 마치즈쿠리 3법 개정(도시계획법, 중심시가지 활성화법)으로 본격화된 시기이다. 대규모 집객 시설과 공공시설의 도심 입지 유도 및 교외부 입지 불허, 교외 주택단지 개발 제한, 내각부에 중심시가지 활성화 추진본부(2006.8.22)를 설치하는 등 중심시가지 쇠퇴를 도시구조의 문제로 보고 내·외부 동시 처방을 시도한 점이 특징이다. 도시계획과 개발·정비사업과의 연계, 추진 체계의 부처 간 연계를 도모하기도 했다. 중심지 활성화 정책의 효과는 크지 않았지만 국가의 체계적인 대응을 시도한 점은 돋보인다.

제3기(2012.9~ 현재)는 도시구조를 압축형으로 전환하는 시기이다. 저탄소화 촉진에 관한 법률 제정(이하 에코법, 2012.9)과 도시재생특별조치법 개정(2014.5)으로 입지 적정화(立地適正化) 계획 도입, 중심시가지 활성화법 개정(2014.2), 국토계획인 그랜드디자인2050(2014.7), 국가의 전략회의(2014.12) 등으로 본격화된 시기이다. 내각부가 총괄 조정하며, 창구는 국토교통성 내에 10개 관계 부성청의 과장급으로 콤팩트시티지원팀을 설치(2015.3)하여 3~5개월에 1회 정도의 회의를 개최, 지원하고 있다. 중심지 활성화 정책의 효과는

도시 재구축 전략 검토위원회 등이다, 관련 법률은 도시계획법, 도시재생 특별조치법, 중심시가지의 활성화에 관한 법률, 대규모 소매점포 입지법, 도시의 저탄소화 촉진에 관한 법률, 지역 공공교통 활성화 및 재생에 관한 법률 등이다.

〈표 4-1〉 일본의 압축도시 추진 시기 구분과 시기별 대표 모델도, 특징

	제1기 압축도시 추진(1998.5~2006.5)	제2기 압축도시 추진(2006.6~2012.8)	제3기 압축도시 추진(2012.9~현재)
모델도			
특징	1. EU의 도시 환경녹서, 미국의 뉴어바니즘 등의 영향 2. 상업·업무·주거 기능의 기성 시가지 내 고밀·집약의 계획 개념 3. 복수 중심지에 대한 상업 집약, 시가지 정비 위주(중심시가지 활성화사업) 4. 시가지 및 교외부의 정비 방향, 개념 제시 5. 아오모리시의 압축도시 모델이 대표적 6. 도시계획법, 대점포입지법, 중심시가지 활성화법 3법 제정, 개정(1998.5)이 결정적 7. 기간 중 대부분의 중심시가지 활성화 성과 저조. 대규모 상점의 중심시가지 내 출점 제한, 추진 체제의 문제 야기	1. 상업·업무·주거 기능의 기성 시가지 내 고밀·집약의 계획 개념 2. 1개 중심지의 상업·공공·복지·문화 등의 도시 기능 및 주거 기능의 고밀·집약 시도(중심시가지 활성화사업, 도시재생사업) 3. 교외부 성장한계선 밖 난개발 억제(도시계획법) 4. 아오모리시의 압축도시 모델이 주류. 여기에 도야마시 압축도시 모델이 새롭게 추가됨 5. 도시계획법, 중심시가지 활성화법 3법 개정(2006.6)이 결정적 6. 기간 중 소도시 중심시가지 활성화 사업 참여 저조, 규제 위주의 도시계획, 1개 중심지에만 집중된 정비, 대중교통과의 연계 미비의 문제 야기	1. 상업·업무·주거 기능의 기성 시가지 내 고밀·집약의 계획 개념 2. 복수 중심지(중심거점, 생활거점)의 상업·공공·복지·문화 등의 도시 기능 및 주거 기능의 고밀·집약 시도(중심시가지 활성화사업, 도시재생사업, 에코도시 조성사업). 규제와 유도 병행 3. 복수 중심지 간 네트워크 형성(공공교통 형성사업) 4. 교외부 성정 한계선 밖 난개발 방지, 주거 이전(도시계획법, 도시 재구축 전략사업) 5. 도야마시의 압축도시 모델과 아오모리시의 압축도시 모델이 일부 결합된 개념의 모델이 대표적 6. 에코법 제정(2012.9) 및 중심시가지 활성화법 개정(2014.4), 도시재생 특별조치법 개정(2014.2)이 결정적

크지 않지만, 이전보다 계획 내용에서 선택과 집중을 꾀하였으며, 추진 체계를 정비하였다. 아울러 생활자의 측면을 강조하며 유도·촉진 시책을 마련한 점이 특징이다(〈그림 4-1〉).

압축도시를 지향한 지 17년 이상 경과한 2015년 4월 현재 도시 마스터플랜에서 압축도시를 채택한 도시 수[2]는 1,224개 도시 중 803개(전체 도시의 65%)에 이르렀다. 도시 발전 방향 혹은 도시구조 부문에서 압축도시를 명시적으로 언급하고 있다. 대표 도시로는 도야마시(富山市)와 아오모리시(青森市)를 들 수 있다. 전자는 LRT 대중교통의 도입과 정류장인 교통 결절점에 도시 기능을 집적시키는 '대중교통 연계형 모델'을, 후자는 전체 도시계획 구역을 인터존(inter zone), 미드존(mid zone), 아우터존(outer zone)으로 3구분하고, 아우터존은 개발을 억제하고 인터존에 도시 기능을 집중시키는 '토지이용 연계형 모델'을 채택하고 있다. 제3기에는 전국적으로 '대중교통 연계형 모델'과 '토지이용 연계형 모델'을 결합한 압축도시 모델을 채택하는 도시 수가 늘고 있다.

압축도시 관련 주요 '사업계획' 수립·추진 실태는 다음과 같다. 입지 적정화계획(도시재생특별조치법)은 2019년 7월 31일 현재 477개 시가 수립 중[3]이며, 지역 공공교통망 형성 계획(지역 공공교통 활성화 및 재생에 관한 법률)은 2018년 8월 31일 현재 657개 시가 계획을 완료[4]하였다. 저탄소 마치즈쿠리 계획(에코법)은 233개 시가 수립 중[5]이다. 도시재생정비계획(도시재생 특별 조치법)은 2013년부터 2016년까지 536개가 사업계획을 승인받아 사업을 추진 중[6]에 있

2) 일본 국토교통성(2013.6.23).

3) 일본 국토교통성 홈페이지(http://www.mlit.go.jp/common/001194525.pdf)

4) 일본 국토교통성 홈페이지(http://www.mlit.go.jp/toshi/city_plan/toshi_city_plan_tk_000033-1.html)

5) 일본 국토교통성 홈이페지(http://www.mlit.go.jp/toshi/city_plan/eco-machi-case.html)

6) 일본 마치즈쿠리 정보교류시스템(http://www.machikou-net.org/)

〈그림 4-1〉 제2기 및 제3기 압축도시 대표 모델

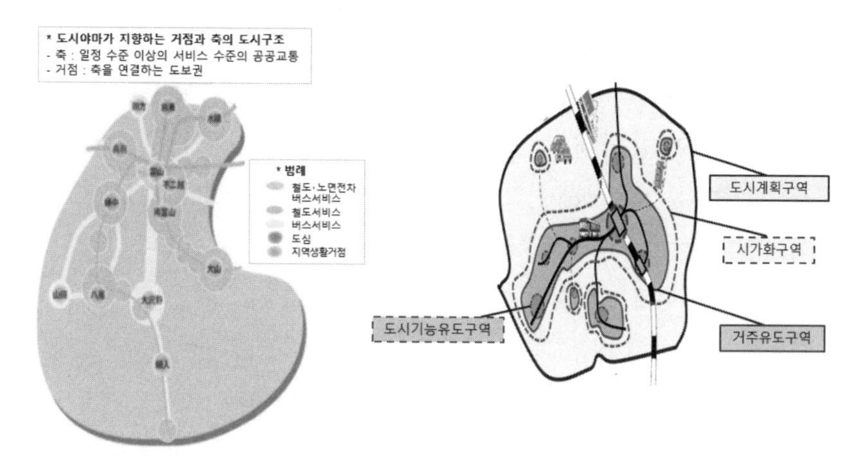

제2기의 압축도시 대표 모델* 중 하나, 도야마 공공교통 연계형
자료: 日本 富山市(2007.3)

제3기의 압축도시 대표 모델 공공교통 연계형+토지이용 연계형 결합형**
자료: 日本 國土交通省(2015.3.19)

* 제2기(2006.6-2012.9)의 대표 모델 중의 하나.'団子와 串'(일명 찹쌀떡과 꼬챙이)의 도시구조라 함은, '찹쌀떡(団子)'을 구성하는 지역생활권과 지역생활 거점의 조합으로서, '꼬챙이(串)'인 공공교통을 계획적으로 배치하고 나아가 공공교통 연선에 거주 촉진을 추진한다. 공공교통 중심의 콤팩트시티 유형이다. 다극 네트워크 방식이며, 2012년 OECD 도시보고서에서 세계 5개 선진 사례 중 하나로 소개되었다.

** 제3기(2012.9~현재)의 대표 모델로서 콤팩트시티 형성을 위한 입지 적정화 계획 내용을 담고 있다. 시가지 구역, 거주 유도 구역과 도시 기능 유도 구역 및 공공교통과의 관계, 중심 거점과 생활 거점과의 관계를 표시하고 있다. 제2기의 도야마시 모델(대중교통 연계형 모델)에다 아오모리시 모델(토지이용 연계형 모델)이 결합된 개념의 모델이며, 현재 국가적 지원하에 전국적인 확산 모델로 자리 잡고 있다.

으며, 중심시가지 활성화 기본계획(중심시가지 활성화법)은 2016년 6월 현재 200개 지구가 인증받아 시행 중[7]에 있다. 이들 5개 사업계획은 모두 도시계획과의 연계를 도모하고 있다(〈그림 4-1〉).

---

7) 일본 국토교통성 홈페이지(http://www.mlit.go.jp/crd/index/index.html)

2) 기대 효과

압축도시를 통해 기대하는 효과는 생활 편익 증진, 재정 부담 경감, 저탄소 에너지화, 녹지공간 증대, 건강 증진, 지역경제 활성화 등이다. 참고로, 건강 증진 효과는 남녀노소 불문하고 도보 1보당 0.061엔의 의료비 절감 효과[8]가 있다고 한다. 이러한 효과를 통해 보행권 내 시설 입지·거점지구 내 시설 집적의 타당성을 입증하려 하였다.

또한, 도야마시의 '대중교통 연계형 모델'을 채택할 경우, 30만 명급 도시에서 방문 간호사의 연간 1인당 서비스 제공량이 40% 증대하고, 중심시가지의 소비액이 30억 엔 증가하며, 의료비를 10억 엔 감축할 수 있다고 추계하였다.

일본의 경우 도야마시 실험으로, 일부이기는 하지만 기대 효과를 거두고 있음을 실증하고 있다. 공공교통 이용자 수가 2005년 대비 2015년 35% 증가하여 일일 1만 3,577명이며, 대중교통 연선지구(沿線地區) 거주자 수(사회적 증가자 수 기준)도 10년간 931명 증가하였다. 2006년 대비 2013년의 중심시가지의 보행자 수는 17.9% 증가, 2014년 중심시가지의 빈 상점 수는 1.3% 감소하였다. 그 배경에는 시 자체의 지원 정책이 작용했다. 고령자 교통비 보조(100엔 교통비 제도), 도심지구 거주 촉진사업 및 공공교통 연선거주 추진 사업(지구 내 공동주택에 대한 사업자 보조 호당 100만 엔, 거주자에 대한 호당 70만 엔 보조, 단독주택 사업자에 대한 호당 50만 엔, 거주자에 대한 호당 30만 엔 등) 등이다.

3) 강력한 압축도시 추진 의지를 드러낸 추진 체계

국가의 압축도시계획 추진 체계를 보면, 국가적 과제로 삼아 추진 체계를

8) 久野譜也(2015.5). 츠쿠바대학교 교수.

정비하여 추진하고 있다. 마치즈쿠리 3법 등 관련 법을 일체적으로 제정하고, 그 추진 과정을 평가[9]하여 7~8년마다 개정하며, 강력한 추진 조직을 갖추었다. 내각부의 10여 개 관련 부서 간 총괄과 조정 기능, 국토교통부로의 창구 일원화가 대표적인 사례이다. 도시계획 및 하위 관련 사업계획 수립은 지방자치단체가 행하지만, 국가는 공모를 통하여 인증하고 기본 방침과 지침 제시, 예산 등의 수단을 통해 지원과 통제를 하고 있다.

3. 한국의 압축도시 도입 사례

다음의 세 사례를 통해 압축도시 개념이 장래 전국적으로 적용 가능한지 살펴본다. 첫 번째는 신도시 적용 사례이다. 광주광역시와 전라남도가 2007년 2월에 공동 조성하는 광주전남 공동 혁신도시의 기본구상에서의 적용이다. 두 번째는, 도시계획(도시·군 기본계획 및 도시·군 관리계획)에서의 전라남도 적용 사례이다. 한국에서 가장 인구 감소와 고령화가 현저한 전라남도에서 2015년 4월부터 시·군 도시기본계획 및 시·군 관리계획 심의 시 이를 적용하고 있다. 세 번째는, 단위 사업 부문에서의 전라남도 적용 사례이다. 농림축산식품부는 2017년 2월부터 전국의 읍·면급 시가지에 대한 농촌 중심지 활성화사업 신규 사업의 사업성 검토 시 적용하고 있다.

---

9) 日本 國土交通省(2005.8); 日本 經濟産業省(2005.12); 日本 經濟産業省(2013.6); 中西 信介(2014.4); 日本 總務省行政評價局(2016.7); 地域活性化に関する行政評価·監視結果報告書(지역활성화에 관한 행정평가·감시결과보고서) 등이다.

1) 「광주·전남 공동 혁신도시기본구상 수립 등에 관한 연구」(한국토지공사, 2007.2)에서의 압축도시 계획 개념

○ 계획 내용의 개요

광주·전남 공동 혁신도시 조성 목적은, 첫째, 국가 균형발전 전략의 일환으로 광주전남지역에 공동 혁신도시를 건설하여 한전 등 공공기관을 중심으로 한 혁신클러스터를 조성하여 지역의 성장 엔진을 육성하는 것이다. 아울러 21세기형 신도시 개발의 모델로서 친환경적이고 자원 절약의 인간중심적인 도시 환경을 조성하여 광주·전남의 공동 발전을 꾀하는 것이다. 전라남도 나주시 금천면 및 산포면 일원의 729만 5,000m^2(약 220만 평, 가로 2.8km X 세로 2.8km). 계획 기준 연도 2006년, 1단계 목표 연도 2012년, 2단계 목표 연도 2020년이다. 1단계 목표 연도에는 혁신도시 부지 조성 및 이전 공공기관 청사 완공과 연관 기관의 이전 및 중심지역, 주거지역, 산업용지 일부를 개발하며, 2단계엔 혁신지원센터 및 중심지구 일반업무용지와 산학연 클러스터 형성을 완료시킨다는 내용이다.

계획인구는 50,000인이며, 계획가구 20,000호(66인/ha)의 자족성 신도시이다. 기본구상의 연구기간은 2006.5~2007.2이며, 연구기간 중 17회의 토론회·워크숍 개최를 통해 의견을 수렴하였으며 연구는 국토도시계획학회 광주전남지회[10]가 담당하였다. 신도시 계획 개념은 계획인구 5만 명 정주의 자족성을 갖는 콤팩트한 도시 형태를 추구한 것이었다. 구체적으로는 집중된 형태의 단핵의 중심지(one center), 직주 근접, 도보 중시의 4계절 걷고 싶은 도시(walkable city), 대중교통 수단 우선, 경관·디자인 중시의 5가지였다. 공간구

10) 한국토지공사(2007.2). 기본구상 부문 노경수(광주대학교), 조진상(동신대학교), 김항집(광주대학교) 등 8명이, 개발 수요 분석 정창무(서울대학교), 혁신클러스터 부문 나주몽(전남대학교) 등 5명이었으며, 총괄책임연구 박종철(목포대학교)이 담당하였다.

〈그림 4-2〉 광주·전남 공동 혁신도시 기본구상(녹지체계도 및 교통체계도) (2007.2)

녹지체계도	교통체계도
도심공원을 중심으로 한 환상형 녹지체계 + 쐐기형 녹지체계의 연계	순환형 교통체계를 중심으로 하여 대중교통체계 + 녹색교통체계의 연계

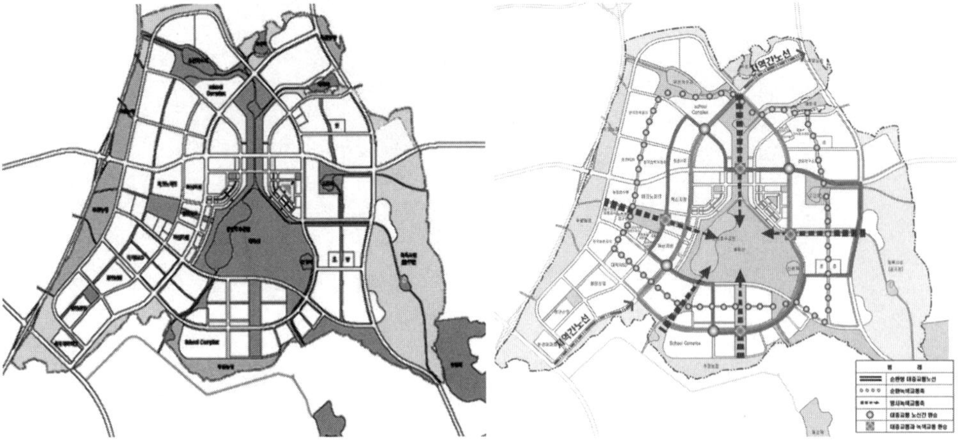

조 기본구상에서는 다음과 같이 다음의 4가지 부문에서 압축도시 개념을 적용하였다. 토지이용 부문에서는 주거·상업·업무·문화 기능이 혼합된 단핵 중심지체계를 교통 동선 부문에서는 이중의 순환형 대중교통 체계를, 녹지 부문에서는 쐐기형 녹지 체계와 환상형 녹지 체계를, 마지막으로 생활권 부문에서는 직주 근접의 보행권을 고려한 3개 생활권으로 구상하였다(〈그림 4-2〉).

○ 계획 내용의 결과

현재 기본구상안대로 실현되어 가고 있으나 최초 구상 시의 완공 목표와 비교하면 4~5년 정도 지체되고 있다. 현재까지의 추진 경과를 보면 다음과 같다.

2007년 2월 광주·전남 공동 혁신도시 기본구상 완료

2007년 3월 혁신도시 개발예정지구 지정

2007년 5월 마스터플랜 결정

〈그림 4-3〉 공동 혁신도시 구상안(2007.2)과 마스터플랜(2007.5), 압축도시 개념의 미반영 부문(좌측 상단 공동주택단지 부문)

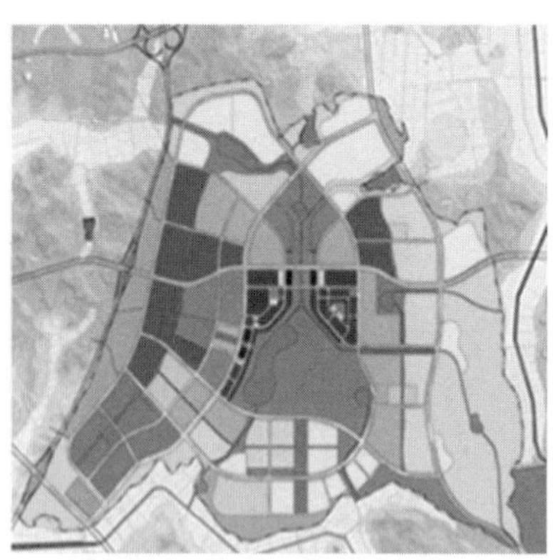

- 순환형 도로망: 녹색교통체계와 연계
- 단핵형 토지이용: 공공기관, 주거, 상업
  (핵과 인접하여 고밀 주거 배치)
- 도보 중시의 직주 근접, 콤팩트한 도시 형태

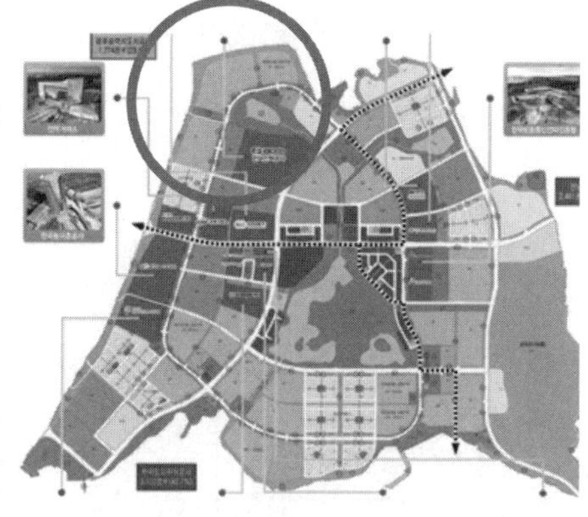

- 순환형 도로망: 녹색교통체계와 연계
- 단핵형 토지이용: 공공기관, 주거, 상업
  (일부 고밀주거는 핵과 이격하여 배치)
- 도보 중시의 직주 근접, 콤팩트한 도시 형태

2007년 11월 공사 착공

2013년 3월 공공기관 이전 시작

2014년 12월 혁신도시사업 준공

2019년 9월 30일 현재 16개 공공기관 중 이전 완료 16개, 공공기관 종사자 7600명, 인구 3만 1,780명, 분양률 97.8%이다.

하지만 현재의 마스터플랜은 기본구상안의 압축도시 개념을 충분히는 반영하지 못하였다. 미반영 부문은 고밀도 주거지를 핵(거점)과 인접하여 배치하지 않고, 〈그림 4-3〉과 같이 좌상단 및 하단에 원격 배치한 것을 들 수 있다.

○ 일정 수준 이상의 추진 체계

상당한 정도의 추진 체계를 갖추었다. 추진 조직으로는 범정부의 추진 조직은 아니지만 국토교통부 내 공공기관 지방 이전 추진단(2005.8.10)을 구성하였다. 시·도 차원에서는 광주광역시 혁신도시 협력 추진단과 전라남도 혁신도시 지원단을, 기초자치단체인 나주시의 혁신도시 에너지과를 운영하고 있어 비교적 체계적인 추진 체계를 갖추었다고 할 수 있다. 근거 법은 '공공기관 지방이전에 따른 혁신도시건설 및 지원에 관한 특별법'(2007.1.11)이다.

2) 전라남도 도시계획 심의 가이드라인(전라남도, 2015.4)에서의 압축도시 계획 개념

○ 전라남도 도시계획 심의 가이드라인의 개요

전라남도 도시계획 심의 가이드라인 제정 목적은 다음의 4가지이다. 첫째, 지방도시 소멸론 등이 대두되는 시점에서 생활자 측면의 '생활의 거점'을 형성하기 위한 최소한도의 도시계획 수립 기준을 제시하며, 둘째는 최근 도시계획의 패러다임을 수용하여 사회적 약자를 배려하고 저탄소 에너지 절약형 정비 방향을 제시하는 것이다. 셋째는, 현행 국토의 계획 및 이용에 관한 법률 및 도시계획 수립 관련 지침의 문제를 보완하는 것이다. 수도권과 같은 인구 증가·청년층을 대상으로 한 기왕의 자동차 위주의 확장형 도시계획으로는 전남 지역의 인구 감소·고령화에 대응[11]할 수 없기 때문이다(〈표 4-2〉〈표 4-3〉). 넷째는, 도시계획 심의 시 최소한의 원칙에 근거한 심의, 일관성 있는 심의를 위한 것이다. 수립자에게 심의 결과를 예측 가능케 하고, 입안 시 고려해야 할 필

---

11) 전남의 인구 고령화는 심각하다. 전국에 비해 10년 이상, 수도권에 비해서는 15년 이상 선행하고 있다. 전남의 인구 감소·인구 고령화는, 전국 및 수도권에 선행하고 있기 때문에 도시계획 측면에서도 선제적으로 대응할 수밖에 없다. 도시계획에서의 목표 인구 축소, 개발계 용도지역 면적 축소는 물론 보행 및 대중교통 지향, 거점지구 정비 위주로 도시구조를 개편하는 이른바 압축도시 개념 도입이 필요하다. 중앙정부의 정책보다 앞서서 진행할 수밖에 없다. 고령화는 경제 빈곤화, 이동 제약화, 단독 세대화를 수반하기 때문에 이를 반영하는 대중교통이나 보행 교통을 강조하는 시설 배치, 생활권 계획이 필요하다.

〈표 4-2〉 국토교통부의 도시계획 수립 지침과 전라남도 도시계획 심의 가이드라인의 비교

	국토교통부 도시계획 지침의 주요 내용		전라남도 도시계획 심의 가이드라인의 주요 내용(2015.4.20)
	도시·군기본계획수립 지침의 주요 내용(2014.10.31)	도시·군관리계획수립 지침의 주요 내용(2015.1.27)	
기본 방침	· 분야별 기본 원칙 제시(전체 방향 미제시) · 전체적으로 인구 증가에 대비한 자동차 위주의 확장형 도시 방임	· 분야별로 기본 원칙 혹은 일반 원칙 제시(용어를 제각각 사용, 전체 방향 미제시) · 전체적으로 인구 증가에 대비한 자동차 위주의 확장형 도시 방임	· 10개 항목별 기본 방침 제시 · 전체적으로 인구 감소·고령화에 대비한 보행자 위주의 압축도시 지향[1]
계획서 작성	· 일반 주민들이 쉽게 이해할 수 있도록 함(구체적인 방법 미제시) · 재수립 시는 기존 도시·군 기본계획의 추진 실적을 평가하고 그 결과를 반영(원론적인 표현으로 실제 반영한 경우는 극소수)	· 기존 계획의 주요 문제점과 개선 방향을 제시(원론적인 표현으로 실제 반영한 경우는 극소수)	· 도와 표를 사용하여 표현 · 세부 항목의 일관성 있는 체제. 각 분야별 계획서 작성 시, '현황 및 문제점 → 여건 변화 및 장래 전망 → 계획 과제(개선 방향) → 세부 계획' 순으로 함
현황 조사	· 계획 분야별로 조사(조사 단위 구역 미제시) · 인구 추계[2]는 모형에 의한 방법과 사회적 증가에 의한 방법의 합계로 추정. 생잔 모형을 기본으로 함(원론적인 표현으로 실제 반영한 경우는 극소수)		· 도시 지역별로, 계획 분야별로 조사 · 사회적 인구 추계는 사업이 확정된 경우만 반영
계획의 목표	· 시·군의 미래상을 달성하기 위한 기본 목표 및 실천 전략의 대강을 정리 · 주요 지표 제시(개발계 용도지역 허용으로 확장형 도시 방임)	· 시·군의 향후 발전 목표를 설정하고 동 목표 실현을 위한 구체적인 전략을 제시 · 주요 지표 제시(개발계 용도지역 허용으로 확장형 도시 방임)	· 최근 도시계획 패러다임 반영, 사회적 약자 및 저탄소 녹색도시 지향 · 압축형 도시 공간구조를 명시
도시 공간 구조	· 개발축 및 녹지축의 설정, 생활권 설정 및 인구 배분 계획 · 행정구역 단위 공간구조 구상	· 생활권 단위로 적정하게 구분. 토지이용, 교통망 및 공원녹지 체계의 기본 골격 · 행정구역 단위 공간구조 구상	· 핵(도심, 부심), 축(개발축, 교통축, 녹지축), 권(생활권)으로 요약 정리 · 도시 지역별로 구상

	· 용어정의 제각각[3]이며, 공간구조의 형태는 제시되지 아니함	· 용어 정의 제각각이며, 공간구조의 형태는 제시되지 아니함	· 압축형 도시 공간구조(중심 거점·생활 거점) 제안
생활권 계획	· 위계에 따른 생활권 설정 · 생활권의 경계는 인구 등 각종 자료의 용이한 취득을 위하여 행정경계(읍·면·동)를 위주 · 인구 배분 계획, 기반시설 고려(생활권계획 역할 미흡)	· 위계별로 구분할 수 있음 · 통근·통학·구매 등 주민의 일상생활의 영향권을 고려하여 생활권을 설정 · 생활권별로 적정 생활편익시설 설치(생활권계획 역할 미흡)	· 위계에 따른 생활권 설정 · 생활권의 중심지와 공간구조의 핵을 연계시켜 계획 · 생활권별로 자족생활이 가능토록 도보권 내 생활기반시설 배치. 공공·상업·버스정류장의 복합 연계 강조
토지 이용 계획	· 토지의 수요 예측 및 용도 배분, 용도지역 관리방안 및 비도시 지역 성장 관리 방안 · 개발을 전제로 하여 기개발지, 개발 가능지, 개발 억제지, 개발 불가능지 등으로 구분. · (도시 공간구조 형성, 핵, 축, 권과의 관련 등은 다루지 않음)	· 용도지역계획은 합리적인 공간구조의 형성, 교통계획 등과 시가지의 특성에 따라 적절히 지정 · 보전이 필요한 지역은 우선하여 지정하며 녹지축이 단절되지 않도록 계획 등 · (도시 공간구조 형성, 핵, 축, 권과의 관련 등은 다루지 않음)	· 각 도시 단위별로 공지조사 의무화와 공지 활용 방안 제시 · 적정 목표 인구 설정에 따른 개발계 용도지역 면적 확대 억제 · 압축형도시의 교외부 난개발과 기성 시가지의 집중 정비 동시 추진
교통 계획	· 교통량 추정에 의한 교통수단별·지역별 배분. 주간선도로는 통과 기능을 유지하고, 도심지에는 교통량을 집중시키지 아니함 · 주요 교통시설로의 접근성 제고 · (도시 공간구조 형성, 핵, 축, 권과의 관련 등은 다루지 않음)	· 기반시설은 규모의 적정성을 검토하여 규모의 과대 또는 과소로 인하여 시설관리상의 지장이나 주변에 불필요한 피해가 발생하지 않도록 규모를 조정 · (도시 공간구조 형성, 핵, 축,권과의 관련 등은 다루지 않음)	· 교외부에의 도로계획은 가능한 피하여 교외부의 난개발 방지 · 기성시가지의 집중정비를 위해 도시의 내·외부 순환망 구성 · 특히, 중심거점과 생활거점을 형성토록 하며, 이들을 연결하는 대중교통망 구성과 거점 내의 보행자 교통을 적극 검토. 시범사업
공원녹	· 생활권별로 공원·녹지 확보	· 공원·녹지·수변공간은 각 요소들이 본래의	· 공원·녹지 간 네트워크 구축

지계획	· 해안·하천 등 수변녹지체계 및 도시 환상녹지체계 구축 · 수변공간 및 도시지역 내부의 녹지는 방재기능도 동시 고려	효용성 발휘 · 녹지공간체계 및 생활권계획과 연계하여 쾌적한 환경조성이 가능하도록 계획 · 하천 주변지역과 인근 녹지를 연결하는 생태 네트워크 구축	· 도보로 이용할 수 있는 소생활권 단위(생활거점에)의 근린공원 배치 · 해안변 및 하천변 등의 난개발 방지와 친수공간화 · 시범사업

주: 국토교통부의 도시군 기본계획 수립 지침 및 도시군 관리계획 수립 지침은 전라남도 도시계획 심의 가이드라인 공포일 직전의 것으로 하여 비교하였다.

1) 국토교통부의 도시군 기본계획 수립 지침에서의 압축적 도시구조(compact city)는 도시군 기본계획 수립 지침(2012.8.24)에서 처음으로 언급하고 있다. 다만, 부문별 계획의 제6절 도심 및 주거환경에서 도심재생의 일환으로 다루고 있기 때문에 필자는 이점이 미흡하다고 판단하였다. 이는 '계획수립의 기본원칙'에서 다룰 사항이며, 아울러 '공간구조(생활권계획 포함)' 및 '도심 및 주거환경'에서 상호 연계하여 뒷받침해야 소기의 목적을 달성할 수 있다고 여겼다(필자 주).

2) 개정된 도시군 기본계획 수립 지침(2017.6.27)에서는 "목표연도 인구추계치는 특별한 사유가 없는 한 해당 시·군의 도종합계획상 인구지표와 통계청 인구추계치의 105퍼센트 이하로 하여야 한다"로 하여, 과대 인구추계의 문제점을 시정하는 내용을 담았다.

3) 광역 도시계획 수립 지침에서의 공간구조 정의와 도시군 기본계획 수립 지침에서의 공간구조의 정의가 서로 다르다. 전자(지침. 제3절 공간구조 구상. 3-3-3, 3-3-4)에서는 개발축, 교통축, 녹지축과 생활권을, 후자(지침 제5장 공간구조의 설정)에서는 개발축, 녹지축과 생활권이라 하고 있다. 양자 모두 핵에 대한 언급이 미흡하다.

〈표 4-3〉 한국과 일본의 고령화율 추이(단위: %)

	1980	1985	1990	1995	2000	2005	2010	2015	2020	2025	2030	2035	2040
일본 전국	9.1	10.8	12.1	14.6	17.4	20.2	23.0	26.8	29.1	30.3	31.6	33.4	37.7
한국 전국	3.8	4.3	5.1	5.9	7.2	9.1	11.0	13.1	15.7	19.9	24.3	28.4	32.3
한국 수도권	2.9	3.3	3.8	4.5	5.6	7.3	10.5	11.4	13.5	17.5	18.0	25.5	29.1
한국 전라남도	5.5	6.1	7.9	10.6	13.4	17.3	20.1	22.0	23.8	27.6	32.2	36.8	41.1

주) 일본은 2008년에 인구 정점, 한국은 2030년에 인구 정점(추계치).
고령화율 65세 이상의 인구가 7% 이상 고령화사회(ageing society), 65세 이상의 인구가 총인구에서 차지하는 비율이 14% 이상 고령사회(aged society), 65세 이상의 인구가 총인구에서 차지하는 비율이 21% 이상 초고령사회(post-aged society).

자료: 한국 통계청, 일본 통계국. 2015년부터는 추계치.

수 사항만이라도 사전에 계획적으로 준비하기 위함이다. 전라남도가 추구하는 도시계획 개념은 지금까지의 '자동차 위주의 확장 지향형 도시'로부터 '보행자 위주의 압축형 도시'로 전환하는 것이다.

심의 대상은 전라남도 22개 시·군의 도시·군 기본계획 12개, 도시·군 관리계획 22개이다. 심의 가이드라인 작성[12]기간은 2014.4~2015.4의 1년간이었다. 이 사이 시·군 간담회 등을 4회 개최하였으며, 국토교통부의 의견 조회를 거쳐 전라남도 도시계획위원회에서 최종 확정(2015.4.20)한 것이다. 심의 가이드라인은 가이드라인 부문(표지 포함 9쪽)과 설명서 부문(표지 포함 57쪽)의 2개 부문으로 구성되었다. 다루는 분야는 계획서 구성과 기초 조사 1개 분야, 부문별 계획 8개 분야, 추진 1개 분야 계 10개 분야이다(〈그림 4-4〉).

○ 압축도시 개념의 적용 결과

동 심의 가이드라인은 전국 최초로 제정되었으며 현재 시행 중이다. 교외부난개발을 '국토의 계획 및 이용에 관한 법'으로 통제해야 함에도 그러하지 못

12) 전라남도 도시계획 심의 가이드라인(안)의 작성은 박종철(목포대학교) 및 장경신(전라남도 지역계획과) 2명이 담당하였다.

〈그림 4-4〉 전라남도 도시계획 심의 가이드라인의 개요, 압축도시 이미지

가이드라인 소개(가이드라인과 설명)

전라남도 도시계획위원회 심의 가이드라인

도시 군 기본계획 및 도시 군 관리계획 심의를 위한 가이드라인 작성 방향
1. 가이드라인 총괄 요약
① 계획의 성격 및 배경, 방향성 제시를 위한 개략적인 서술
② 중요하고도 시급한 10 항목을 대상
③ 현황조사 및 계획서 작성 방법, 계획 분야별 계획 내용
④ 사업 단계별 추진 계획과 우선 시행할 시범지구사업 검토
⑤ 장기 미집행시설 해소 등을 포함한 계획 실현을 위한 핵심 사항의 계획 반영
2. 가이드라인 구성
① 가이드라인(주요 검토 사항) - 설명서(기본 방침 - 참고사항)의 2부분으로 구성

중요하고도 시급한 10개 항목
① 계획서 작성 및 현황 조사: 분야별 계획 내용으로, ② 계획의 목표(도시 미래상), ③ 도시 공간구조, ④ 생활권 계획, ⑤ 토지이용 계획, ⑥ 교통 계획(기반시설), ⑦ 공원·녹지 계획, ⑧ 도심 및 주거환경 계획, ⑨ 방재 및 안전 계획, ⑩ 경관 및 미관 계획, 기타 집행 계획임

도시 기능의 집약화와 공공교통의 이용 촉진을 축으로 한 압축도시 이미지

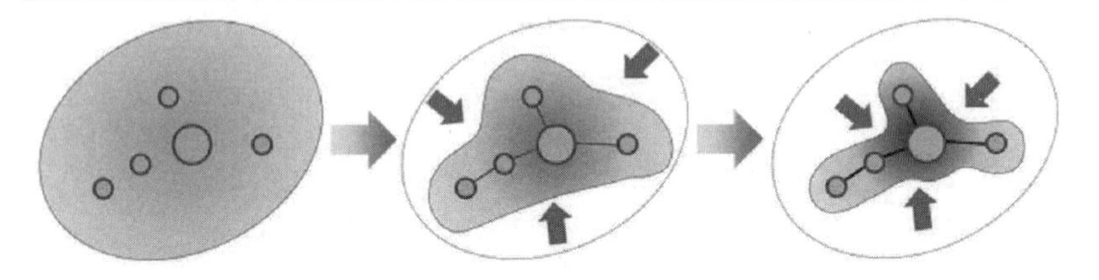

도심 및 주거환경 정비 부문(핵심 사항)
① 도심부의 정비 방향은, 중심 거점 및 생활 거점 형성을 목표로 하고, 가장 우선적으로 거주 촉진을, 그 다음 단계에 상가 및 시장 활성화, 교외로 분산된 공공시설의 재입지를 통한 집중화·연계화, 대중교통 및 보행자 도로 정비를 주차장과 묶어서 추진. ② 도심순환 도로망이 형성된 경우 주차장을 순환망 상에 집중 배치하는 방안 검토. ③ 시범 정비사업 지구지정 검토

주: 압축도시 이미지는 저탄소 마치즈쿠리 실천 핸드북(일본 국토교통성. 2013.12)을 참고하여 작성하였으며, 중심 거점과 생활 거점의 배치, 거점과 공공교통과의 관계를 표시하였다
자료: 전라남도(2015.4.20).

한 처지에서 전라남도가 도차원에서 도시계획 심의라는 수단을 통해 개별 시·군 도시계획 수립 시에 통제하는 구조이다. 실제 추진 과정에서는 상당한 마찰과 어려움이 있었다. 공포된 지 4년이 지난 현 시점에서 전라남도 도시계획위원회에서 심의한 여수, 순천 등 15개 시·군계획[13]에서의 적용 결과를 살펴보면, 전라남도 도시계획 심의 가이드라인은 도시·군 기본계획 심의 및 도시·군 관리계획 심의 시 상당한 정도의 영향력을 발휘하여, 그 역할을 하고 있음을 알 수 있다.

이전의 것과 비교하여 보면, 현저히 개선된 부문은 다음과 같다. 계획서 작성 시 계획 형식을 따르며, 도시 지역별로 도시 공간구조도 및 공지조사를 한 점이다. 즉, 계획서 작성 시 '현황 및 문제점 → 여건 변화 및 장래 전망 → 계획 과제(개선 방향) → 세부 계획'순으로 하고, 도시지역별로 도시 공간구조도를 작성하며, 도시지역별로 기성 시가지 내 공지(유휴지) 분포 조사를 하였다. 나아가서, 경관이 우수한 경관 도로 하단 지역의 경관 컨트롤 등은 가시적 성과라 할 수 있다.

일부 개선된 부문은, 대부분의 시군에서는 이전 계획과 비교하여 목표 인구를 5~10% 정도 축소하였으며, 개발계 용도지역(도시지역의 주거·상업·공업 지역) 면적을 거의 증대시키지 않은 점이다. 또한, 생활권 계획 위계를 기존 3단계 중심체계(시·읍 중심 – 권역 중심 – 소생활 중심의 3단계)에서 2단계 중심체계(시·읍 중심 – 소생활 중심의 2단계)로 축소(나주, 순천, 곡성, 구례 등)로 한 점이다. 일부이기는 하지만 중심지 체계에서의 정비 대상을 생활권 중심시가지 전체가 아닌 거점지구로 한정하여 선택과 집중을 꾀한 점, 여기에 공원녹지 계획에서 소생활권별로 대표 근린공원 배치한 점(순천, 구례, 곡성, 강진 등)이다.

전체적으로는, 전라남도에서의 압축도시 계획 개념 도입은 시작 단계이며

---

13) 여수, 순천, 광양, 나주, 함평, 곡성, 구례, 보성, 강진, 무안군의 도시기본계획·관리계획서를 대상으로 분석하였다.

선언적인 단계라 할 수 있다. 계획 방향을 정할 때 언급하고, 일부 부문 계획에서 압축도시 개념을 도입하는 정도이다. 대부분의 시·군에서는, 계획 방향 설정 시 '압축도시를 지향'한다라고 명시하고 있다. 이에 따라, 도시 공간구조 부문에서 거점지구(중심 거점지구, 생활 거점지구)를 설정(나주, 순천, 곡성, 구례 등)하고, 생활권 계획에서 중심지 체계를 2단계로 축소하여 현실화하며, 개발계용도지역 면적을 거의 늘리지 않게 되었다. 교외부 난개발을 억제하기 위해 성장 한계선을 도입한 사례(순천, 강진)가 있으며, 생활권별로 거점지구에 생활기반시설의 배치를 계획 방향에서 제시하고 있다. 하지만 15개 시·군계획 모두 공간구조 개편에까지는 이르지 못하였고, 공지조사 결과를 토지이용 계획에서 구체적으로 반영하지도 못하였다.

○ 미흡한 추진 체계

추진 체계는 미흡하다. 2015년 4월부터 전라남도 도시계획위원회에서의 심의·자문 시 전라남도 도시계획 심의 가이드라인을 적용하고 있다. 시·군 도시계획위원회에서도 이를 적용하고 있다. 상정된 안건에 대해서 그것도 선별적·부문적으로 반영하고 있는 정도이다. 전라남도 차원의, 도시계획위원회의 심의에 의한 추진으로는 한계가 있다. 국가의 전면적인 법개정 등 법률체계 정비와 함께 범정부 차원의 추진 조직 정비가 필요하다.

3) 농림축산식품부 농촌 중심지 활성화 사업에서의 압축도시 계획 개념

○ 2018년도 일반 농산어촌 지역개발 사업 사업설명회 자료(2016.12)의 개요

농촌 중심지 활성화 사업은 농산어촌 지역의 농촌 중심지(읍, 면)의 기능 확충과 배후 마을로의 서비스 제공 기능을 확대하는 사업이다. 구체적으로는 농촌 중심지에 교육, 의료, 문화, 복지, 경제 등 중심 기능의 확충 및 네트워크를 통해 배후 마을에 서비스를 제공하는 사업이다.

2018년도 일반 농산어촌 지역개발사업 사업설명회 자료(2016.12)(이하 2018년도 가이드라인)에서는 현황 조사와 계획과의 연계를 강화토록 하였다. 토지 이용, 도시계획 및 교통 현황을 조사하여 계획에 반영하는 것이다. 아울러, 상업지역 등을 표시한 도시계획 도면 첨부와 함께 중심지 기능 시설 분포도 및 이용 상황, 버스노선도를 제시, 상호 간 연계 가능성을 파악토록 하였다. 압축도시 계획 개념을 도입하기 위한 관련 항목의 현황 조사 내용이라 할 수 있다.

적용 대상은 전국 123개 시군의 읍·면 소재지이며, 내역별 사업은 지역 생활기반 확충, 지역 소득 증대, 지역 경관 개선, 지역 역량 강화 네 가지이다. 농촌 중심지 활성화 사업 유형은 세 가지로 일반지구, 선도지구, 통합지구로 구분하고, 각각은 60억 원, 80억 원, 120억 원의 사업비를 집행한다. 농촌 중심지에 계획하는 사업 내용은 동일하며, 배후 마을에 서비스 사업 혹은 물리적 사업을 포함하는가 등으로 구분되고, 시행기간 5년 이내이다.

압축도시 계획 개념 도입은 2015년 6월부터이지만 본격적으로는 2018년도 가이드라인에서 다루어졌다. 즉, 거점지구에 대한 언급은 2016년 6월(〈그림 4-5〉)이지만, 거점지구의 형성 방안에 대하여는 2018년도 가이드라인에서 언급, 구체화하였다. 가이드라인에서는 거점지구 지정, 거점지구에 입지할 농촌 중심지 기능 시설의 종류 등이 제시되었다(〈그림 4-5〉).

압축도시 형성과 관련하여 살펴보면, 핵심 사항은 농촌 중심지만이 아닌 그 중에서도 농촌 중심지 내 거점지구를 형성토록 하는 것이다. 이를 위해, 농촌 중심지 기능 시설의 분포와 함께 그 이용 상황·정비 상황을 조사하여, 신규 사업의 경우 농촌 중심지 내 거점지구를 형성하도록 거점지구 혹은 그 주변에 사업이 추진되도록 하였다. 즉, 주민생활의 필수시설을 규정하여 중심지 기능 시설 8가지[행정, 문화, 사회복지, 교육, 보건의료, 상업시설(시장, 대규모 마트 등), 금융, 교통시설(버스터미널, 기차역 등)]에 대해 분포, 운영 상황과 시설 노후도를 조사토록 하였다. 이는 장래 거점지구로의 이전·통폐합·복합화에 대비토록 한 것이다.

〈그림 4-5〉 농촌 중심지 활성화 사업 모델도(2015년 이전, 2015.6 이후)

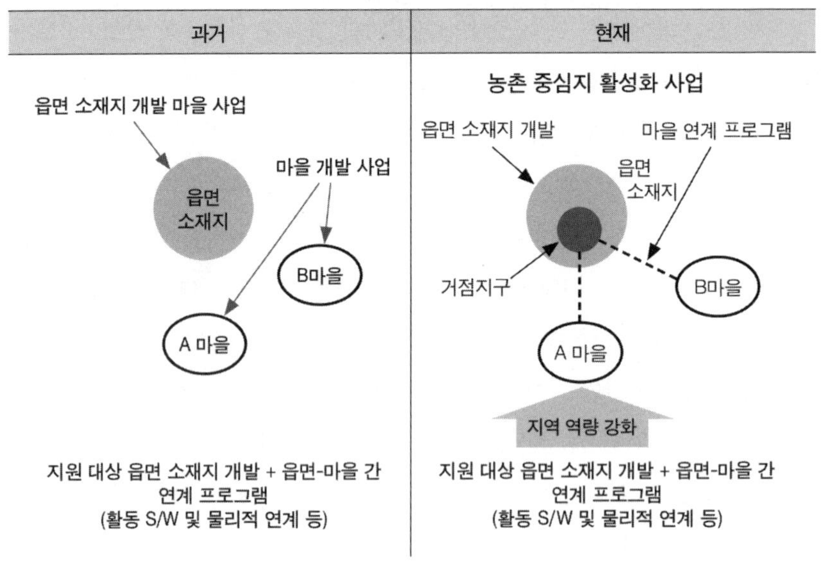

자료: 농림축산식품부(2016.12.19).

2018년도 가이드라인에는 필자의 관련 연구[14] 내용이 상당 부분 포함되어 있다. 압축도시에 대한 내용, 그 중에서도 거점지구 형성과 대중교통과의 연계 부문이다. 하지만 전게 연구물과는 달리 2018년도 가이드라인은 구체적인 거점지구 형성 이미지[15]를 제시하지 않았으며, 읍·면별 거점지구의 크기나

14) 박종철(2016.11.16); 박종철(2014.12); 박종철(2015.12). 참고로, 필자는 관련 연구에서 생활 거점(면급 소재지의 거점)의 경우 그 범역을 반경 100m 내외로, 중심 거점(읍급 소재지의 거점)의 경우 반경 300m 내외로 제안하였으며, 기왕의 거점 기능 시설 및 신규 사업 시설 간 연계와 복합을 강조하였다.

15) 농림축산식품부(2016.12)에서는 구체적인 거점지구 형성 이미지를 제시하지 않았다. 아울러 거점지구 수나 중심 기능 시설의 배치에 대해서도 언급하지 아니하였다. 거점지구 이미지는 〈그림 4-5〉의 농촌 중심지 활성화 사업 모델도(현재)가 유일하다. 〈그림 4-6〉의 이미지는 박종철(2016.11.16)에서 제안한 것이다.

〈그림 4-6〉 거점지구 형성 이미지

2018년도 가이드라인의 거점지구 개요
○거점지구 선정: 최고 지가지 혹은 중심지 기능 시설 집적지 ○중심 기능 시설의 종류: 8개 중심지 기능 시설(행정, 상업, 복지 등) ○중심 기능 시설의 배치: 범위를 특정하지 아니함 ○기왕의 중심 기능 시설 위치, 운영 상황 조사: 위치, 건축연도, 요일별 시설 운영 상황

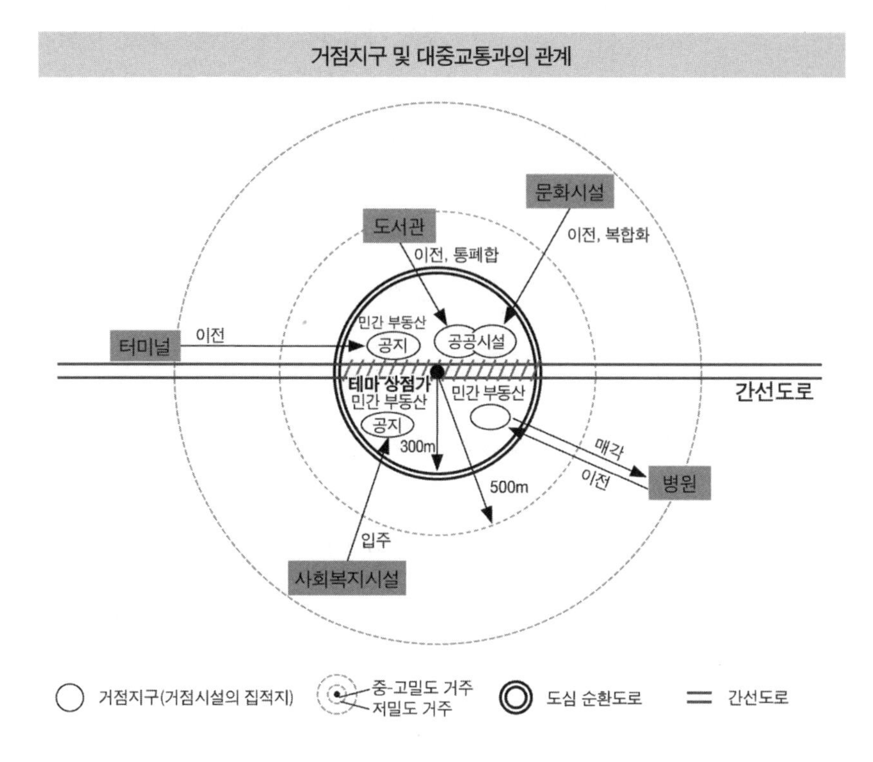

기능을 구분하지도 아니하였다(〈그림 4-5〉, 〈그림 4-6〉).

○ 계획 적용의 결과

농촌 중심지 활성화 사업은 최근 3년간 전국적으로 연평균 일반 지구 70개, 선도 지구 15개, 통합 지구 2개 정도를 신규로 선정하고 있다. 1개 지구당 5년 이내 계획 기간 동안 각각 60억 원, 80억 원, 120억 원의 예산 규모이며, 국고 보조율이 70%이다.

2018년도 가이드라인은 2017년 2월 이후의 일반 지구, 선도 지구, 통합 지구 신규 사업 사업성 심사는 물론, 이전에 수립된 2015년도 선도 지구 기본계획, 2016년도 선도 지구 기본계획 및 시행계획 평가·자문에도 적용되었다.

전체적으로, 압축도시 실현이라는 점에서 지금은 시작 단계라 할 수 있다. 아직은 도시계획과의 연계 미흡 및 타 부처 사업과의 연계 미흡, 중심지 활성화 사업 내 사업 간 연계가 미흡하기 때문이다. 다루는 범위가 도시 기능 시설 중 8종류의 거점 기능 시설만이며, 주거 기능을 다루지 않고 있다. 아울러, 사업 유형별로는 선도지구나 통합지구에서의 적용과는 달리 일반지구에서의 2018년 가이드라인의 영향력은 부분적으로 밖에 미치지 못하고 있다. 신규 사업에 대해 사업성 심사 시에만 적용하고 이후의 추진에는 적용하고 있지 않기 때문이다.

전라남도의 경우 2015년도에 착수한 광양 옥곡면 및 강진 성전면 선도지구 계획 시 압축도시 개념을 적용하였다. 상기 가이드라인의 공식적인 적용은 2017년 2월 이후 신규 사업부터지만, 전라남도의 경우는 2018년 가이드라인 제정 이전에 선정된 사업지구(2016년 3개, 2017년 2개, 2018년 2개)에서도 이를 적용하였다.

○ 미흡한 추진 체계

압축도시 가이드라인의 추진 체계는, 근거법 및 조직 체계가 갖추어져 있다고는 하지만 미흡한 수준이다. 근거법인 농어촌 정비법(1994.12.22)에서는 농촌 중심지 활성화 사업을 규정하는 내용이 미흡하여 자문기구인 농림축산식품부 농촌 중심지 활성화 사업 중앙계획 지원단(2014.10)에서 자문을 통해서 압축도시 개념을 반영하고 있다. 하지만 농림축산식품부 단일 부서에서의 농촌 중심지 활성화 사업이어서 그 효과가 한정적이다.

4. 마치면서

강병기 교수의 로사리오 모델은, 일본 도야마시의 '대중교통 연계형 압축도시 모델'(2007)과 상당 부문 유사하다. 이 모델은 제3기(2012.9)부터 계획 개념·추진 체계를 보완하여 일본 전국에 본격적으로 확산시키고 있으며, 아울러 소수이기는 하지만 전라남도 중소도시에서의 도입 사례 분석을 통해, 그 유효성이 확인되고 있는 모델이라고 할 수 있다.

장래, 한국에서의 확산을 위해서는 다음의 네 가지에 대해 체계적인 이해와 준비가 필요하다. 첫째는, 압축도시의 필요성, 인식을 새롭게 할 필요가 있다. 압축도시에 대한 특징과 장점을 알고, 장기간에 걸쳐 추진하기 위한 장기 로드맵이 필요하다. 현행의 자동차 위주의 확장형 도시계획으로는 지속 가능성이 없으며, 인구 감소·고령화에 대응할 수 없음을 인식할 필요가 있다.

둘째는, 명확한 압축도시 개념 정립이 필요하다. 중심지 내에서도 생활거점 형성이 필요하며, 대중교통 및 보행자 교통과의 연계를 강조하는 도시구조가 필요하다. 도시 기능만이 아닌 주거 기능도 함께 고려할 필요가 있다. 일본의 제3기(2012.9~ 현재)의 압축도시 모델은 참고할 만하다. 즉, '대중교통 연계형 압축도시 모델'에다 '토지이용 연계형 압축도시 모델', 즉, 용도지역제에 의한 실현 수단(일본에서는 도시 기능 유도구역, 거주 유도구역, 시가화 구역 축소 등) 마련이 추가로 필요하다(〈그림 4-1〉).

셋째는, 도시계획과 중앙부처의 사업 간의 연계가 중요하다. 현행의 국토교통부 도시재생사업(주로 시급도시 대상, 도시재생 특별법)과 농림축산식품부 농촌 중심지 활성화 사업(주로 읍·면급도시대상, 농어촌정비법)과 같이 단일 부서의 단일 사업 위주의 추진으로는 극히 한정적인 효과밖에 거둘 수 없다. 또한 계획 간·사업 간·민관 간의 연계와 협력도 중요하다(〈그림 4-7〉).

넷째, 국가의 역할이 중요하다. 국토의 계획 및 이용에 관한 법률 및 도시재생 특별조치법, 농어촌정비법과 관련 지침의 전면적인 통합화·연계화가 필요

〈그림 4-7〉 일본의 압축도시 추진, 도시계획과 관련 사업 계획 간의 관계

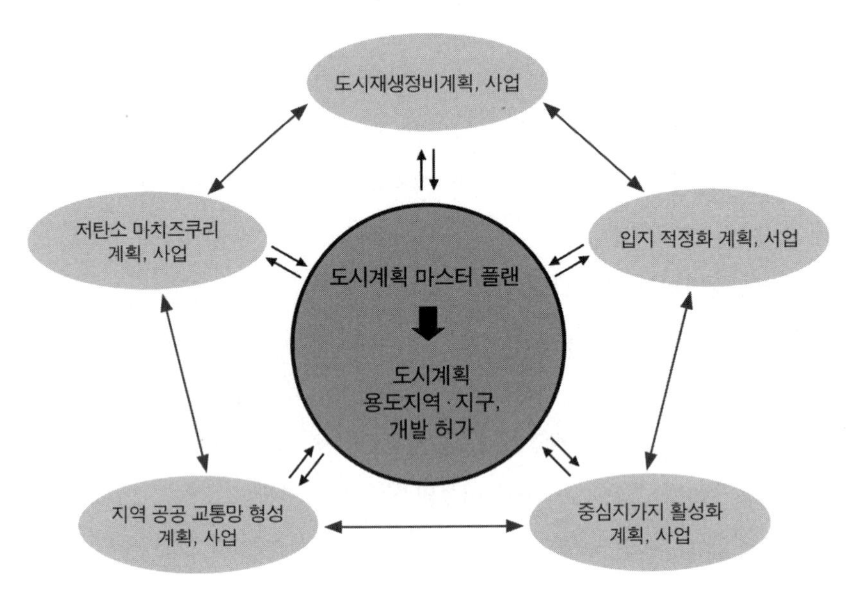

자료: 박종철(2015.10.29).

하다. 압축도시는 교외부 난개발 억제와 기성 시가지의 정비를 동시에 행하여야 효과를 발휘할 수 있다. 우선적으로 법률에서는 교외부 난개발 억제 내용을 명확히 해야 한다. 전라남도가 추진하였던 도시계획(수립) 시의 심의로 제어하는 구조로는 한계가 있다. 심의는 입안된 안을 기본으로 하며, 입안은 지방자치단체의 재량에 맡기는 구조이기 때문이다. 아울러, 강력한 컨트롤 타워에 의한 범정부적인 연계·조정·지원은 물론, 자치단체 내 관련 부서 간 연계·조정의 추진 체계도 함께 필요하다.

■ 참고문헌

국토교통부 공공기관 지방이전 추진단 홈페이지. 2017.8.31. http://innocity.molit.go.kr/submain.jsp?sidx=140&stype=1

국토교통부. 2014.10.31.「도시군 기본계획 수립 지침」.

______. 2015.1.27.「도시군 관리계획 수립 지침」.

농림축산식품부. 2016.12.「2018년도 일반농산어촌개발 사업설명회자료」(수정).

______. 2016.12.19.「2016년 농촌중심지활성화 선도지구 사업추진경과 및 향후 계획」.

박종철. 2011.11.「인구감소시대의 축소도시계획 수립방안」. ≪지역개발학회지≫, 제23권.

______. 2013.10.24.「광주·전남공동혁시도시의 계획개념과 추진체계」. 광주전남공동혁신도시 관계기관 업무담당자워크숍, 광주광역시·광주발전연구원.

______. 2014.12.「농촌중심지와 배후지역과의 관계를 고려한 중심시설 정비기법 및 사례, 농촌중심지정비방안 및 계획기법 현장실증연구, 1차연도보고서」. 농림축산식품부·한국농어촌공사.

______. 2015.3.25.「농촌중심지활성화사업의 중심시설계획기법」. 연찬회자료집. 전라남도·한국농어촌공사 전남본부.

______. 2015.10.29.「역세권 및 버스정류장권을 중심으로 한 도시계획수립방안」. 대한국토도시계획학회 광주·전남지회 학술세미나 발표회자료.

______. 2015.12.「농촌중심시설정비 사례 및 기법, 농촌중심지정비방안 및 계획기법 현장실증연구, 2차연도보고서」. 농림축산식품부·한국농어촌공사.

______. 2016.11.16.「농촌중심지활성화사업 거점지구 형성방안」. 농림축산식품부 농촌중심지활성화사업을 위한 중앙계획지원단 제5차협의회 발표자료.

빛가람 공공혁신도시 홈페이지. 2017.8.31. http://innocity.bitgaram.go.kr/web

전라남도. 2015.4.20a.「도시계획 심의 가이드라인」.

______. 2015.4.20b.「도시계획 심의 가이드라인 설명서」.

______. 2016.6.「전라남도 압축도시 추진 일본 연수 최종보고서」.「전라남도 자치단체의 도시·군기본계획서 및 도시·군관리계획서」(여수도시기본계획, 순천도시기본계획, 광양도시기본계획, 나주도시기본계획, 함평군관리계획, 곡성군관리계획, 구례군관리계획, 보성군관리계획, 강진군관리계획, 무안군기본계획).

조상필. 2017.1.「인구감소시대에 대응한 도시군기본계획 및 관리계획의 효율적 수립방안연구」. 광주·전남연구원(정책과제).

한국토지공사. 2007.2.「광주전남 공동혁신도시 기본구상수립 등에 관한 연구 보고서」.

久野譜也. 2015.5.「健康寿命延伸に寄与するまちづくり- smart wellness の創造」.
日本 國土交通省. 2005.8.「中心市街地再生のためのまちづくりのあり方について［アドバイザリー会議報告書」.
日本 經濟産業省. 2005.12.「産業構造審議会流通部会·中小企業政策審議会経営支援分科会商業部会合同会議中間報告」.
______. 2013.6.「産業構造審議会中心市街地活性化部会提言」.
日本 内閣官房. 2013.12.11.「中心市街地活性化推進委員会報告書」.
日本 國土交通省. 2013.7.「都市再生特別措置法 立地適正化計畫の最近動向」, 國土交通省 都市局 合同講演會資料.
______. 2013.7.「都市再構築戰略検討委員會 中間検討資料」.
______. 2014.4.「健康·医療·福祉のまちづくりの推進ガイドライン」.
______. 2015.3.19.「コンパクトシティの形成に向けて」(2015.3), 第1回コンパクトシティ形成支援チーム會議資料.
______. 2016.4.1.「立地適正化計画作成の手引き」.
日本 總務省行政評價局. 2016.7.「地域活性化に関する行政評価·監視結果報告書」.
日本 内閣府. 2017.「中心市街地活性化基本計画認定申請マニュアル」.
日本 富山市. 2007.3.「公共交通活性化計劃」.
中西 信介. 2014.4.「中心市街地活性化政策の経緯と今後の課題」, ≪立法と調査≫, No.351.

제2편

도시 분석을 통한 도시계획 및 설계

제5장 · 도시 토지이용 변화와 그 요인 | 권일

제6장 · 우리나라 도시 토지이용의 혼합적 특성 | 김항집

제7장 · 물적 제어의 결합에 따른 개발용적(용적률)의 추정과 그 활용 | 최창규

제8장 · 컴퓨터를 이용한 경관계획과 도시분석 | 최창규

제5장

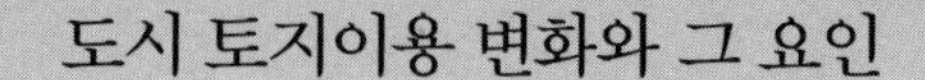

도시 토지이용 변화와 그 요인

권일
한국교통대학교 교수

1. 도시 토지이용 변화 파악에 대한 필요성과 연구 내용

토지이용계획은 교통계획과 함께 도시계획의 가장 중요한 부문 중의 하나이다. 강병기 교수는 도시계획의 여러 분야 중에서 도시설계 분야와 함께 토지이용계획 및 토지이용에 대해서도 많은 관심을 가졌다. 이러한 점은 1993년부터 서울대학교 환경대학원의 최상철 교수, 동아대학교 한근배 교수 등과 함께 자발적으로 토지이용연구회를 결성하여 10여 년 동안 이끌어온 점에서도 잘 알 수 있다. 그동안 토지이용연구회는 매년 6, 7차례의 연구세미나를 개최하고 매년 발표 및 토론 자료집을 발간하기도 하였다.

강병기 교수는 평소 도시계획의 선구자 중에서 패트릭 게데스(P. Geddes)에 대해 높이 평가하였다. 그 이유는 현실에 바탕을 두지 않은 이상도시에 대한 제안이 많던 근대 도시계획의 태동기에 조사-분석-계획에 이르는 방법론을 제안한 점에 대해서 매우 높게 평가하였기 때문이다. 이러한 점은 토지이용연구에서도 잘 나타나고 있는데, 토지이용에 대한 조사·분석을 강조한 데서도 잘 나타난다. 즉, 도시계획 수립 시 계획 대상 도시의 토지이용에 대한 조사·분석은 매우 중요한데, 실제 도시계획에서 토지이용에 대한 조사·분석이 소홀히 이루어지는 점에 대해서 강병기 교수는 매우 아쉽게 생각하고 있었다. 이러한 점은 1994년 토지이용연구회에서 발간한 「도시토지이용 분류체계의 표준화 방안 기초 연구 토지이용분류」의 서문에서도 잘 나타나 있는데, 내용은 다음과 같다.

> 우리나라 도시계획 입안 과정에 토지이용조사 항목이 있었으나, 불행하게도 실용성 없는 지적조사로 대체되는 것을 아무렇지도 않게 받아들여 왔다. 토지이용조사는 위치와 크기를 가진 공간적(벡터) 정보여야 하는데도 비공간적(스칼라) 양 정보로 대체되어 왔다. 따라서 그것은 도시계획의 입안과 결정에 별다른 유용한 정보를 제공하지 못하였다. 마치 가슴둘레나 키를 측정하는 체위 검사로 몸 안의 오장육부의 진단을 대신한 것처럼 겉만 보고 속은 들여다 보려하지도 않고, 표준체형에 관한 처방만 내려주는 도시계획을 해왔다. 도시의 현실을 정확하게 파악해야 현실적이고 과학적이고 미래지향적인 도시계획이 가능해진다.

강병기 교수 연구실에서 수행한 토지이용연구의 주된 목적은 도시 토지이용 현상의 패턴과 변화 요인을 파악하고 이를 제어할 수 있는 방안을 모색하고, 토지이용 제어를 통하여 불필요한 통행 수요를 줄이고 효과적인 도시운영을 하고자 함이다. 그리고 토지이용에 대한 연구는 크게 토지이용 현상과 변화 자체에 대한 연구와 토지이용 관리 및 정책과 관련된 연구로 구분될 수 있는데, 강병기 교수 연구실에서의 토지이용 관련 연구는 일부 연구를 제외하면 대부분 토지이용 현상(변화) 및 그 변화 요인 파악이 주류를 차지하고 있다. 그리고 도시 토지이용의 현상 파악은 용도, 밀도, 인구밀도, 도시 공간구조 등으로 파악한 연구들이 있다.

이 중 개발 밀도와 관련된 연구들은 제7장 물적 제어의 결합에 따른 개발용적(용적률)의 추정과 그 활용 편에서 다루고 이 장에서는 강병기 교수가 발표한 논문들에 대하여 토지이용 관리 및 정책과 관련된 연구, 도시 공간구조로 파악한 연구, 용도로 파악한 연구, 인구밀도(분포)로 파악한 연구로 구분하여 기술하도록 한다.

2. 토지이용 규제, 관리 및 정책 관련 연구

토지이용 규제, 관리 및 정책과 관련된 연구로는 「우리나라 도시계획법상 용도지역별 용도 규제의 변천에 관한 연구」(1991)와 「도시계획법 체계 속의 혼합용도지역의 개념과 규제내용의 변화에 관한 연구」(1997)가 있다. 이 두 연구에서는 우리나라 도시계획법 및 시행령에서 전용용도지역을 제외한 대부분의 용도지역에서 토지이용 혼합을 상당 부분 인정하고 있고, 혼합용도지역으로 설정된 준용도지역에서는 이용 계열의 용도에 대한 수용이 거의 차하위 용도지역과 비슷한 정도로 용도의 혼합을 허용하고 있다는 점을 밝혔다. 이는 우리나라 도시의 혼합적 토지이용이 나타나게 된 다양한 요인 중에서 토지이용 정책의 주요 수단으로 작동해 온 용도지역제와 지역별 토지이용 용도 규제에서 토지이용 혼합의 허용이 주요 요인이었다는 점을 밝혔다.

한편 「도시기본계획상에 나타난 토지이용계획지표의 특성에 관한 연구」(1991)에서는 개별 도시들이 어떻게 도시의 특성과 희망을 토지이용계획 속에서 실현시키고 있는가를 분석하였다. 상기 연구의 배경과 목적, 연구의 주요 내용 및 의의를 살펴보면 다음과 같다.

1) 「용도지역별 용도 규제의 변천에 관한 연구」, ≪국토계획≫, 제26권 2호(1991.5)

■ 연구 배경 및 개요: 이 연구는 1991년 5월 대한국토·도시계획학회지 ≪국

〈표 5-1〉 용도지역의 변천 분화 과정

1962	1963	1970	1973	1976	1987
주거	주거	주거	주거전용 주거 준주거	주거전용 주거 준주거	주거전용 주거 준주거
상업	상업	상업	상업	상업	근린상업 일반상업 중심상업
공업	전용공업 준공업	전용공업 준공업	전용공업 공업 준공업	전용공업 공업 준공업	전용공업 일반공업 준공업
녹지	녹지	녹지	녹지	자연녹지 생산녹지	자연녹지 생산녹지 보전녹지
-	혼합	-	-	-	-

토계획≫ 제26권 2호에 게재한 논문으로 현재 목원대학교 도시공학과 교수로 있는 이건호 교수와 공동으로 발표한 논문이다. 이 논문은 도시 토지이용이 지역주민 수요에 따른 자연발생적인 형태와 용도지역제에 의한 용도 규제 두 측면이 함께 작용하여 현재와 같은 혼합적 토지이용이 형성되었다는 데 착안하여 연구를 수행하였다.

■ 연구 목적: 시대적 토지이용의 변천 과정을 분석하면 토지이용규제 의도의 흐름과 현재 현상의 인과관계를 규명하고, 용도지역제와 그 용도규제 내용을 시대적 변천 과정을 분석함으로써 토지이용 혼합 발생의 동인을 밝히는 것이 연구의 주된 목적이었다.

■ 연구 방법: 토지이용 변화 규명에 관한 국내에서 선행 연구들이 주로 토지이용 조사를 통한 용도의 입지 특성과 용도변화 등의 생태학적으로 분석한 것이 대부분이었으며, 사회변화에 따른 토지이용 정책의 대립 관계에 대한 분석은 미비하였다. 이 연구에서는 사회변화에 대응한 토지이용계획을 수용하면서 법적 구속력을 갖는 용도지역제의 용도 규제의 내용의 변천 과정을 분석하였다.

〈표 5-2〉 근린생활시설의 조건부 허용 규모의 변천

조건 변화	용도별 규제 내용 규모의 변천
완화	일용품상점(200m^2→300m^2→500m^2), 이·미용원(300m^2→∞) 세탁소(300m^2→∞), 사진관(300m^2→∞), 차고(50m^2→150m^2)
강화	근린운동시설(정구장, 헬스클럽, 체육도장, 골프연습장 ; ∞→150m^2) 기원(300m^2→200m^2), 제조업, 방앗간, 수리점(300m^2→200m^2)
불변	슈퍼마켓(500m^2), 업무·소개소(300m^2), 당구장(200m^2)

주: ∞ = 면적 제한 없음.

■ 연구 내용: 상기의 연구 목적을 달성하기 위하여 첫째, 토지이용 제어 방법 고찰과 우리나라 용도지역제의 특성, 둘째 용도지역별 용도 규제 내용의 변천과 특성에 대한 연구를 내용으로 포함하고 있다. 첫 번째, 토지이용 제어 방법 고찰에서는 토지이용이 정한 목표를 실현하기 위하여 행하는 규제·유도 방법과 허용 용도체계에 따른 지역제 특성, 용도지역제의 변천 특성을 도시계획법 및 시행령상의 용도지역의 변천·분화 과정에서 분석하였으며, 전국 60개 도시의 용도지역 지정 현황을 조사·분석하였다. 두 번째, 용도지역별 용도 규제 내용의 변천과 특성에 대한 연구에서는 건축물의 용도 혼합이 허용되어 가는 과정을 밝히기 위해 용도지역제 규제 내용의 변천 과정을 살펴보고, 용도지역제 규제 내용의 변천 특성과 허용 용도지역에 따른 특성을 규명하였다.

■ 결론: 이 연구에서는 우리나라의 혼합적 토지이용이 나타나게 된 여러 가지 동인 중에서 법적인 구속력을 갖고 있으며, 시대적 상황에 대응한 토지이용 정책 수단으로 변경되어 온 용도지역제와 지역별 용도 규제 내용을 시계열적으로 분석하였다. 아울러 그 과정 속에 토지이용 혼합을 허용하고 추인하는 동인이 존재하고 있다는 점을 규명하였다. 이 연구에서는 다음과 같은 다섯 가지 주요한 사항을 밝혔다. 첫째, 1978년에 시설 분류를 정리하여 건축법 부표에 근린생활시설을 신설함으로서, 토지이용 순화를 전제하였던 용도지역에서 토지이용 혼합에 길이 트이게 되었다. 둘째, 미개발지에 선정된 녹지지역을 제외한 용도지역의 허용 용도 체계는 소극적·누적적 체계를 갖고 있어 기

성 시가지의 토지이용은 혼합적 이용을 허용하였다. 셋째, 1978년 근린생활시설의 신설과 더불어 허용 용도의 확대와 조건부 허용을 일반화함으로서 민원 해결 차원의 개선은 있으나, 1973년의 토지이용 순화 정책은 후퇴하였다. 넷째, 근린생활시설을 점차 완화·허용하고 있어, 장차 녹지지역의 배타적·격리적 토지이용 정책과의 상충이 예상된다. 다섯째, 근린생활시설 용도의 입지를 완화함에 있어 규모에 관한 조건을 붙여서 허용한 것은 성능지역제(Performance Zoning) 수법이 확대 적용된 것으로 보았다.

■ 의의: 이 연구는 용도지역 세분화를 실시하면서 우리나라 토지이용 정책의 용도 순화 방향을 분명히 밝혀냈다는 데 의의가 있다. 그러나 현실 도시의 움직임을 감안하고, 현실 토지이용을 추진하는 과정에서 본의 아니게 토지이용의 혼합을 허용하는 동인이 되어왔음을 알 수 있다. 이로 인해 1988년 현재 우리나라 60개 도시의 용도지역별 지정 현황을 보면 대부분의 기성 시가지에는 용도의 혼합 가능성이 높은 주거·준주거·상업·준공업·공업지역을 지정하고 있어 혼합적 이용을 추인 또는 유도하고 있었다는 점을 알 수 있다.

2) 「도시계획법 체계 속의 혼합용도지역의 개념과 규제 내용의 변화에 관한 연구」, ≪국토계획≫, 제32권 1호(1997.2)

■ 연구 배경 및 개요: 이 연구는 1997년 2월 대한국토·도시계획학회지 ≪국토계획≫ 제32권 1호에 게재한 논문으로 한양대학교 도시공학과를 정년퇴임한 여홍구 교수와 광주대학교 도시공학과 김항집 교수가 공동으로 발표한 논문이다. 이 연구는 우리나라 용도지역 체계 속에서 혼합용도지역이 차지하고 있는 비중이 상당히 크며 실제 용도지역의 운용에서 활용되고 있지만 부정적인 평가가 많이 나오고 있다는 점에 주목했다. 그리고 혼합용도지역이 가진 특성과 토지이용에 미치는 영향에 대한 실증적 규명이 부족하고 운용에서 발생하는 성과와 문제점 등에 대한 체계적 연구가 부족한 상태에서 혼합용도

지역을 평가하는 것은 우리나라 혼합용도지역의 특성을 규명하기에 미진하다는 점을 연구의 배경으로 하고 있다.

■ 연구 목적: 이러한 연구 배경하에 도시 내에 다양한 토지자원의 공급과 적정한 토지이용 혼합의 도모라는 혼합용도지역의 긍정적 측면에 착목하여, 혼합용도지역의 도입과 운용 과정, 규제 내용과 변화의 특성을 고찰하여 도시계획적 함의를 파악하고자 하는 것이 연구의 목적이다.

■ 연구 방법: 이 연구에서는 용도지역 체계에 중대한 변화를 가져온 도시계획법 시행령 개정과 이에 따른 용도지역별 허용 행위의 변화를 중심으로, 우리나라의 혼합용도지역의 개념을 살펴보았다. 토지이용 특성과 행위 규제 내용의 변화에 따라 제1기(1962~1972년), 제2기(1973~1987년), 제3기(1988~1991), 제4기(1992~)로 구분하여 혼합용도지역의 도입과 운용, 성격의 변화에 내재된 혼합용도지역 정책을 조명하였다.

■ 연구 내용: 상기 연구 목적을 위하여 이 연구에서는 혼합용도지역의 개념과 특성, 시기별 변화 내용, 혼합용도지역의 변천과 성격에 대하여 연구하였다. 먼저, 혼합용도지역의 개념과 특성 파악을 위하여 도시 4대 기능의 주요 시설과 용도지역별 행위 제한, 용도지역 특성과 토지이용의 혼합 가능성, 우리나라 용도지역별 주요 허용 용도 등을 파악하였다. 두 번째, 혼합용도지역의 시기별 변화 내용을 파악하기 위하여 1952년 혼합지역의 지정 지역, 1939년 경성시가지 계획, 준주거지역의 허용 용도 변화(제2기: 1973년~1987년), 준공업지역의 허용 용도 변화(제2기: 1973년~1987년), 제2기와 3기의 허용 용도 차이, 준주거지역과 근린상업지역의 허용 용도 차이, 조례에 의한 지역별 판매시설의 행위 제한 내용 등을 분석하였다. 그리고 혼합용도지역의 변천과 성격의 파악을 위하여 1995년 6월 현재의 6대 도시의 용적률, 혼합지역과 준주거지역의 지정면적, 1964년 서울시 도시계획 현황, 서울시 준주거지역 및 준공업지역의 지정면적 변화 등을 분석하였다.

■ 결론: 우리나라는 전용용도지역을 제외한 대부분의 용도지역에서 토지

〈표 5-3〉 1986년(제2기)과 1990년(제3기)의 허용 용도 차이

구분		주거지역			상업지역			공업지역			녹지지역		
		전용	일반	준	근린	일반	중심	준	일반	전용	보전	생산	자연
단독주택	다중주택	(○)×	(○)△	(○)△	△	(○)△	○	×	(△)○	(△)○	×	(△)×	(○)×
	공관	○	○	○	○	○	○	×	×	(△)×	×	△	○
공동주택	연립주택	(×)△	○	○	○	○	△	×	△	(△)○	×	△	△
	다세대주택	△	○	○	○	○	△	×	△	(△)○	△	×	○
	아파트	×	○	○	○	○	△	×	△	(△)○	×	×	×
종교시설	종교집회장	△	○	(○)×	○	○	○	×	○	○	×	○	○
노유자시설	아동시설	○	○	○	(×)○	(×)△	△	(×)△	×	○	○	○	○
업무시설	일반업무	×	△	(○)△	○	○	○	×	○	○	×	×	×
운수시설	시외·고속버스정류장	×	(○)×	(○)×	○	○	○	○	○	○	×	×	(△)○
자동차관련시설	차고	×	△	○	○	○	○	○	○	○	×	×	×
	세차장	×	(×)△	○	○	○	○	○	○	○	×	×	(△)○
	매매장	×	×	△	○	○	○	○	○	○	×	×	(×)○
식물 관련 시설		×	(○)△	○	(○)×	(○)×	×	×	○	○	△	○	(×)○
발전소		×	(○)△	(○)△	(○)△	(○)△	×	(×)○	○	○	×	×	(×)○

주: ① ( )는 1986년의 허용 여부.
② 1986년에는 근린상업지역, 중심상업지역 및 보전녹지지역이 설정되어 있지 않았음.
③ 상기 시설 이외의 시설은 동 기간 중 허용 용도 규제 내용의 변화가 없었음.

이용 혼합을 상당 부분 인정하고 있고, 혼합용도지역으로 설정된 준용도지역에서는 이용 계열의 용도에 대한 수용이 거의 차하위 용도지역과 비슷한 정도라는 점을 파악하였다. 용도지역별로 이러한 용도 혼합의 정도를 결정하는 요인은 각 용도지역의 특정 용도지역에서 각 기능의 전용 용도가 어느 정도 허용되느냐에 따라 용도지역의 특성이 좌우된다고 보았다.

〈표 5-4〉 혼합지역과 준주거지역의 허용 용도 비교

구분		혼합지역(1968년)	준주거지역(1973년)
위락시설		○	△(관광호텔 부속)
관람집회시설	공연장, 관람장	○	○(관광호텔 부속)
공장	공해 공장	×	×
	일반 공장	△	△
위험물·저장· 처리시설	주유소, 가스충전소, 제조소, 저장소, 취급소	○	× ×
자동차 관련시설	검사장, 부속장	○	△(300m^2 이하)
동물 관련시설	축사	○	△(15m^2 이하)
	도살장	×	×
분뇨·쓰레기처리시설		○	×
묘기관련시설	화장장	×	×

주: 기타 용도들은 두 용도지역 간의 허용 용도 내용이 동일.

3) 「도시기본계획상에 나타난 토지이용계획지표의 특성에 관한 연구」, ≪국토계획≫ 제26권 2호(1991.5)

■ 연구 배경 및 개요: 이 연구는 1991년 5월 대한국토·도시계획학회지 ≪국토계획≫ 제26권 2호에 게재한 논문으로 현재 목원대학교 도시공학과 교수로 있는 최봉문 교수와 공동으로 발표한 논문이다. 이 논문은 도시기본계획 수립에 있어 계획지표의 선정 시 상위의 지침을 수용하면서 도시의 희망을 함께 달성할 수 있는 계획 지표를 선정하여 체계적으로 실현시키는 것이 중요한 과정이 된다는 점을 지적했다.

■ 연구 목적: 이 연구는 개별 도시들이 어떻게 도시의 특성과 희망을 계획 속에서 실현시키고 있는가를 분석하는 것을 주된 목적으로 하고 있다. 각 도시의 계획지표 선정 방법과 각 방법 속에 적용되는 계획지표들과 적용치를 비교분석하고 그 결과로 도출된 계획치들이 도시의 성격과 기능에 따라 어떤 공통점이 있는지를 분석하였다.

■ 연구 방법: 이 연구의 분석 방법은 각 도시의 계획지표 선정 방법에 적용되는 계획지표들과 적용치를 비교·분석하였고, 그 결과로 얻어진 계획치들이 도시의 성격과 기능에 따라 어떤 공통점이 있는가를 분석하였다.

■ 연구 내용: 상기 연구 목적에 따라 토지이용계획과 계획지침, 도시별 계획지침과 매개변수 분석, 도시 특성과 매개변수 적용치 분석 등을 실시하였다. 이 연구는 전국 73개 도시 중 기본계획을 수립할 당시의 기준 시급도시로서 도시기본계획이 수립된 57개 도시(서울시 제외)의 도시기본계획보고서를 대상으로 하였다. 이 연구에서는 먼저, 토지이용계획과 계획지침 분석을 위해 토지이용계획과 매개변수와 용도별 소요 면적의 산정 방법과 매개변수에 대해 토지이용계획의 주요 계획지표, 용도별 면적 산정 방법과 매개변수, 도시별 용도지역 산정 방법을 사용하였다. 두 번째, 도시별 계획지침과 매개변수 분석에서는 장래 인구 예측과 대상 입구의 산정, 매개변수 적용치의 분석, 밀도에 의한 분석을 목표 인구와 현재 인구의 비교, 용도지역별 대상 인구, 용도지역별 적용 값의 분포, 밀도에 의한 계획지표를 분석하였다. 마지막으로 도시 특성과 매개변수 적용치 분석에서는 도시 규모별 도시 분류와 적용치 분석, 도시 기능별 도시 분류와 적용치 분석, 성장 추세에 의한 도시 분류와 적용치 분석을 도시 규모별 도시 분류, 도시 규모별 분류에 의한 적용치 분포, 산업 구조별 도시 분류, 기능별 도시 분류에 의한 적용치 분포, 도시 성장 동력에 따른 도시 분류, 도시 성장별 도시 분류에 의한 적용치 분포 등을 통해 분석을 실시하였다.

■ 결론: 이 연구에서는 계획에 적용되는 계획지표들이 도시의 현황 분석과 특성 파악에 의한 결과라기보다는 상위에서 지침으로 주어지는 지표 값과 통상적으로 사용되는 용도지역 면적 산정 방법을 도시마다 획일적이고 무특성적으로 받아들이고 있기 때문에 도시 특성에 따른 계획지표 차이 및 특성이 뚜렷하지 않았다는 점을 밝혔다. 이는 분석된 가용 토지면적과 수용되는 대상 인구수를 맞추기 위한 의도로 대상 인구의 비율과 지표 적용치를 조정한 결과

〈표 5-5〉 토지이용계획의 주요 계획지표

계획지표	용도지역 면적 산정에 적용되는 매개변수		
	주거지역	상업지역	공업지역
인구지표	가구당구성원	대상인구	대상인구
계획인구	시가지 내 수용주택지율	1인당 상면적	1인당 부지면적
인구구조 전망	주택보급율		업종별 부지면적
경제활동인구	주택지율	평균층수	
취업구조 전망	주택1호당 부지면적	평균건폐율	공업지율
경제지표	주민1인당 상면적	공공용지율	공공용지율
지역총생산		상업지분담율	출하액
산업구조 전망	평균 층수	이용반경	생산액
주민소득	평균 건폐율	이용인구	생산량
도시 환경지표	공공용지율	판매액	
도시세력권	혼합율		
토지이용 현황	평균 인구밀도		(음영) : 원단위 매개변수
지목별 현황	고밀인구밀도		
개발 가능지	중밀인구밀도		
개발 잠재력	저밀인구밀도		

라고 생각할 수도 있다.

▪ 의의: 이 연구를 통해 토지이용계획은 공간에 관한 계획으로 도시 현황 파악에 절대적인 영향을 주는 토지이용조사의 단계를 통하여 현장 지향적이고 정확한 토지이용 파악을 통한 토지이용계획의 수립이 필요하다는 점이다. 즉, 조금 더 정확하고 실제적인 토지이용계획 수립을 위해 정확한 토지이용 파악이 필요하다는 점이다.

3. 공간구조로 파악한 연구

우리나라 토지이용의 특성을 공간구조로 파악한 연구로는 「명동의 구조적 해석과 재편성에 관한 연구」(1975), 「도시 공간구조 형성에 관한 연구」(1980), 「대도시의 자연발생적 생활편익시설의 분포특성에 관한 연구」(1982), 「울산

공업도시 구조 형성의 배경요인과 작용력, 대구시 토지이용변동의 입지연관성과 공간적 패턴 연구」(1987) 등이 있다. 이들 연구는 서울, 대구, 울산 등의 도시에서 도시 전체 또는 도시의 도심부 등 일부 지역을 대상으로 하여 저명인사들의 거주지, 주요 시설의 입지 특성, 통행량과 도시적 활동들에 의해서 형성된 도시 공간구조를 파악한 연구들이다. 대도시의 공간에서 자생적으로 나타난 도시 공간구조 형성과 함께 정부의 정책적 필요에 의해 만들어진 공업도시의 도시 공간구조 형성에 작용해 온 주요 배경 요인과 이들의 역학 체계를 구명함으로써 도시 공간구조의 형성과 변동의 메커니즘을 거시적으로 포착한 연구도 있다. 이들 연구의 목적, 연구의 주요 내용 및 의의를 살펴보면 다음과 같다.

1) 「**명동의 구조적 해석과 재편성에 관한 연구**」, ≪**국토계획**≫, **제10권 1호** (1975.5)

■ 연구 배경 및 개요: 이 연구는 1975년 5월 대한국토계획학회지 ≪국토계획≫ 제10권 1호에 게재한 논문으로 강원대학교 부동산학과를 정년퇴임한 이학동 교수와 공동으로 발표한 논문이다. 이 연구는 도시가 인간이 생활을 영위하고 활동하는 장으로써, 번화가에서는 자유로운 형태로 이합집산할 수 있는 도시의 제3의 공간적 성격을 보인다는 데서 출발한다.

■ 연구 목적: 도시 중심지의 메커니즘으로써 명동이 번화가로서 제3공간적 활동을 포용할 수 있는 구조를 가지는지, 기존의 시설과 관련된 물리적 측면에서 재편성 방향 모색을 연구의 목적으로 하였다.

■ 연구 방법: 이를 통하여 명동지구의 건물 면적 비율의 비교, 주요 건물의 밀도 비교, 주요 시설의 분류와 층별 면적, 유행 업종과 각 시설의 면적과 접촉의 관계를 비교 분석하였다.

■ 이 연구는 명동지구의 성장 변천, 명동의 공간구조와 그 특성, 통행 구조

〈표 5-6〉 Core District의 주요 가로별 유행 업종 분포

구분 / 가로	상면적비	업종 개수비	해당 가로의 전면장비		해당 가로의 전면장에 대한 각 여행업종 구성비	
			동 혹은 북측	서 혹은 남측	동 혹은 북측	서 혹은 남측
제 1 sub street	32.0	25.0	79.1	70.5	양피 24.5 양복 14.9 양품 10.7 백화점 14.3 의상 14.7	양피 24.4 양복 12.2 양품 23.6 핸드백 1.2 의상 10.0
제 2 sub street core 부동가	9.2	7.3	50.0		양피 34.0 양품 11.0	
양품가로	19.4	28.8	68.2	57.0	양품 39.4 백화점 9.3 양피 11.9 양복 1.3 의상 6.3	양품 32.6 양피 3.3 의상 21.1
제 1 main street	5.6	8.2	71.4	35.7	백화점 63.1 양품, 핸드백 8.3	유행 업종상 35.7

와 내방자 생활 행위의 특성 등을 주요 내용으로 하고 있다. 먼저, 명동지구의 성장 변천에서는 경성부 시대의 성장 과정과 해방 이후의 성장 변천의 내용을 분석하였다. 두 번째, 명동 공간구조와 그 특성에서는 중심업무지구(Central Business District: C.B.D)와 명동지구의 건물상면적비, 명동의 주요 건물, 지구 및 가로명칭, 건물 밀도, 명동의 기존 시설 분류표, 시설에 따른 층별 상면적비 등을 이용하여 C.B.D 구조상 명동의 위치, 명동의 공간구조와 내부적 특성을 분석하였다. 그리고 통행구조와 내방자 생활행위의 특성에서는 전 내방자와 배회 집단의 시설별 접촉 분포 등을 이용하여 명동의 집중량과 통행량, 시설과 내방자의 접촉 빈도와 내부적 특성을 분석하였다.

■ 결론: 이 연구에서는 명동을 바람직한 제3공간으로 재편성하기 위해 보유하고 있는 네 가지 특성을 파악하였다. 이를 바탕으로 내방 군중을 위한 다의적 제3공간으로 재편성을 위하여 차량의 규제와 내방객에게 편리하고 쾌적한 가로 공간 조성이라는 두 가지 방안을 제안하였으며, 이를 통하여 바람직스러운 제3공간을 창조해 낼 수 있는 것이 매우 중요하다. 이 연구는 명동성당

〈그림 5-1〉 시설과 내방객의 접촉빈도

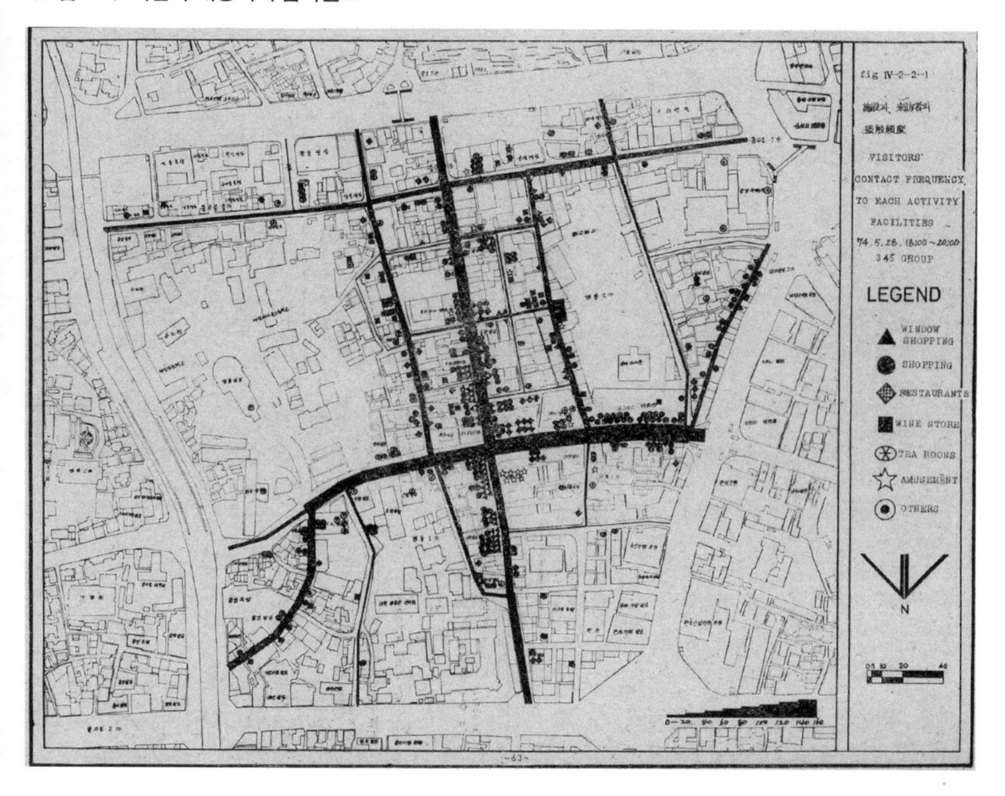

과 자유중국대사관(현재 중국대사관) 지구도 공공의 외부 공간으로서 공원화시키는 제안을 포함한 명동지역을 방문하는 시민들에게 걷고 싶은 도시를 조성하는 초기적 시도가 포함되어 있다는 의의도 있다.

2) 「**도시 공간구조 형성에 관한 연구**」, ≪**국토계획**≫, **제15권 1호**(1980.9)

■ 연구 배경 및 개요: 이 연구는 1980년 9월 대한국토계획학회지 ≪국토계획≫ 제15권 1호에 게재한 논문으로 한양대학교 도시공학과를 정년퇴임한 여홍구 교수와 공동으로 발표한 논문이다. 이 연구는 한국 도시 공간구조의 형

성에 관한 연구의 첫 단계로서 도시 시설들의 도시공간적 분포 패턴을 추적하여 도시의 정주 패턴과 더불어 도시 공간구조를 형성하는 도시 시설들의 공간적 입지 관계를 분석하는 것이다.

■ 연구 방법: 이를 위하여 일차적 대상으로 자료 취득과 조사가 가능한 저명인사의 거주지, 의료시설, 약국, 미곡상, 목욕업, 숙박 시설, 주유소 등을 선정하였다. 이들 자료들은 일차적으로 서울시 지도에 그 위치를 표시하여 각 시설물들의 도시공간상 분포 패턴을 조사 분석하고, 다시 각 시설물들의 도시 기능적 성격을 찾아내기 위해 지역별로 주민과 면적에 대한 각 시설물들의 분포 밀도를 구하여 지역 성격에 따른 시민 생활과의 관계를 조사하였다. 그리고 이를 위한 지역구분은 행정상의 구분인 1975년 당시 구를 단위로 하여 13개 구역으로 나누었다.

■ 이 연구의 주요 내용으로는 서울시의 구별 인구분포 및 저명인사의 거주지 분포와 도시 시설의 분포 현황 및 분석을 포함하고 있다. 먼저, 서울시의 구별 인구분포 및 저명인사의 거주지 분포에서는 구별 인구분포, 저명인사 거주지 분포를 구별 현황 인구, 구별 인구밀도, 구별 저명인사 거주지 분포도, 인구 1만 인당 구별 저명인사 분포도, 1km²당 구별 저명인사 분포도를 이용해 분석하였다. 그리고 도시 시설의 분포 현황 및 분석에서는 병원 및 의원 시설, 약국, 미곡상, 목욕업, 숙박시설, 주유소의 분포를 인구 1만 인당 구별 전문의원 및 의원 분포도, 1km²당 구별 전문의원 및 의원 분포도, 구별 의료시설 분포, 구별 약국 분포, 인구 1만 인당 구별 약국 분포도, 1km²당 구별 약국 분포도, 구별 미곡상 분포, 인구 1만 인당 구별 미곡상 분포도, 1km²당 구별 미곡상 분포도, 구별 목욕업소 분포, 인구 1만 인당 구별 목욕업소 분포도, 1km²당 구별 목욕업소 분포도, 구별 숙박업소 분포, 인구 1만 인당 구별 숙박업소 분포도, 1km²당 구별 숙박업소 분포도, 구별 주유소 분포, 인구 1만 인당 구별 주유소 분포도, 1km²당 구별 주유소 분포도를 통해 분석하였다.

■ 결론: 이 연구의 결과로 다음 10개를 연구의 결과로 제시하였다. ① 서울

〈그림 5-2〉

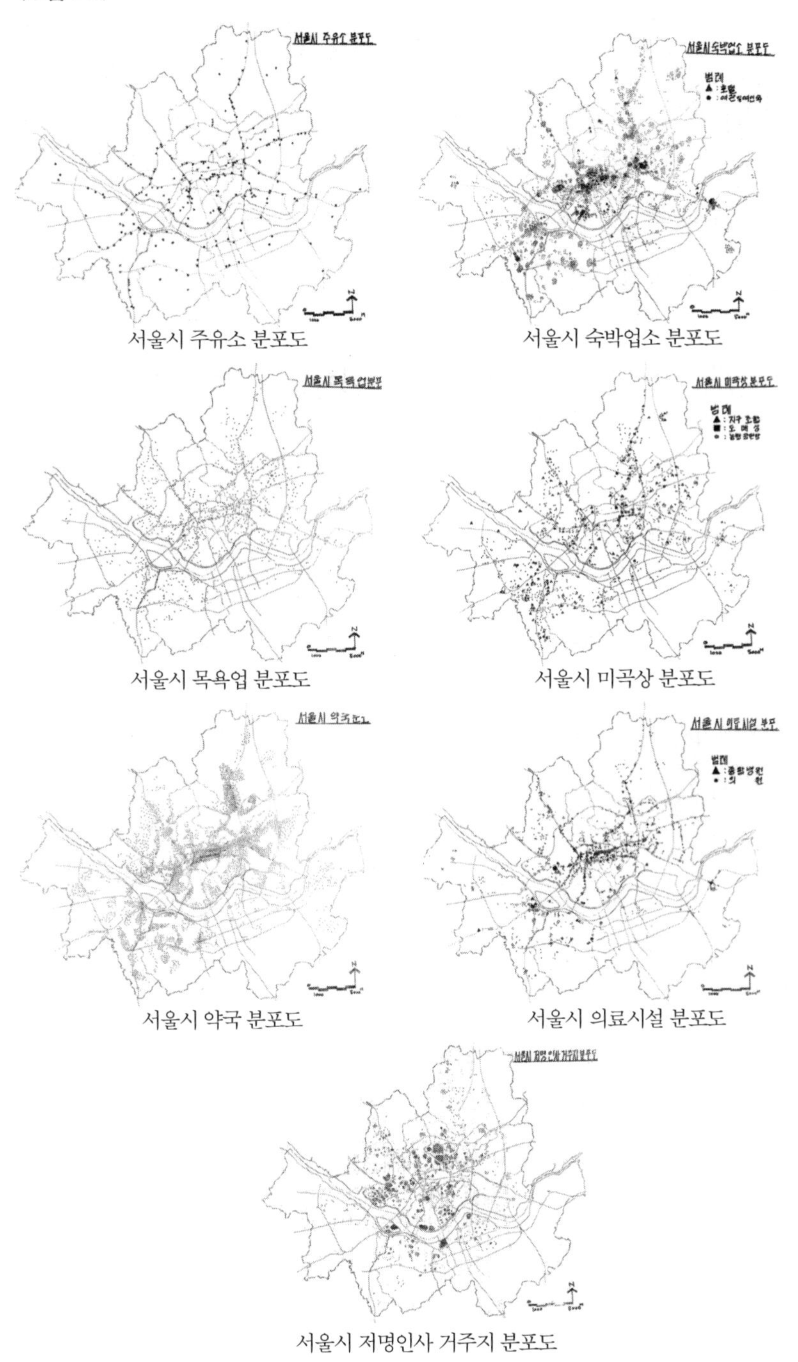

서울시 주유소 분포도

서울시 숙박업소 분포도

서울시 목욕업 분포도

서울시 미곡상 분포도

서울시 약국 분포도

서울시 의료시설 분포도

서울시 저명인사 거주지 분포도

의 생활 기능은 1978년 현재 강북의 도심지를 중심으로 분포되어 있으며, ② 전통적인 도심지에 매우 인접한 지역들이 아직도 양호한 주거지역으로 이용되고 있다. ③ 강남의 주거 패턴은 한강변을 중심으로 매우 밀집된 형태로 개발이 이루어지고 있다. ④ 미곡상은 완전한 근린생활시설로 분류되며, ⑤ 목욕업은 근린생활시설이면서도 도심지에 분포되어 있는 점을 고려하면 일상도시 생활시설임을 알 수 있다. ⑥ 의료시설과 약국 시설 역시 근린생활시설이면서 도시 내지는 지역적 일상생활시설의 성격을 갖고 있다. ⑦ 숙박시설의 경우 호텔은 도시적 시설로 분류되며 여관은 지역적 시설로 그리고 여인숙은 근린 시설과 특정 지구 시설로 분류할 수 있다. ⑧ 주유소는 도시나 근린생활시설로 규정짓기는 어렵고 교통시설에 관계되는 특정 지구 시설로 간주된다. ⑨ 구별 인구밀도와 인구에 대한 시설 분포 밀도가 유사한 다이아그램적 패턴을 갖게 될 경우 그 시설을 근린생활시설로 간주될 수 있다. ⑩ 면적에 대한 시설 분포 밀도가 특정지구에 집중될 경우 이들은 도시적 내지는 지구 시설로 고려될 수 있다. 이 연구는 도시 시설의 도시공간상의 분포 상태와 필요에 의해 도시 생활에 대한 서비스 정도가 판단되고, 주민의 정주 패턴과 연관 지어 볼 때 그 시설의 도시적 이용도를 찾아낼 수 있었다는 데 의의가 있다.

3) 「대도시의 자연발생적 생활편익시설의 분포특성에 관한 연구」, ≪국토계획≫, 제17권 1호(1982.7)

■ 연구 배경 및 개요: 이 연구는 1982년 7월 대한국토계획학회지 ≪국토계획≫ 제17권 1호에 게재한 논문으로 당시 한양대학교 도시공학과 박사과정에 재학 중이던 최병기와 공동으로 발표한 논문이다. 자연발생적 시설은 도보권 내에서 모든 가족의 취식 및 일용품 구입, 자녀들의 육아 및 교육, 옥외에서의 휴식, 이웃과의 사교 및 여가 선용, 공공기관의 이용 등 다양한 기능을 하게 된다. 그 마을주민들의 요구도에 따라 오랜 기간에 걸쳐 생성되기도 하고 소멸

〈그림 5-3〉 상업시설 분포 현황 및 계획도

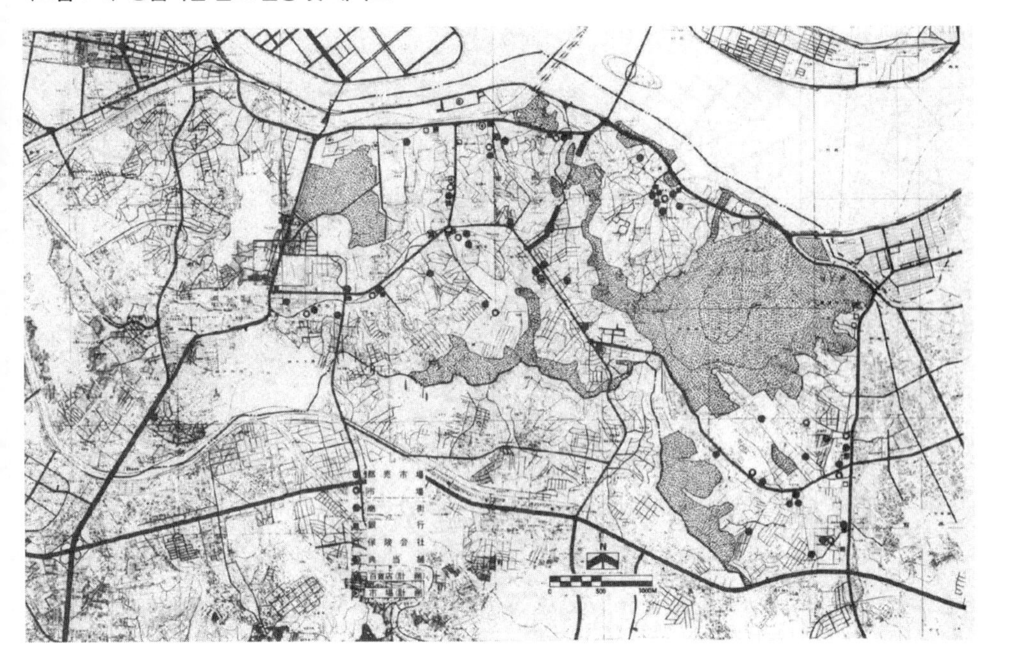

되기도 하는 자연 도태의 결과가 현재 상태로 존재하기 때문에 주거지 주변의 일상생활 서비스시설은 종류에 따라 각각 다른 유역 인구를 갖게 된다. 지금까지 도시계획상 중요하게 취급되어 오지 못한 자연발생적 시설들의 분포상태를 도화(mapping)함으로써 입지한 일상생활서비스 시설의 종류별 분포 특징과 하나의 시설이 존립할 수 있는 유역 규모의 지표 설정을 위한 연구의 1단계 작업으로서 시작하였다.

■ 연구 목적: 이 연구는 이용시설 공간의 중요성과 계획상 고려되어야 하는 당위성을 통하여 용도지역 접경지 및 주거지역 중 상업시설이 혼재된 활동 공간의 토지이용과 상업시설로 잠식된 주거지역 내 공간 배치 계획의 방향 설정에 도움을 주고자 하는 것이 연구의 목적이다.

■ 연구 방법: 연구 대상 지역을 생활권마다 처해 있는 상황과 문제에 따라

크게 5개의 특징 있는 일상생활권으로 구분하여 면적 대비 및 인구 대비로 산출하였다. 이를 좀 더 세분하여 18개 동별 각 시설별 유역인구와 인구밀도에 따른 유역면적을 구하고 동일 축척도상에 분포도를 작성함으로서 각 시설별 분포 특성과 생활권 편익시설 공간구성의 실상을 한눈에 볼 수 있게 개괄적 접근 방법을 채택하였다. 본 연구는 서울시 동작구를 사례지역으로 선정하여 생활권별 공간분석을 실시하였다. 본 연구 대상지역이 서울시의 일부라는 특수성으로 인해 비교분석을 위해 우리나라 시급도시의 편의시설 수준을 파악하는 것이 필요하였다. 우리나라 36개 도시의 시설수준을 파악하고 표로 작성하였으며, 계획적 입지시설의 분포 밀도와 타 기준과의 비교와 분석을 실시하였다. 시설별 분포도, 면적, 계획도 등을 비교하여 표로 제시하였으며, 분포도를 통해 입지 시설의 공간적 특성을 파악하였다.

■ 이 연구는 먼저, 조사 대상지 공간분석을 시도하고, 다음으로 생활편의시설 분포 분석을 담고 있다. 먼저, 조사 대상지 공간분석에서는 동작구의 특성과 생활권별 공간분석을 실시하였다. 그리고 생활편의시설 분포 분석에서는 우리나라 시급 편의시설, 계획적 입지시설, 자연발생적 시설을 생활편의시설별 시급도시 평균 지지인구, 계획적 입지시설의 분포 필요와 타 기준과의 비교분석, 관공서 분포도, 교육시설 분포 현황 및 계획도, 상업시설 분포 현황 및 계획도, 우편시설 분포도, 자연발생적 시설의 분포 밀도, 생활권 편의시설의 1개소당 유역인구, 생활권 편의시설의 1개 소당 유역면적, 양곡 판매업종 분포도, 식육점 분포도, 에너지 공급시설 분포도, 대중목욕탕 분포도, 우유대리점, 식용얼음, 다방, 제과점, 숙박시설, 식품제조, 유기장, 음식점, 약국, 종교시설, 금융시설, 의례업소, 공중전화, 우편시설, 공중변소 등의 생활시설 분포도 등을 통해 분석하였다.

■ 결론: 이 연구에서는 일상생활 이용 시설의 편리도는 절대량의 확보뿐만 아니라 각지에서의 접근성에 의하여 달라질 수 있으며 기능이 혼재된 혼합지역에 대한 계획적 정책이 강구되어야 한다는 점을 강조한다. 지금까지는 도시

〈그림 5-4〉 각 업종 분포 범역 종합도

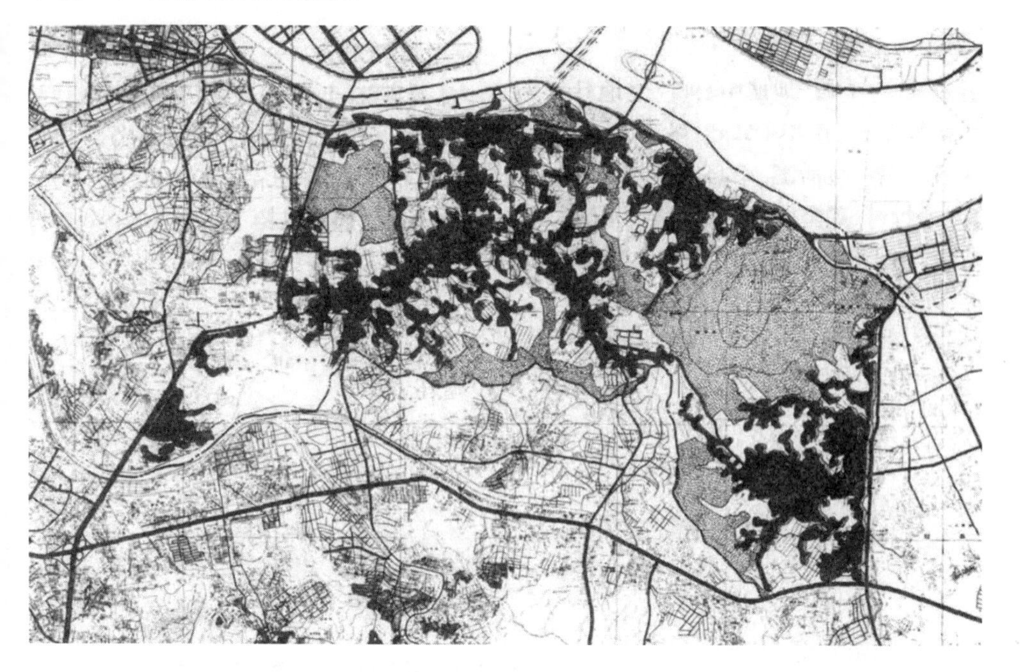

시설 기준이 이용인구 규모로만 나타나고 있으나, 종류에 따라서는 이용 범역이 동시에 고려되어야 한다는 점도 강조하고 있다. 계획적 입지 시설은 각각 그 종류와 기능이 명확히 구분되어 있어 대규모의 용지를 확보해야 하고 공공성에 의한 이용의 편익이 동시에 고려되어야 하기 때문에 일정한 패턴이 형성되지 않는 점도 밝혔다. 또한 이 연구는 이용 빈도가 높은 주요 공공기관은 주변에 자연발생적 시설들을 유치시키는 선도적 역할을 함으로써 지역개발을 촉진시키기 때문에 도시개발정책에 이용하는 것이 바람직하다 점도 제시하였다.

4) 「울산공업도시 구조 형성의 배경요인과 작용력」, ≪국토계획≫, 제22권 1호 (1987.3)

■ 연구 배경 및 개요: 이 연구는 1987년 3월 대한국토계획학회지 ≪국토계

〈그림 5-5〉 1985년 상주인구밀도의 공간적 패턴

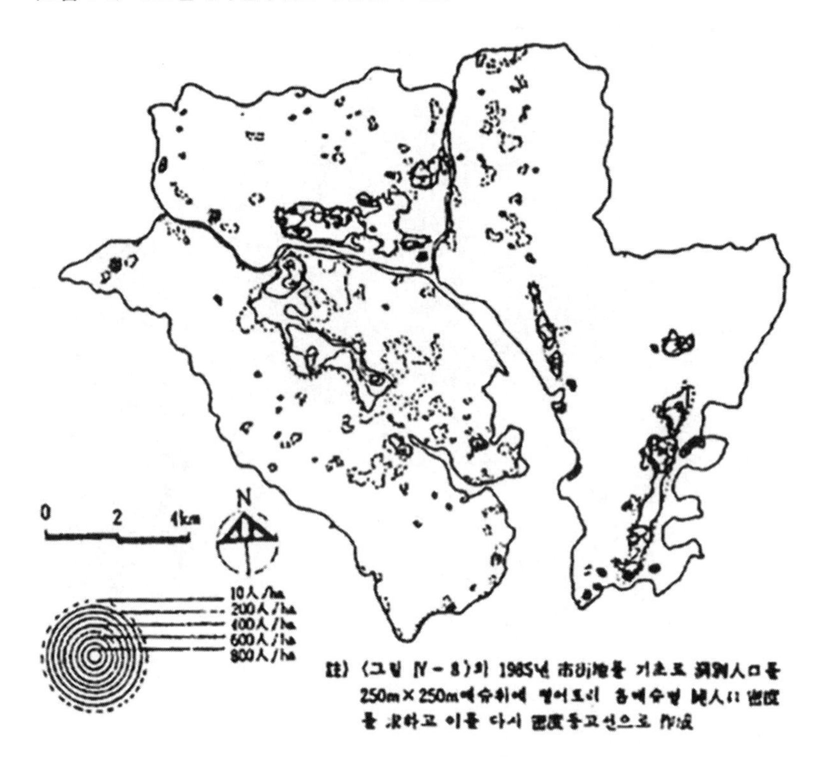

획≫ 제22권 1호에 게재한 논문으로 강원대학교 부동산학과를 정년퇴임한 이학동 교수와 공동으로 발표한 논문이다. 1987년 당시까지는 도시 공간구조의 형성과 변용에 관한 연구는 주로 지리학과 도시계획 분야에서 이루어져 왔다. 이들 연구 대다수는 어떤 도시를 모델로 설정하여 도시 성장과 더불어 시공간적으로 형성되어 온 물리적 형태에 초점을 둔 시계열적 연구였다. 그러나 도시계획의 관점에서 볼 때 이러한 연구와 더불어 도시 공간구조 형성에 관여해 온 배경 요인의 추출과 이들 작용력의 관계의 해명이 선행되어야 한다는 연구 필요성을 제시하였다.

■ 연구 목적: 이 연구는 울산공업도시를 통해서 도시 공간구조 형성에 작용

〈그림 5-6〉 동별 상주인구의 취업구조(1979)

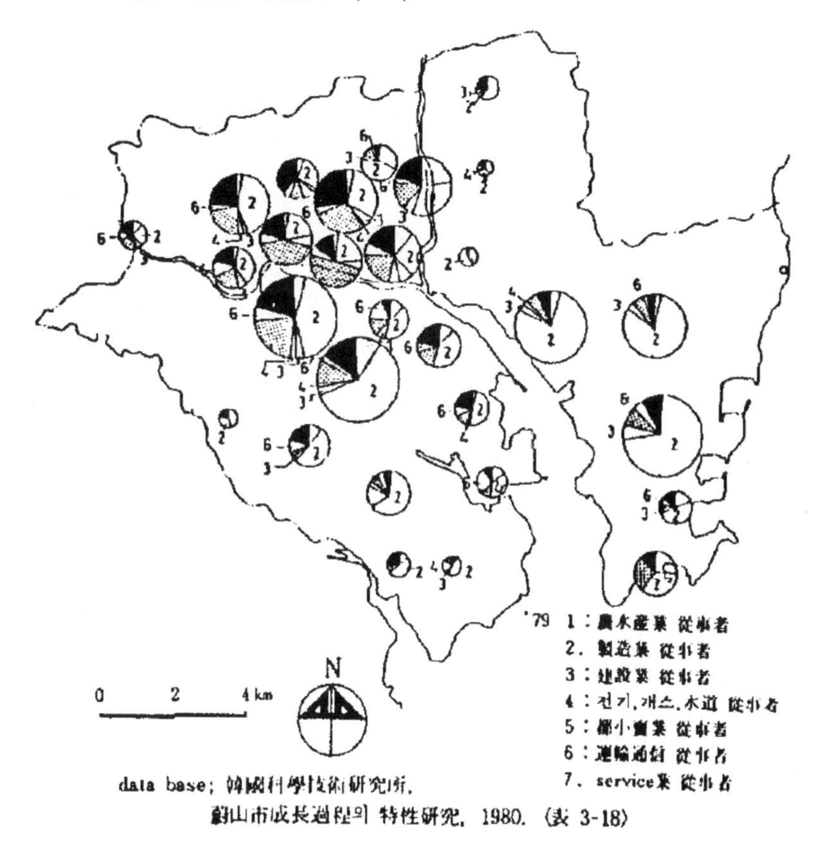

해 온 주요 배경 요인과 이들의 역학체계를 구명함으로써 도시 공간구조의 형성과 변용의 메커니즘을 거시적으로 포착하는 데 있었다. 외생변수로 작용해 온 거시적 배경 요인과 공업입지 기초의 여건 조성에 대응해 온 울산 콤비나트의 공업 집적 메커니즘을 파악하고자 했다. 각 산업 부문의 기간 공업을 계열화하고 이에 따른 계열 연관 산업구조를 파악하고자 하였다.

■ 연구 방법: 국가경제의 성장과 변동을 개괄적으로 파악하기 위해 요인별로 정리, 분석하였다. 국가 경제정책의 방향을 설정하고 민간의 경제 활동을 유도하기 위해서 제정한 5차에 걸친 경제개발 5개년계획에 담긴 중심 산업개

발정책의 전개를 분석하였다. 국가경제의 성장과 경기경환의 변동을 주도한 2차 산업의 성장과 주요 시장의 산업구조의 요인 분석을 하였으며, 국가 성장의 변화에 대응에서 투입된 국가 주요 정책과 그 수단, 그리고 사회 간접자본의 확충을 위해 투입된 국가 기초 프로젝트를 요인으로 분석하였다. 사이클, 링케이지(linkage)를 그려 메커니즘을 분석하였으며, 자료들을 토대로 지도화하여 공간적인 패턴을 분석하였다.

■ 이 연구에서는 첫째, 국가 주도의 산업개발정책과 국가경제의 성장·변동이 울산 '콤비나트' 도시 성장에 미친 영향, 둘째, 울산 '콤비나트'의 형성 메커니즘과 국가경제 및 도시구조에 미친 영향, 그리고 국가정책과 공업 집적에 몸부림친 도시 공간구조의 변화를 내용으로 포함하고 있다. 먼저, 국가 주도의 산업개발정책과 국가경제의 성장·변동이 울산 '콤비나트' 도시 성장에 미친 영향에서는 '울산공업센터' 건설의 배경과 목적, 울산 '콤비나트' 형성과 도시 성장의 거시적 배경 요인을 국가 성장과 수출 공업도시의 성장 변동 요인과 그 변동요인에 대한 그래프를 통해 분석하였다. 두 번째, 울산 '콤비나트'의 형성 메커니즘과 국가경제 및 도시구조에 미친 영향에서는 석유화학공업, 비철금속공업, 자동차공업, 조선을 중심으로 한 중공업, 울산 '콤비나트' 형성이 국가경제와 도시구조에 미친 영향에 대하여 울산석유화학 및 온산비철금속공업의 계열화와 연관공업 집적 과정, 울산의 현대자동차 및 현대중공업의 계열화와 연관공업의 집적 과정, 현대계열기업의 종업원 증가 추세를 바탕으로 분석하였다. 그리고 국가정책과 공업 집적에 몸부림친 도시 공간구조의 변화에서는 도시계획과 도시개발의 궤적, 제조업 고용과 상주인구의 공간적 패턴의 전개, 통행 구조에 대한 분석을 시행하였다.

■ 결론: 계획은 청사진의 제시가 아니라 사회적·경제적·문화적 배경과 조건에서 성립되는 동인과 메커니즘의 법칙에 근거해서 개발을 이끌어가고 유도하고 제어해 가는 진행 구조의 지침으로 작동할 수 있어야 한다. 계획론적 관점에서 전체적 질서와 부분의 자율을 보존하고 계획의 존재 방식이 모색되

어야 한다는 점을 밝혔다. 또한 불확실한 상황과 시대에 결정한 계획과 집행한 결과가 시간의 변동에 따라 자충수를 초래하지 않고 장래, 선택의 자유도를 어느 정도 보장하기 위해서 졸속한 계획과 결정을 가급적 양보해 가는 계획의 사상이 필요하다고 주장하였다.

5)「대구시 토지이용변동의 입지연관성과 공간적 패턴 연구」, ≪국토계획≫, 제27권 2호(1992.5)

■ 연구 배경 및 개요: 이 연구는 1992년 5월 대한국토·도시계획학회지 ≪국토계획≫ 제27권 2호에 게재한 논문으로 영남대학교 도시공학과를 정년퇴임한 김타열 교수와 공동으로 발표한 논문이다. 이 연구는 용도지역제와 용적제한으로 대표되는 토지이용계획이 장래 토지이용 변화 추이에 대한 적절한 지식에 근거하지 못하면 계획의 목표 달성이 어렵기 때문에 토지이용 변화 추이 파악이 필요하다는 점이 연구 배경이다. 교통계획에서도 토지이용의 예측이 교통발생 및 집중의 예측에 기초적인 자료가 되므로 토지이용 예측의 정도가 교통 계획의 적합성에 대한 1차적 결정 요인으로 작용하기도 한다는 점도 연구의 배경이 되었다.

■ 연구 목적: 상기의 연구 배경에 따라 도시 내 토지이용 변동 과정에서 입지 상관성이 높은 용도들의 그룹을 발견하여 토지이용 간의 상관관계를 규명하고, 두 번째는 상관성이 높은 용도들의 입지 특성을 파악하여 도시 구조적 측면에서 법칙성을 찾고자 한다. 셋째로는 주요 용도별 토지이용 변동량을 설명하는 모델을 구축하여 토지이용 예측 모델로서의 가능성을 검토하고자 하는 것이 연구의 목적이다.

■ 연구 방법: 이 연구에서는 토지이용의 범위를 건축물 용도에 한정하였으며, 토지이용 변동의 개요와 토지이용 변동의 인자분석 및 토지이용 변동의 설명 모델로 구분하였다. 대구시 토지이용 변동의 개요를 1980~1988년도 인

〈표 5-7〉 대구시 1980~1988년간 토지이용 변화의 비교

내　용	연구 대상(A)	대구 전체(B)	A/B
동　수	109	136	0.80
1980년 인구(1000인)	1,579	1,774	0.89
1988년 인구(1000인)	1,966	2,239	0.88
1980~1988년 성장률(%)	2.74	2.91	0.94
총면적(km²)	134.3	455.9	0.29
시가화 가능 면적(km²)	53.2	66.1	0.80
1980년 시가화 면적(km²)	28.0	33.3	0.84
1988년 〃	40.7	48.4	0.84
1980년 평균 시가화율(%)	52.6	50.4	1.04
1988년 〃	76.5	73.2	1.05
1980년 주거용 토지면적(ha)	1,493	1,629	0.92
〃 상업용 〃 (ha)	249	264	0.94
〃 공업용 〃 (ha)	512	684	0.75
1980~1988년 주거용 증가 면적(ha)	760	879	0.87
〃 상업용 〃 (ha)	238	258	0.92
〃 공업용 〃 (ha)	199	260	0.77
1980년 인구밀도(인/ha)	297	268	1.11
1988년 〃 (인/ha)	370	339	1.09
1980년 순인구밀도(인/ha)	1,057	1,089	0.97
1988년 〃 (인/ha)	873	893	0.98

구 증가에 따른 토지이용의 변동을 대구시 전체적인 차원에서 정리하였다. 인자분석(Factor Analysis)은 여러 변수 간 상관관계가 높은 것끼리 묶어 전체 변수 중 소규모의 변수집단들로 구분하는 통계적 기법으로 도시 현상을 연구하였다. 그리고 용도별 토지 변동량의 인자분석을 실행하여 입지에 있어 상관성이 높은 용도들의 그룹인 인자군을 발견함으로서 용도 간의 입지 상관성과 함께 인자들의 속성을 규명하였다. 토지이용의 설명 모델로서 단계적 회귀분석(Step-wise Regression Analysis)을 적용하여 인구밀도, 시가지 개발 방법, 용도지역의 구성비, 토지이용 구성비, 도심과의 거리, 공지율 등을 설명변수로 도

〈그림 5-7〉 주거지 확산 요인의 인자점수 분석

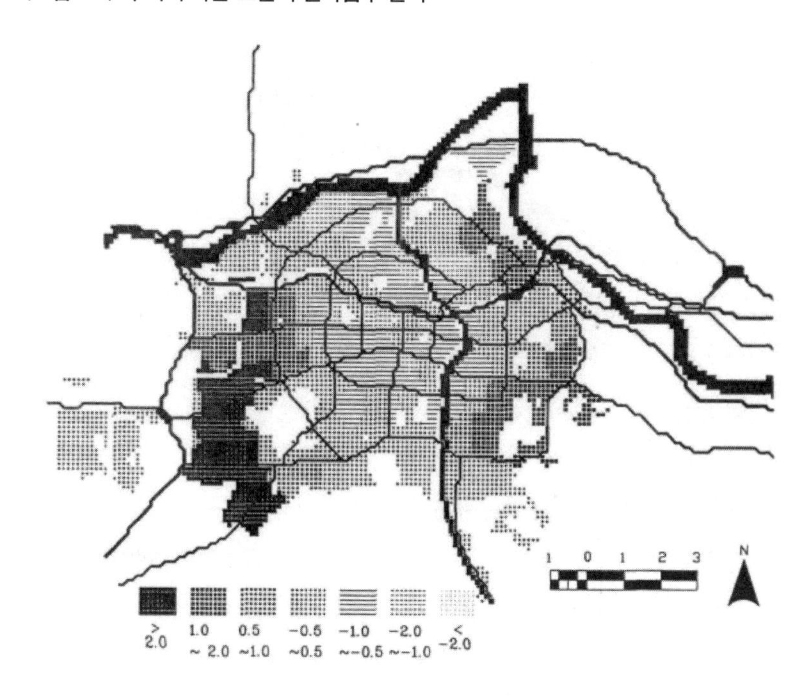

입하고 시가화 용지, 단독주택용지, 공동주택용지, 공업용지, 상업용지, 판매업 등의 변동량으로 구분하여 위의 설명변수로서 모델을 구축하였다.

■ 여기에서는 먼저, 대구시 토지이용 변동에 대한 개요, 둘째, 토지이용 변동의 인자분석, 셋째, 토지이용 변동에 설명 모델을 포함하고 있다. 먼저, 대구시 토지이용 변동의 개요에서는 인구 증가 속도에 비해 점차 1인당 시가지 면적이 상대적으로 증대되며 시가지 확장의 주요 요인으로 대두되는 점에 대한 내용을 분석하였다. 두 번째, 토지이용 변동의 인자분석에서는 변수의 선정, 토지이용 입지의 연관성, 토지이용 변화의 공간적 패턴을 대구시의 1980~1988 시가화율 증가의 공간적 분포, 인자분석에 적용한 변수의 내용, 1980~1988년 토지이용 변동에 있어 인자분석의 구조, 주거지 확산 요인의 인자점수 분석, 공업입지 요인의 인자점수 분석, 중심상업입지 요인의 인자점수

분석, 운송시설 관련 요인의 인자점수 분석을 통해 분석을 실시하였다. 그리고 토지이용 변동의 설명 모델의 내용에는 설명변수의 설정, 도시구조의 설명 모델, 토지이용 변동률의 모델에 대하여 설명변수의 내용, 인자점수의 단계적 회귀분석 결과, 주요 용도별 토지이용 변동성의 단계적 결과 등을 통해 분석을 실시하였다.

■ 이 연구에서는 시가화율의 증가는 기준년도의 공지율에 영향을 받고 전용주거지역에서 시가화 진행 속도가 낮다는 결과를 얻었다. 그리고 주거용도의 변동성에서 공지율과 토지구획정리사업 시기 및 공동주택 건축비율이 주요 설명변수이고 공동주택의 경우 공동주택의 건축비율이 결정변수가 되었다. 상업의 입지에서 상업의 계층성을 의미하는 중심상업 요인의 인자 점수가 결정변수이고 인구밀도의 증가량과 도심과의 거리 및 공지율이 주요 변수가 된다는 점을 밝혔다. 인구밀도의 증가량, 도심과의 거리 등이 영향이나 인구밀도 변화에 의한 판매업의 분산적 입지 성향을 나타낸다. 공업의 입지 변동량은 공업단지의 비율과 공지율에 의해 설명되나 공업단지의 충전량에 따른 차이가 설명되지 않았다. 토지이용 변동의 설명모델에서 가장 중요한 인자는 기준년도의 공지율과 인구밀도의 증가량, 공동주택의 구성비 및 중심 업무 요인의 인자점수이다. 이들 변수의 외생적 입력의 가능성이 연구에서 제시한 모델의 현실적 적용성을 가늠하는 척도가 된다는 점이다. 이 연구는 건축물 토지용도의 멸실과 용도전환에 대한 연구가 보완되어야 한다는 점을 밝혔고, 설명변수의 채택에 대한 심도 있는 연구에 의한 토지이용 예측 모델을 발전시키는 것을 향후 연구과제로 설정하였다.

4. 토지이용 용도로 파악

우리나라 도시 토지이용의 특성을 토지이용 용도로 파악한 연구로는 「서울시 도심활동의 입체적 공간이용에 관한 연구」(1981), 「도시내 토지이용의 용도혼합실태와 그 분포특성에 관한 연구」(1980), 「토지과세 대장과 건물과세대장에 근거한 도시토지이용파일 구축 방법에 관한 연구」(1991), 「신시가지 토지이용변화의 발생순서에 관한 실증적 연구 I (1995)·II(1996)」, 「용도지역 변경이 토지이용 변화에 미치는 영향 I (1997)·II(1998)」 등이 있다. 이들 연구는 우리나라 도시 토지이용을 용도의 관점에서 입지적 특성을 입체적·평면적으로 파악하였으며, 도시 토지이용에 영향을 미치는 다양한 영향 요인에 따른 토지이용의 입지 및 변화 특성을 파악하였다. 이러한 연구는 한국적 도시 토지이용의 특성의 파악과 함께 도시 토지이용의 거시적·미시적 제어 방안을 도출하고자 한 연구로 의의가 있다. 이들 연구의 배경과 목적, 연구의 주요 내용 및 의의를 살펴보면 다음과 같다.

1) 「서울시 도심활동의 입체적 공간이용에 관한 연구」, ≪국토계획≫, 제16권 2호 (1981.11)

■ 연구 배경 및 개요: 이 연구는 1981년 11월 대한국토계획학회지 ≪국토계획≫ 제16권 2호에 강병기 교수가 단독으로 발표한 논문이다. 이 연구에서는 재개발사업의 성패를 좌우하는 조건은 우선은 대상 지구 내 권리 보유자들의 참여나 기본적인 조건이지만 입체환지를 원칙으로 한 관리처분계획이 큰 관건이 된다는 점이 연구의 배경이 되었다. 왜냐하면, 입체환지를 통하여 이루어지는 재개발사업의 자기 자산의 값어치가 현재의 그것과 비교해서 만족스러워야 사업에서의 참여나 동의를 결심하기 때문이다.

■ 연구 목적: 재개발사업의 입체환지에 있어서 접근성이 좋은 1층의 평가액은 높고, 1층에서 멀어질수록 낮게 평가하며, 환지 전후 평가액의 등가치환을 하게 된다. 이러한 환지의 원칙이 합리적인 것 같으나, 반드시 특정 층을 이용해야 하는 참여자에게는 자산평가액에 맞추어 처분하고 다른 장소에 옮겨

〈표 5-8〉 서울 도심 활동의 층별 선호율(전 건물)

單位: %

층 \ 업종	1–4	5–25	26–41	42–63	64–72
11-	[illegible]	[illegible]	[illegible]	[illegible]	[illegible]
10	[illegible]	[illegible]	[illegible]	[illegible]	[illegible]
9	[illegible]	[illegible]	[illegible]	[illegible]	[illegible]
8	[illegible]	[illegible]	[illegible]	[illegible]	[illegible]
7	[illegible]	[illegible]	[illegible]	[illegible]	[illegible]
6	[illegible]	[illegible]	[illegible]	[illegible]	[illegible]
5	[illegible]	[illegible]	[illegible]	[illegible]	[illegible]
4	[illegible]	[illegible]	[illegible]	[illegible]	[illegible]
3	[illegible]	[illegible]	[illegible]	[illegible]	[illegible]
2	[illegible]	[illegible]	[illegible]	[illegible]	[illegible]
1	[illegible]	[illegible]	[illegible]	[illegible]	[illegible]
B	[illegible]	[illegible]	[illegible]	[illegible]	[illegible]
	飮食販賣	選買品販賣	機械·器具·部品販賣修理	서비스 提供	[illegible]

〈그림 5-8〉 서울 도심 활동의 층별 선호율

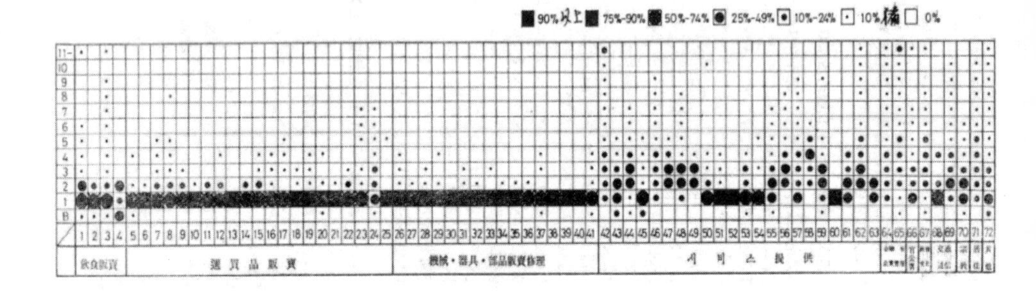

야 하는 문제들이 발생할 수도 있다(예를 들면 1층에서 채소가게를 하던 사람에게 5층에 환지해 주는 경우). 이 연구는 이러한 문제에 대한 실마리를 풀어보고자 하는 것이 연구의 목적이다.

■ 연구 방법: 이 연구에서는 서울 도심 활동의 입체적 입지 성향을 분석하였다. 이를 위해 각 업종별 층별 선호 성향을 분석하여 표로 정리하였는데, 계산식은 다음과 같다.

$$_{i}k_{f} = \frac{_{i}N_{f}}{\sum_{f} {_{i}N_{f}}} \times 100(\%)$$

$_{i}k_{f}$: i업종의 f층 선호율, $_{i}N_{f}$: f층에 입지한 i업종의 업체 수,

$\sum_{f} {_{i}N_{f}}$: i업종의 총업체 수

어떤 업종이 어떤 층에 많이 입지하고 있는지를 파악하고, 각 활동들의 입지 선호가 입체적으로 어떻게 나타나고 있는지를 분석하였는데, 그 척도를 입지 강도라 하였다. 그 계산식은 다음과 같다.

$$_iL_f = \frac{_ik_f}{\frac{N_f}{N}} = \frac{_iN_f / \sum_f {_iN_f}}{\sum_i {_iN_f} / \sum_i \sum_f {_iN_f}}$$

$_iL_f$: i업종의 f층에 대한 입지 강도, $_ik_f$: i업종의 f층에 대한 선호율,

$_iN_f$: f층에 입지한 i업종의 업체 수, $_iN = \sum_f {_iN_f}$: i업종의 총 업체 수,

$N_f = \sum_f {_iN_f}$: f층에 입지한 총 업체 수, $N = \sum_i \sum_f {_iN_f}$: 총 업체 수

■ 이 연구에서는 먼저, 조사 대상 지역의 기능과 건물 현황, 둘째 서울 도심 활동의 입체적 입지 성향에 대한 내용을 포함하고 있다. 먼저, 조사 대상 지역의 기능과 건물 현황에서는 서울의 도심 기능, 서울 도심부의 입체적 활용 현황을 조사 지역의 업종 구성, 조사 지역 내의 층별 건물 구성, 서울 도심 활동의 자체적 (층별) 입지 상황을 통해 분석하였다. 그리고 서울 도심 활동의 입체적 입지 성향에 대해서는 각 업종의 층별 선호 성향과 각 업종의 층별 입지 강도에 대하여 서울 도심 활동의 층별 건폐율, 서울 도심 활동의 층별 선호율, 각 업종의 층별 입지 강도, 도심 업종의 층별 입지 강도 분석, 복합 건물 및 입체적 용도 구성비 등에 대한 연구를 진행하였다.

■ 결론: 재개발사업의 경우 예외 없이 입체환지가 이루어지기 때문에 재개발 전후의 공간 이용이 변화하게 된다. 이 연구는 가격 수단에 의해서 업종의 공간이용 구조를 결정짓는 것이 아니라 업종마다의 입체적 공간이용의 구성을 결정짓는 방도를 찾아내려 하였다. 이러한 연구 목적에 따라 여러 업종들의 입지 선호의 강도에 따라 어떻게 입체적 구성해야 하는지에 대한 실마리를 찾고 제시하였다. 즉, 업종들의 입지 강도에 따라 한 층 또는 여러 층을 지정할

수 있고 다음에 한 층에만 지정된 업종들끼리 경쟁시켜 입지시키고, 여러 층에 지정된 업종은 층수에 따라 가격 차등을 둠으로써 입지할 층을 결정시킬 수 있다는 연구결과를 제시하였다. 또한 입체적 공간구성은 바람직하게 보이며 복합용도의 단일 건물이나 도심지역 전체의 입체적 공간 활용에 관한 기준이 될 수 있다는 점을 밝혔다는 데 의의가 있다.

2) 「도시 내 토지이용의 용도혼합실태와 그 분포특성에 관한 연구: 1980년 서울시 도시현황 정밀조사를 중심으로」, ≪국토계획≫, 제24권 2호(1989.7)

■ 연구 배경 및 개요: 이 연구는 1992년 5월 대한국토·도시계획학회지 ≪국토계획≫ 제24권 2호에 게재한 논문으로 목원대학교 도시공학과 이건호 교수와 공동으로 발표한 논문이다. 이 연구는 도시공간 조성에 자연적 조건과 인공적 여건이 조성 단위의 상호 관계를 지시하고 매개체로서의 역할을 하는 것이 도시공간의 구조라 정의하였다. 도시 공간구조를 규명하기 위해 공간을 구성하는 조성 요소와 상호 관계를 밝혀 공간 조직을 구별할 필요가 있다는 점이 연구의 배경이다.

■ 연구 목적: 처음으로 도시 전역에 걸쳐서 토지이용조사를 행하였고 그 후에도 추가적인 조사가 없어 유일한 토지이용현황조사가 된 1980년의 「서울시 도시현황 정밀조사」의 자료를 기초로 하여 앞으로의 도시 공간구조의 시계열적 분석을 위하여 1980년의 서울시 공간구조 특성을 설명하고자 하는 것이 연구의 목적이다.

■ 연구 방법: 첫째, 도시공간의 생태학적 구조 형성에 큰 영향을 미치는 시가화 과정과 조성 요소의 현황 특성을 개괄하였다. 둘째, 용도혼합 상태를 동별로 비교, 분석하는 데 용도별 연상면적으로 비교할 경우 동 간의 면적 차이와 개발 불가지의 포함 여부에 따라 야기될 왜곡을 배제하기 위하여 용도별 연상면적을 기준으로 동별 용도 혼합율로 산정하였다. 셋째, 이를 용도별로

〈그림 5-9〉 서울시 시가화 변천도

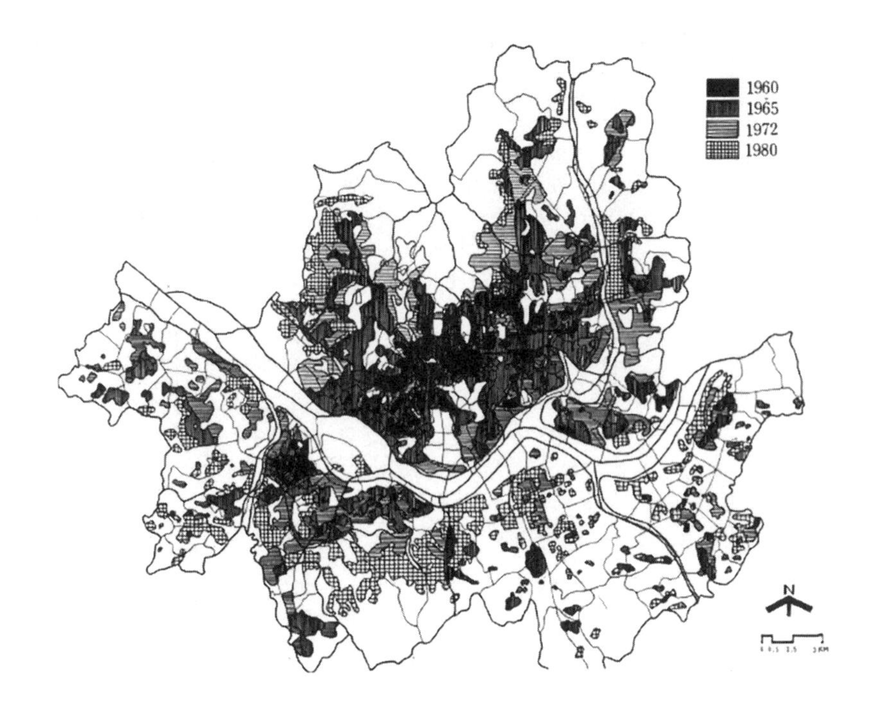

서울시 평균 비율과 비교하여 5계급으로 구분하고 구분된 계급의 혼합 상태에 따라 유형 분류 기준을 설정하였다. 넷째, 유형 분류 기준은 토지이용에서 점유비가 높은 주거용도에 타 용도를 혼합시키는 방법으로 하였다. 다섯째, 토지이용계획과 비교하기 위하여 용도지역 지정과의 관계성을 분석하여 공간 분포를 살펴보았다.

■ 이러한 방법으로 이 연구에서는 거리별 공간 이용 특성, 거리별 인구밀도 분포, 서울시 시가화 변천도, 서울시 용도혼합 현황, 거리별 용도별 혼합율, 용도별 혼합율 도수 분포, 용도혼합율 설정 기준, 유형별 용도혼합특성, 권역별 토지이용 정성화, 거리별 유형분포 정성화, 유형별 공간 분포 특성, 용도지역별 유형 분포 등을 분석을 주요 연구 내용으로 하였다.

■ 결론: 연구결과 서울시의 동별 용도혼합률을 기초로 서울시 용도별 평균

〈그림 5-10〉 유형별 공간 분포 특성

	유형	분포경향	공간적 입지분포	권역별 유형 구성비 분포
상업계	상업특화지역 (V)	구심적 집중	• 1960년대 이전에 형성된 도심을 중심으로 반경 2km권 내 지역과 영등포 일부 지역	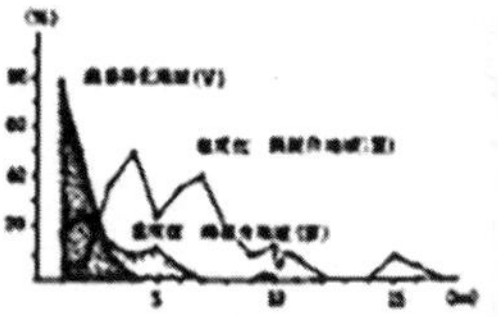
	중도 주·상혼합지역 (IV)		• 상업특화지역 외접부에 입지 • 청량리-한강로 축으로 발달	
	경도 주·상 혼합지역 (III)		• IV, V 유형 외각부인 3-7km권에 주 입지 • 외곽지는 교통의 결절지에 분포	
주거계	주거특화지역 (I)		• 도심 인접과 도심 전역에 분산적 분포 • 경사지 및 구획정리 사업, 대규모 아파트 입지 지역	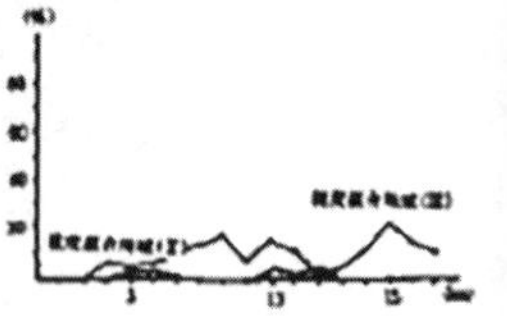
	주거지역 (II)	분산	• 도심지역 및 경도 주·공혼합지역의 분포권(15~17km)을 제외한 부시 전역	
혼합계	경도 혼합지역 (IX)		• 4km권 외부에 입지하며 특히 하천변에 입지	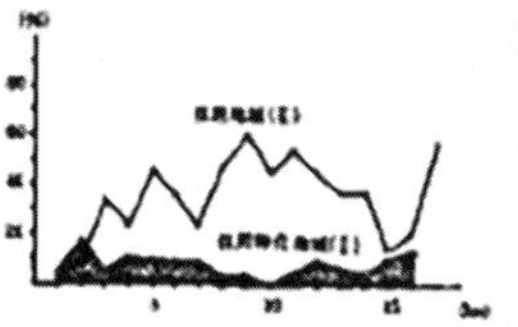
	중도 혼합지역 (X)		• 공업 기능이 집적된 지역에 혼재되어 입지 • 4~6km권과 8~12km권에 입지	
공업계	경도 주·공 혼합지역 (VI)	원심적 집중	• 공업 기능이 발달한 주변 지역에 입지 • 도시 외곽부(12~15km)에 주로 분포	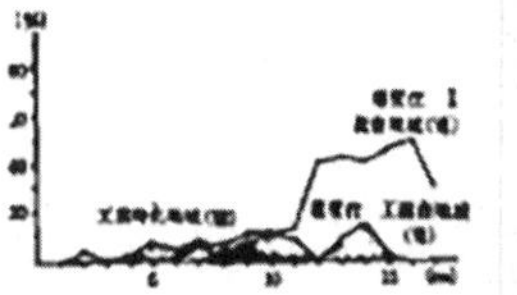
	중도 주·공 혼합지역 (VII)		• 준공업지역으로 예정된 지역에 입지 • 공업특화지역을 중심으로 입지	
	공업특화지역 (VIII)			

치와 비교하여 10개 유형으로 분류한 결과, 주거계(160개 동), 상업계(153개 동), 공업계(62개 동), 혼합계(26개 동)로 구분되었다. 단일 용도로 특화된 지역은 94개 동으로 이 중 도심부에 집중된 상업특화지역은 46개, 공업특화지역은 6개 동에 불과하며 대부분의 동이 용도의 혼합은 되어 있으나 혼합적 토지이용 형태를 나타내는 혼합계 유형은 26개 동으로 의외로 적게 나타났다. 유형

별 입지 특성으로는 주거계 유형은 도심 및 공업지역을 제외한 도시지역에 분포, 상업계 유형은 상업용도의 혼합도가 클수록 도심부에 집적하며 외곽에서는 중심적 기능을 갖는 교통의 결절지에 입지하여 구심적 중심성 특징을 나타내었다는 점을 밝혔다.

3) 「토지과세대장과 건물과세대장에 근거한 도시토지이용 파일 구축 방법에 관한 연구」, ≪국토계획≫, 제26권 1호(1991.2)

■ 연구 목적 및 개요: 이 연구는 1991년 2월 대한국토·도시계획학회지 ≪국토계획≫ 제26권 1호에 게재한 논문으로 영남대학교 도시공학과를 정년퇴임한 김타열 교수와 공동으로 발표한 논문이다. 이 연구는 과세 목적의 토지 및 건물대장을 토대로 우리나라 토지이용 통계의 가능성을 검토한 것으로 전산처리에 의한 토지이용 파일 구축 방법의 가능성과 실제 운용할 수 있는 운용적 토지이용 분류체계로의 발전 가능성을 모색하고자 수행되었다.

■ 연구는 토지과세대장과 건물과세대장의 연계에 의한 토지이용 파일 구축 가능성 검토에 대하여 다음 4단계 과정을 거치는 방법으로 수행하였다. 첫째, 두 가지 과세대장이 담고 있는 내용을 토대로 지적의 핵인 지번을 매개로 하여 두 과세 대장의 연계 방법을 논의한다. 두 번째, 기초적 토지이용 파일 구축 방법을 적용하여 정보의 신뢰성에 대해 논의하였다. 세 번째, 수정된 기초적 토지이용 파일에 근거하여 경제적으로 운용할 수 있고, 집계 및 자료의 출력이 용이하도록 분류체계를 변환하였다. 네 번째, 제안한 운용적 분류체계에 의해 대구시 토지이용 파일을 작성하고, 이를 이용하여 토지이용과 지목과의 관계를 분석하여 시가화율에 따른 토지이용별 구성비를 도출함으로써 토지이용 파일로 적용가능성을 예시하였다.

■ 이 연구의 주요 내용으로는 토지이용 파일의 구성요소를 살펴보고, 토지대장과 건물대장에 근거한 토지이용 파일 구축 방법, 그리고 대구시 토지이용

〈표 5-8〉 지목별 건물이용 구성비

상이용 구분	지목 분류									
	대지	학교	공장	농경	과수·목장	임야	종교	기타	시설용지	계
주거	67.3	0.3	1.8	40.7	3.8	22.5	9.9	56.7	0.0	50.4
공장	7.0	0.1	93.0	16.6	0.9	6.5	3.0	7.7	0.0	18.7
업무	2.7	0.5	0.0	4.5	0.0	1.1	14.0	2.6	0.0	2.2
판매	10.1	2.1	0.5	3.6	0.3	3.0	23.1	9.2	0.0	7.7
숙박	1.5	0.0	0.0	1.4	0.0	0.5	0.0	1.5	0.0	1.1
요식	0.9	0.0	0.4	0.4	0.0	0.5	1.4	0.3	0.0	0.7
서비스	1.1	0.0	0.2	0.4	0.0	0.3	1.0	0.6	0.0	0.8
운수·창고	2.4	0.2	2.6	6.6	12.3	11.7	1.4	3.5	0.0	2.5
공공계	1.1	96.8	1.1	1.9	12.6	52.1	46.2	2.1	0.0	10.2
기타	6.0	0.0	0.5	23.9	70.0	1.7	0.0	15.8	0.0	5.6
총상이용	100.0	100.0	100.0	100.0	100.0	100.0	100.0	100.0	100.0	100.0
총상이용	72.9	100.0	75.7	2.7	1.9	0.1	13.0	4.2	0.0	12.1
총비건계지	27.1	0.0	24.3	97.3	98.1	99.9	87.0	95.8	100.0	87.9
총계	100.0	100.0	100.0	100.0	100.0	100.0	100.0	100.0	100.0	100.0

파일 구축 사례를 분석한 것이다. 이를 위해 토지과세대장 파일과 건물과세대장 파일, 토지 지목분류의 조정, 건축용도의 분류기준, 토지이용 파일 구축 과정의 흐름도(알고리즘), 비연계 건물 파일의 수정작업 흐름도, 구단위 행정구역 면적의 토지이용 파일과 지목통계의 비교, 시설용지에 입지한 건축 토지의 영향도, 건축상 이용에서 용적률 범위에 대한 구성비와 최저 기준 용적률, 기준 이하 용적률의 단위 수, 용적률, 단위당 토지면적의 크기, 시설용지와 기준 용적률 이하 건축 토지의 조정을 통한 토지이용 변화의 비교, 토지이용 분류와 관계, 비건폐지의 비교, 운용적 토지이용 분류체계의 종합, 지목별 건물이용 구성비, 건축이용의 지목별 분포 등을 수록하고 있다.

■ 결론: 부동산 정보에 대한 사회적 수요가 급증하고 행정이 전산화하면서 점차 지적정보의 관리가 과학화되어 가고 있다. 이러한 상황에서 본 연구에서

는 자료의 기록과 유지에만 초점을 둘 것이 아니라 정보의 이용과 개발에 대한 관심에 대응하여 토지대장과 건물대장이 과세목적뿐 아니라 통합적인 정보가치를 지니도록 내용이 점차 개편되어야 한다는 점을 주장하였다. 그리고 토지이용 파일 구축 측면에서는 우선적으로 건물대장에 기록된 정보 이외 필수적으로 필요한 지번을 컴퓨터로 읽을 수 있는 방법이 모색되고, 적정한 과세가 되도록 건물의 용도가 최신 자료로 갱신될 수 있는 구조가 필요하다는 점을 밝혔으며, 건물의 용도 분류를 토지이용 분류 기준에 부합하도록 개편된다면, 토지이용 정보가치가 향상될 것이라는 점을 밝혔다. 이 연구에서는 행정동의 토지이용 파일 구축 방법을 제시하였다. 이것이 발전되어 운용적 토지이용파일의 체계가 완비되면 행정 통계로서 다양한 공간 단위의 토지이용 집계가 가능하다는 점도 밝혔다.

4) **「신시가지 토지이용변화의 발생순서에 관한 실증적 연구 I」, ≪국토계획≫, 제30권 4호(1995.8)**

■ 연구 목적 및 개요: 이 연구는 1995년 8월 대한국토·도시계획학회지 ≪국토계획≫ 제30권 4호에 게재한 논문으로 한국교통대학교 도시·교통공학과 권일 교수와 공동으로 발표한 논문이다. 이 연구는 계획적 제어가 미숙하여 시장 메커니즘에 맡겨져 개발되어 우리나라 토지이용 변화 메커니즘 파악이 용이할 것으로 판단되는 강남 신시가지를 대상으로 하여 토지이용이 물적 비물적 조건에 어떻게 대응하여 변화했는지를 분석한 연구이다. 이를 통하여 토지이용에 내재된 메커니즘을 파악함으로써 시가지의 바람직한 토지이용 유도 방안과 합리적인 개발전략 수립에 도움을 주고자 하였다.

■ 이 연구는 먼저 비공간적 속성자료를 공간적 위치와 연결하여 분석 처리가 가능한 GIS를 이용하였다. GIS 소프트웨어를 중심으로 하여 외부 소프트웨어(Auto CAD, Fox Pro, Qpro)를 통합하여 정보체계를 구축하였다. 이후 구

〈그림 5-11〉 기능별 개발지수 변화

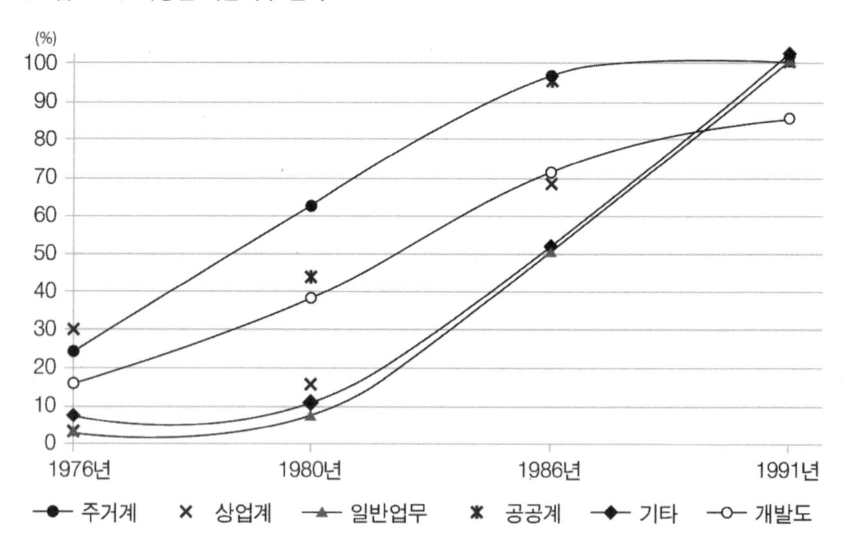

축된 정보체계를 바탕으로 데이터베이스 프로그램을 이용하여 분석하였는데, 강남 신시가지의 용도별 개발 순서 파악을 위해 용도별 토지의 개발량을 단위 기간 동안 변화량과 누적량을 양적으로 추출하였다. 원자료들을 주제별로 구축한 다음 획지별 정보체계로 변환하여 구축하고, 개개의 요인별 개발 시기를 정량적으로 분석하였다. 그리고 획지 조건에 따른 개발 과정 비교를 위하여 다른 조건에 따른 변화를 고정한 뒤 한 가지 조건의 변화에 따른 개발도의 변화를 비교하여 시가지의 용도별 입지의 선후 관계를 실증적으로 파악하였다.

■ 이 연구에서는 강남 신시가지의 용도별 개발 과정에 대한 파악과 획지 조건에 따른 시가지 개발도를 비교를 주요 연구 내용으로 수행하였다. 신시가지 용도별 개발 과정에 대한 파악에서는 강남 신시가지의 개발 과정 현황, 강남 시가지의 용도별 개발 과정에서의 누적 개발량과 신규 개발량, 기능별 개발지수 변화 등을 파악하였다. 획지 조건에 따른 시가지 개발도 비교에서는 경사와 표고에 따른 개발도의 비교, 한남대교에서 거리에 따른 개발도 비교, 획지

가 속한 영역에 따른 개발도의 비교, 용도지역 지정에 따른 개발도의 비교, 전면도로의 위계, 폭원, 거리별, 획지면적, 대지면적에 따른 개발도의 비교 등을 수행하였다.

■ 이 연구에서는 미시적 측면에서 강남 신시가지는 잠재적 이용가치가 높은 획지가 늦게 개발되었다는 점을 밝혔다. 그 요인으로는 개발 초기에 주변 지역의 개발 정도가 미미하여 잠재적 이용가치가 높은 획지는 용도 결정의 실패 시 위험 부담과 기대 이익이 크기 때문에 토지 이용 가치에 적합한 기능을 찾는 데 긴 시간을 소요하여 기능적으로 하위의 기능이 소규모의 개발로 선행되었다는 점을 요인으로 지적하였다. 또한 기성 시가지와의 거리가 가깝고 접근이 용이한 지역과 자연 지형이 평탄한 지역의 개발이 선행되었다는 점을 밝혔다. 이 연구에서는 신시가지의 바람직한 환경의 조성과 개발 전략의 수립을 위해서는 이들 요인 간의 작용력 정도의 파악이 필요하다고 주장하였다.

4)「신시가지 토지이용변화의 발생순서에 관한 실증적 연구 II」, ≪국토계획≫, 제32권 2호(1996.4)

■ 연구 목적 및 개요: 이 연구는 1996년 4월 대한국토·도시계획학회지 ≪국토계획≫ 제31권 2호에 게재한 논문으로 한국교통대학교 도시·교통공학과 권일 교수와 공동으로 발표한 논문이다. 이 연구는 획지의 물리적 지리적인 조건에 따라서 개발되는 시기가 어떻게 달리 나타나는지를 파악하고자 한「신시가지 토지이용변화의 발생 순서에 관한 실증적 연구 I」의 후속 연구이다. 여기에서는 신시가지가 개발되는 과정 속에서 획지의 물리적·지리적 조건이 복합적으로 작용할 때 획지의 개발 시기를 파악하고, 나아가 어떠한 조건이 획지의 개발 시기에 상대적으로 많은 영향을 미쳤는지를 실증적으로 파악하고자 하였다.

■ 이 연구에서는 개발 시기를 종속변수로 두고 획지의 개별 조건을 독립변

〈표 5-10〉 획지 조건 자료의 자료원 및 구분 내용

자료명		구분 내용	년도	자료원	비고
자연지형적 요인	표고	10m 간격	1985	1/25,000지형도	
	경사	5% 간격	1985	1/25,000지형도	
지리적 요인	간선도로와 거리	간선도로에서 획지의 중심점까지의 직선거리	1991	1/5,000지번약도	가변수
	획지가 속한 영역	소속 가구 내에서 위치(교차로부, 외부 지역, 내부 지역)	1991	1/5,000지번약도	
	지하철역과의 거리	지하철역의 중심점에서 획지의 중심지까지의 직선거리	1991	1/5,000지번약도	
	기성 시가지와의 거리	획지에서 가장 가까운 교량의 참측지점까지의 직선거리	1991	1/5,000지번약도	
물리적 요인	전면도로 개설연도	1976년 이전, 1977~1982, 1983~1986, 1987~1991으로 4개 구분	좌동	1/5,000지형도	가변수
	접도비	획지의 둘레 중 도로와 접하는 비율	1991	1/5,000지번약도	
	전면도로의 위계	간선도로, 보조간선도로, 이면도로, 내면도로	1991	1/5,000지번약도	
	전면도로의 복원	획지와 접하는 도로 중 가장 넓은 도로의 폭원	1991	1/5,000지번약도	
	획지면적	획지의 면적(1/5,000지번약도의 디지털화로 자체에서 계측)	1991	1/5,000지번약도	
제도적 요인	지역지구의 지정	상업지역, 주거지역, 주거지역(아파트지구 지점, 주거전용지역)등 4개로 구분	1991	1/25,000 도시계획도	가변수

수로 하여 단계별 중회귀분석을 실시함으로써, 개발 시기를 결정하는데, 상대적으로 중요하게 작용하는 조건은 어떠한 것인가를 파악하고자 하였다. 독립변수인 획지 조건의 종류, 측정 시기 및 자료원은 표로 정리하고 획지가 속한 영역, 전면도로의 위계, 용도지역 등 변수의 속성이 정량화할 수 없는 명목변수들이기 때문에 가변수로 처리하였다. 분석결과 편회귀계수와 표준편회귀계수, t 값을 함께 수록하였으며 획지의 개발 시기에 영향을 미치는 것으로 유의성 있는 변수와 그 결과를 표로 나타내었다.

〈그림 5-12〉 회귀모형식에 의한 추정 개발 시기와 실제 개발 시기의 비교

〈그림 5-13〉 회귀모형식에 의한 추정 개발 시기와 실제 개발 시기의 잔차분포도

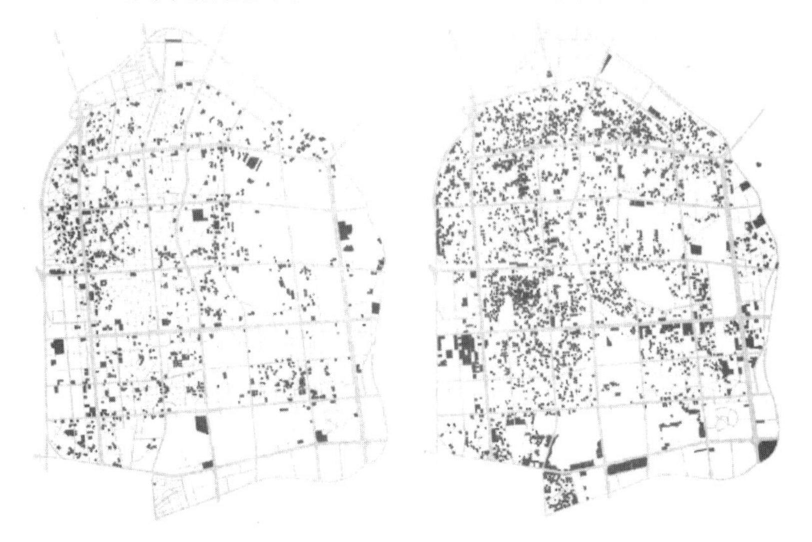

〈표 5-11〉 획지 조건과 개발 시기에 대한 회귀분석결과

adi R2: 0.3002 F: 489.7 std err: 4.55			
변수명	편 회귀계수	표준 편 회귀계수	t(17855)
상수항	1972.7		4235.8
1976년 이전 개설 도로변 획지(가변수)	-3.5338	-0.3470	-36.86
1977~1982년 개설 도로변 획지(가변수)	-1.3617	-0.1201	-13.18
교량으로부터의 거리(km)	0.6014	0.1087	15.61
ln(획지면적)(m^2)	1.4489	0.1543	20.47
ln(전면도로폭)(m)	1.5207	0.2137	21.43
ln(간선도로에서 거리)(m)	-0.3937	-0.0755	-5.50
상업지역(가변수)	0.2010	0.0732	9.47
아파트지구(가변수)	-1.3115	-0.0222	-3.27
경사20% 이상(가변수)	1.7339	0.0294	4.38
표고 60m 이상(가변수)	5.3126	0.0629	9.34

■ 이 연구에서는 그동안 통용되어 온 도시 토지이용의 일반적 입지이론 즉, 도심 또는 기존 시가지와의 거리를 비롯한 접근성 요인과 획지의 위치가 가지는 잠재적 이용가치가 개발 시기에 크게 작용함을 실증적으로 보여주었다는 데에 의의가 있다. 이 연구에서는 획지의 조건을 불변의 것으로 고정시킨 상태를 가정하였으나, 현실의 토지이용에서는 획지의 분합 등 물리적인 특성들도 가변적이므로 이에 따른 개발 시기의 파악도 향후 연구과제로 제시하였다.

5) 「**용도지역 변경이 토지이용 변화에 미치는 영향** Ⅰ」, ≪**국토계획**≫, 제32권 2호(1997.4)

■ 연구 배경 및 개요: 이 연구는 1992년 5월 대한국토·도시계획학회지 ≪국토계획≫ 제32권 2호에 게재한 논문으로 광주대학교 도시공학과 김항집 교수와 한양대학교 도시공학과를 정년퇴임한 여홍구 교수와 공동으로 발표한 논

〈그림 5-14〉 용도별 입지 가능 범위

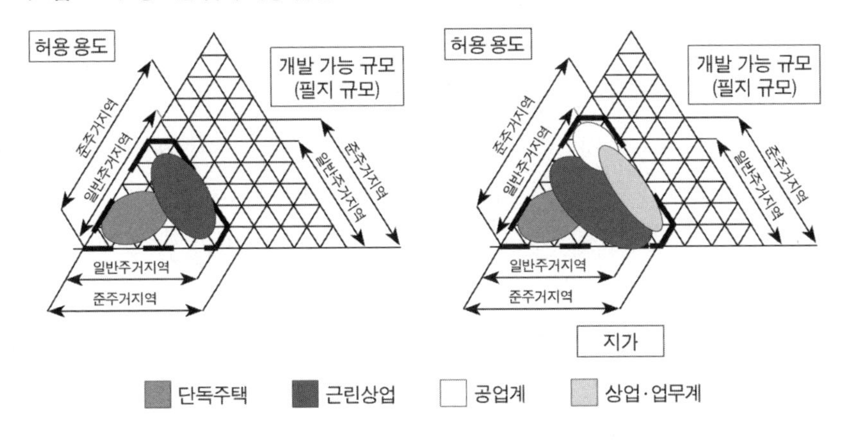

문이다. 이 연구는 용도지역제 실행력의 제고 방안을 모색하기 위한 실증적인 기초 연구이다. 준주거지역을 대상으로 일반주거지역과의 비교를 통해 용도지역제가 토지이용의 변화에 미치는 영향을 파악해 보고 그를 통해 준주거지역에 대한 비판적 논의의 진위를 검증하는 토대를 제공하는 것을 연구 목적으로 하였다.

■ 이 연구는 용도지역제에 의한 토지이용 변화 효과를 파악하기 위해 용도지역제 변화로 인한 토지이용 영향 요인의 변화를 분석하여 제어 내용의 변화가 토지이용에 어떻게 반영되는지를 파악하고자 하였다. 이를 위해 먼저, 도시계획법 및 건축법에 나타난 준주거지역 지정 기준과 행위 규제를 분석하여 준주거지역이라는 용도지역이 도시계획적으로 지향하는 목표와 제어 내용을 파악하였다. 둘째, 준주거지역의 토지이용을 지역 지정 전후의 5년 단위로 구분하여 토지이용 특성을 고찰하였다. 셋째, 토지이용 특성의 변화와 준주거지역의 행위 제어 내용에서 도출한 결과를 종합하여 용도지역 변경으로 인한 토지이용 영향 요인의 변화를 고찰하고 토지이용에 미친 영향을 분석하였다.

■ 상기의 목적과 방법을 통하여 용도지역의 변경으로 발생하는 토지이용 영향 요인의 변화에 초점을 맞추어 허용 용도, 개발가능 규모 및 지가를 중심

으로 분석하였으며, 용도지역의 허용 용도 규제 차이를 도식화하여 표현하는 연구 내용을 포함하였다. 이를 위해 도시계획법 및 건축법(시행령, 시행규칙, 지침 등 포함), 준주거지역의 시기별 지정 목적, 일반 주거지역과 준주거지역의 건폐율, 용적률, 최소 대지면적, 대지 내 공지, 일조 높이 제한 등의 물리적 제어 내용의 변화, 용도 조건부 사항의 변화, 용도의 주요 조건부 사항의 차이, 연구 대상 지역의 위치에서 시가화지역과 대상 지역의 지도 표현, 준주거지역으로 변경 후 토지이용 변화, 용도 변화 필지의 도로 조건과 규모, 토지이용 구성의 변화, 단일 건물 내 용도 복합의 변화, 허용 용도 발생과 범위의 변화, 준주거지역 지정 전후의 시설규모 변화, 용도별 연상면적 분포, 용도지역 변경에 의한 지가 변화에 관한 주요 선행 연구, 준주거지역 변경 후 지가 변화, 준주거지역 변경 후 대로변 신규 입지 시설의 지가 분포, 준주거 지역 변경에 따른 토지이용 영향 요인의 변화, 용도별 입지 가능 범위 등을 분석하였다.

■ 이 연구에서는 결론적으로 준주거지역으로의 변경은 허용 용도의 범위를 확대시켜 용도의 출현을 가능케 하고 단일 건물 내에서의 용도 복합을 증대시켜, 당해 지역의 기능을 다양화시키고 토지이용 혼합화를 촉진한다는 점을 밝혔다. 준주거지역으로 용도지역의 변경은 생활권 중심지로서의 기능을 강화시키고 시설의 개발 가능 규모를 증대시켜 근린상업 기능의 시설 규모를 증대시키고, 지가를 상승시켜 근린상업 기능이 주로 입지하게 된다. 단독주택의 타 용도로의 변경보다 상업 기능 상호 간에 업종 전환을 통한 용도 변경이 증가하고, 단일 건물 내 용도 복합의 양상이 주상복합 위주에서 상업, 업무 복합이 증가하는 추세를 보였다. 이 연구는 준주거지역의 토지이용 특성과 변화 요인에 초점을 맞춘 기초적인 실증 연구로 연구의 범위를 한정하였으므로 사회경제적 수요 등에 대한 한계를 가지며 계획적, 정책적 수단에 대한 분석에 대해 추가적 연구와 보완 과제를 남기고 있다.

6) 「용도지역 변경이 토지이용 변화에 미치는 영향 II」, ≪국토계획≫, 제33권 3호(1998.6)

■ 연구 배경 및 개요: 이 연구는 1998년 6월 대한국토·도시계획학회지 ≪국토계획≫ 제33권 3호에 게재한 논문으로 광주대학교 도시공학과 김항집 교수와 공동으로 발표한 논문이다. 이 연구는 1992년 5월 대한국토·도시계획학회지 ≪국토계획≫ 제32권 2호에 게재한 「용도지역 변경이 토지이용 변화에 미치는 영향 I」의 후속 연구이다. 전편에서는 주로 용도지역의 변경으로 발생하는 토지이용 영향 요인의 변화에 초점을 맞추어 허용 용도, 개발 가능 규모

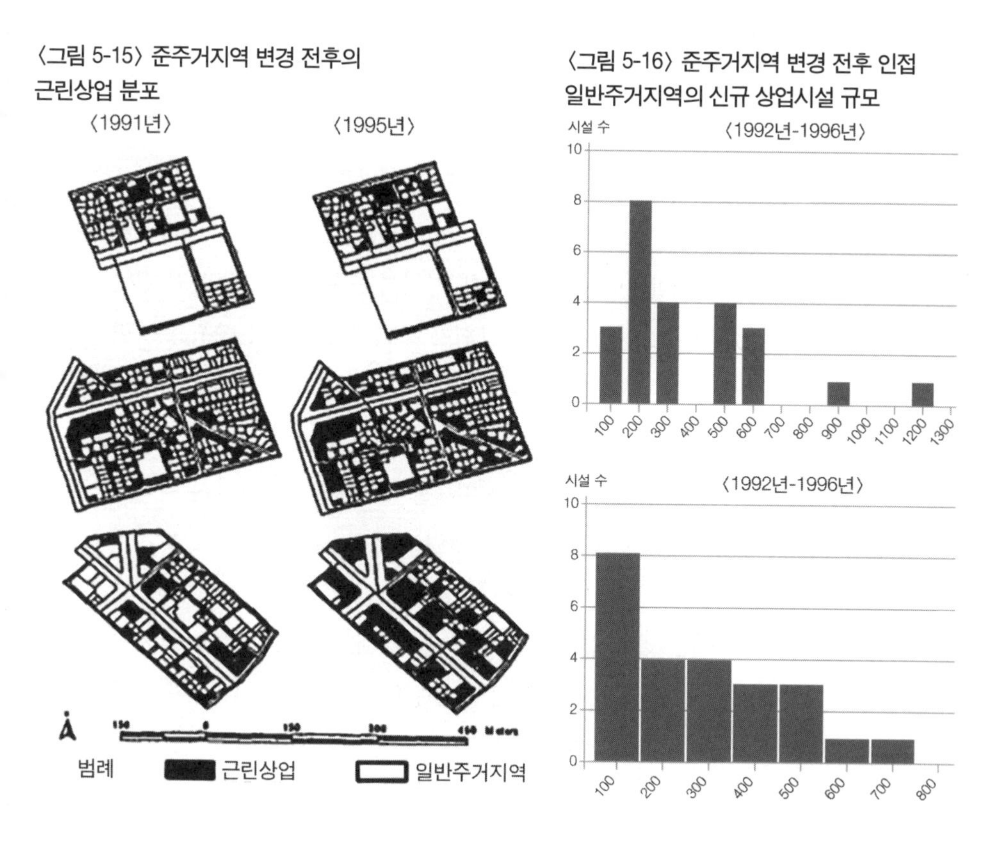

〈그림 5-15〉 준주거지역 변경 전후의 근린상업 분포

〈그림 5-16〉 준주거지역 변경 전후 인접 일반주거지역의 신규 상업시설 규모

및 지가를 중심으로 분석하였으며, 용도지역의 허용 용도 규제 차이를 도식화하여 표현에 중점을 두었다. 이 연구에서는 용도지역 변경에 따른 토지이용 변화의 가설을 정립하고, 준주거지역의 용도 변경 특성, 시설 규모의 물리적 변화, 인접 일반주거지역의 토지이용 변화 등을 중심으로 용도지역 변경에 따른 토지이용변화 분석 및 가설의 검증에 초점을 맞추었다.

■ 이 연구에서는 대전시 신탄진동과 대동을 연구 대상 지역으로 하여 GIS로 토지이용 상황을 구축하고, 시계열적 변화 특성을 고려한 공간분석 및 통계분석을 활용하여 연구를 수행하였다. 이를 통하여 주거지역 지정 변경 이전의 용도 변경 건수, 준주거지역 변경 후 용도 변경 건수, 준주거지역 변경 전후 주거와 근린상업시설 규모, 준주거지역 지정 이후 신규 상업시설의 입지, 일반 주거지역의 근린상업 규모 변화, 변경 전후의 근린상업시설 분포, 준주거지역 변경 전후 인접 일반 주거지역의 신규 상업시설 규모 등의 분석을 시행하였다.

■ 이 연구에서는 결론으로 준주거지역과 인접 일반주거지역에서 토지이용 혼합의 특성이 변화한다는 점을 밝혔다. 동일한 지역적 범위 내에 준주거지역이라는 허용 용도 및 개발 가능 규모의 확대 지역이 출현함으로써, 인접 일반주거지역에서 상대적으로 상업 기능의 발휘가 불리해지는 데서 발생하는 변화로 해석된다고 하였다. 연구 대상 지역에서는 준주거지역의 지정으로 인해 인접한 일반주거지역으로 상업 기능이 확산하는 현상을 나타내지 않고 있으며, 기존 연구들에서 지적되었던 주변 지역으로의 상업 기능 확산이 일반적 현상이라고 보기는 어렵다고 주장하였다. 그리고 행위 제한의 완화와 토지이용 혼합의 활용을 통해, 생활권 내의 소 중심지를 형성하려는 준주거지역의 지정 의도는 어느 정도 성과를 올리고 있는 것으로 보인다고 하였다. 마지막으로 준주거지역을 포함한 혼합용도지역의 효과적인 운용은 거시적 운용방향과 미시적 제어 방안을 병행하여 체계적으로 추진할 필요성이 있다고도 주장하였다.

5. 인구 분포로 파악

우리나라 도시 토지이용의 특성을 인구로 파악한 연구로는 「서울 인구밀도 분포의 공간적 변화 분석 및 예측 시뮬레이션」(1997), 「용도별 건축물 연상면적을 이용한 주간활동인구 추정 방법」(1995) 등이 있다. 도시계획에서 인구는 계획의 출발이 되는 가장 기본적인 지표로 활용된다. 이들 연구는 토지이용의 주체로서 인구와 토지이용과의 관계 및 특성을 파악하고, 이를 도시계획에 활용하기 위한 연구이다. 이들 연구는 서울을 대상으로 하여 다양한 조건하에서 수용 가능한 인구를 파악하기도 하고, 도시계획에 필요한 주간인구를 추정하는 방법론을 제시하기도 하였다. 이들 연구는 도시계획 수립 시 방법론으로 활용 가능할 것으로 판단된다. 이들 연구의 배경과 목적, 연구의 주요 내용 및 의의를 살펴보면 다음과 같다.

1) 「서울 인구밀도분포의 공간적 변화 분석 및 예측 시뮬레이션」, ≪국토계획≫, 제32권 6호(1997.12)

■ 연구 배경 및 개요: 이 연구는 1997년 12월 대한국토·도시계획학회지 ≪국토계획≫ 제32권 6호에 게재한 논문으로 목원대학교 도시공학과 최봉문 교수와 한국교통대학교 도시·교통공학과 권일 교수와 공동으로 발표한 논문이다. 이 연구는 1960년대 이후 급격한 도시화를 보인 서울시를 대상으로 하여 급속한 도시화 과정 속에서 도시공간 변동을 인구밀도 분포의 변화를 통해 파악하고자 하였다. 서울 내부 공간의 다양한 조건인 지형적 제약 조건, 도시계획에서의 지역지구나 개발제한구역 등의 공간에 대한 기능 부여와 도시의 관리에 관한 제반 정책 등의 변수 등을 감안할 때 장차 서울시에서 인구가 공간적으로 어떻게 분포할 것인지 그리고 이들을 총합할 경우 인구 규모는 어느 정도가 될 것인지 예측하는 시뮬레이션의 방법론 제시하고자 하였다.

〈그림 5-17〉 공간 변동 함수식의 도출 단계

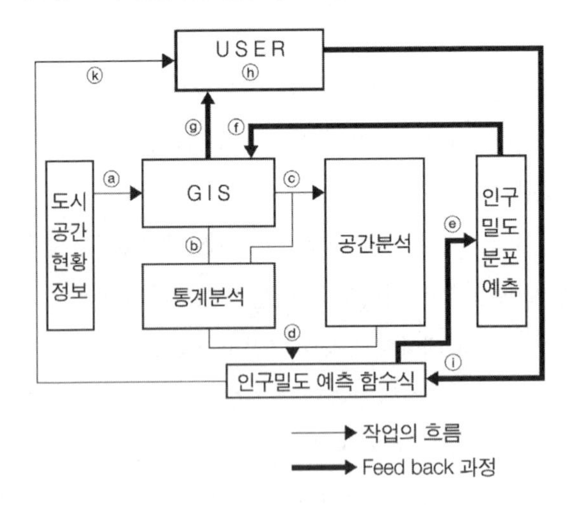

ⓐ GIS를 통해 공간자료를 작성
ⓑ 공간자료를 외부 데이터 파일로 추출
ⓒ 공간분석을 통해 패턴과 경향 파악
ⓓ 통계처리 패키지를 이용하여 다중회귀분석에 의해 함수식을 도출
ⓔ 공간 예측 시뮬레이션
ⓕ 예측식에 의해 얻어진 결과를 GIS의 자료로 입력(지도화)
ⓖ 사용자가 예측 결과를 즉시적으로 확인
ⓗ 예측식의 적정 여부를 판단
ⓘ 모델식을 수정
ⓙ ⓔ~ⓘ의 과정을 반복
ⓚ 최종적으로 수정된 모델식과 결과 제시

〈그림 5-18〉 현재 인구밀도와 시뮬레이션에 따른 인구밀도 비교

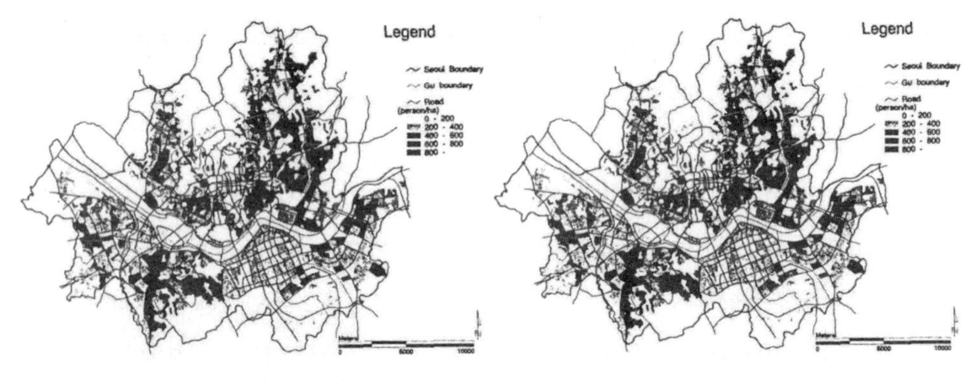

1990년 현재 인구밀도 분포 인구밀도 시뮬레이션 결과(가구당 인구 3인 일 때)

■ 이 연구에서는 먼저, 서울의 1960년에서 1990년까지의 공간 변동을 파악할 수 있는 시계열 공간 자료를 구축하였다. 시계열적 인구밀도의 공간적 변화 파악에 있어 서울시 전체를 격자 단위로 구분하여 시기별로 일정한 공간 단위를 유지할 수 있도록 하였다. 인구밀도 시뮬레이션의 공간 단위는 다양한

〈표 5-12〉 인구밀도에 영향을 미친 표준화된 회귀계수

설명변수 / 년도	도심으로 부터 거리 (DIST)	시가지 면적 (HABLT)	당해 연도 이전 토지구획정리 사업 시행 유무 (LAND)	주거지역으로 지정 (NRESI)	상업지역으로 지정 (NCOMM)	녹지지역으로 지정 (NGREEN)
1980	-0.24	0.43	0.14	0.11		
1985	-0.13	0.43		0.19		
1990		0.49	0.33		0.15	

조건으로 구분된 동질의 공간 단위 이용하였으며, 지리정보체계(GIS)와 통계 소프트웨어를 연계 활용하여 자료 간의 변환이나 연계가 가능하고 즉시적으로 공간상에 표현하거나 새로운 분석을 추가할 수 있도록 하였다.

■ 이 연구에서는 먼저, 인구밀도의 공간적 변화에 대한 분석을 위해 인구밀도 분포 모델을 작성하고, 모델식과 실제 현상과의 비교를 진행하였다. 이 과정에서 공간 변동 함수식을 도출하여 단계표, 인구밀도 분포 모델, 인구밀도에 영향을 미친 표준화된 회귀계수 등을 파악하였다. 다음으로 장래 인구밀도 분포 예측 시뮬레이션을 시행하였다. 이 과정에서 서울의 지형, 행정구역, 시가화도, 지하철역 위치, 도시계획, 개발제한구역 등의 지도 자료, 행정동별 인구, 가구, 행정동별 용도별 연상면적 등의 속성자료 등이 이용되었다.

■ 이 연구에서는 도시공간상의 다양한 요인에 따른 인구밀도가 시계열적으로 어떻게 분포하고 있는지를 밝혔다. 다양한 도시공간의 질을 감안한 정책적인 변수를 고려한 인구밀도 분포 예측 방법론을 개발 제시하였으며, 서울시를 사례로 하여 실제 적용하여 시뮬레이션을 적용하였을 때 시가화된 지역에만 인구가 거주한다는 가정하에서 실제 적용 가능성을 높였다고 볼 수 있다. 그리고 지리정보시스템을 분석 수단으로 하여 도시계획적인 차원에서 활용 과정을 보임으로써 도시계획적 차원에서의 공간 분석 방법론을 제시하였다는 점에서도 의의가 있으며, 다양한 대안별 결과를 도시의 여건, 계획의 목표 및

〈표 5-13〉 정책 변수를 이용한 인구밀도 분포 시뮬레이션 결과(단위: 만명, ha)

				대안 1	대안 2	대안 3	대안 4	대안 5	대안 6
정책변수 조건 (FAR)	도심	장래 추정되는 인구 및 연상면적	1990년 현황	2.0	2.0	2.0	2.0	2.0	2.0
	핵 지역			3.0	3.0	3.0	2.5	2.5	2.5
	거점 역세권			1.5	1.5	1.5	1.5	1.5	1.5
	일반 역세권			1.2	1.2	1.2	1.2	1.2	1.2
	기타지역			0.7	0.8	0.8	0.7	0.8	0.8
	기능 특화 기준 FAR			1.2	1.0	1.2	1.2	1.0	1.2
수용 가능 인구	3.77인/가구('91년 현재수준)	1,250~1,300	1,061.3 (379.7인/ha)	1,625.3	1,548.9	1,699.0	1,625.3	1,548.9	1,699.0
	3.1 인/가구			1,336.5	1,273.6	1,397.1	1,336.5	1,273.6	1,397.1
	3.0 인/가구			1,293.3	1,232.5	1,352.0	1,293.3	1,232.5	1,352.0
총 연상면적	총연상면적	31,000	18,666.7 (67%)	32,238.0	33,304.9	33,304.9	31,310.8	32,377.8	32,377.8
	변화 연상면적	12,800		13,571.3	14,638.2	14,638.2	12,644.1	13,711.1	13,711.1
주거 연상면적	총주거 연상면적	17,100	11,597.0	17,502.4	16,637.3	18,249.9	17,502.4	16,637.3	18,249.9
	변화 주거 연상면적	6,000		5,905.4	5,040.3	6,652.7	5,905.4	5,040.3	6,652.7
OFFICE 연상면적	총OFFICE 연상면적	4,600	2,000.4	4,563.5	5,265.6	4,620.6	4,168.6	4,970.7	4,225.8
	변화 OFFICE 연상면적	2,600		2,563.1	3,265.2	2,620.2	2,168.2	2,970.3	2,225.4
기타 연상면적	총기타 연상면적	9,300	5,069.3	10,172.1	11,402.0	10,434.6	9,639.8	10,869.8	9,902.3
	변화 기타연상면적	4,200		5,102.8	6,332.7	5,365.3	4,570.5	5,800.5	4,833.0

주: 기능 특화 기준 FAR = 기준 이상 증가하는 연상면적에 대해서는 모두 비주거용(Office: 40%, 기타: 60%)로 사용할 때.

도시의 목표 인구와 비교 평가를 통하여 효과적인 의사결정이 이루어지리라 판단된다.

2)「**용도별 건축물 연상면적을 이용한 주간활동인구 추정 방법**」, ≪**국토계획**≫, **제31권 2호**(1995.4).

■ 연구 배경 및 개요: 이 연구는 1995년 4월 대한국토·도시계획학회지 ≪국토계획≫ 제31권 2호에 게재한 논문으로 한국교통대학교 도시·교통공학과 권일 교수와 공동으로 발표한 논문이다. 이 연구는 도시 내 한 지역의 인구 규모는 도시계획 수립 시 많은 부문별 계획에 기본적 지표를 제공하고, 도시계획의 부문별 계획이나 행정의 성격에 따라서 야간 거주 인구·주간 활동 인구를 이용할 경우가 있다는 데 착안하였다. 그러나 당시까지 주간 활동 인구에 대한 추정의 필요성은 인식되어 왔음에도, 조사 기법상의 어려움과 조사에 소요되는 비용 등으로 인해서 집계된 자료는 거의 없었다는 데 연구의 필요성을 제기하였다.

■ 이 연구는 용도별 건축물 연상면적과 주간에 움직이는 부정기 유출입 인구와의 관계를 분석하고 해석하고 주간 활동 인구의 추정 가능성을 검토하고 주간 활동 인구의 추정 방법을 정립하는 것을 연구의 목적으로 하였다. 이 연구에서 주간 활동 인구는 지역 내의 상주인구에 타 지역에서 유입된 인구를 더하고 타 지역으로 유출된 인구를 감한 숫자로 정의하여 주간 활동 인구를 계산하였다. 이 때 부정기 유출입 통행은 용도별 건축물 연상면적을 이용하여 추정하였다. 1989년 시행한 등교, 출근, 시장 보기, 업무 수행, 귀가, 여가활동, 친교 및 기타 활동 등 7개의 목적별 기종점 조사를 바탕으로 분석의 대상인 부정기적 유출입 통행으로 시장 보기, 업무 수행, 여가 활동, 친교 및 기타 활동의 4개 목적별 발생 및 도착 통행량을 기초로 파악하였다. 그리고 용도별 건축물의 연상면적과 부정기적 유출입 인구와의 관계를 파악하기 위한 공간

〈그림 5-19〉 용도별 건축물 연상면적과 목적별 부정기 유출입 인구와의 회귀모형의 표준잔차도

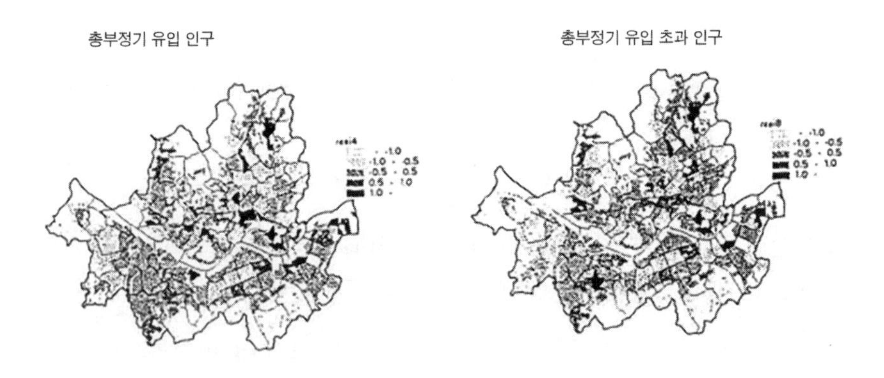

〈표 5-14〉 서울시 목적별 총통행량

구분	통근	통학	시장보기	업무	여가 및 친교, 기타	귀가	귀가 제외 총통행량	총통행량
유입 통행량	396.0 (17.5)	300.4 (13.3)	87.2 (3.9)	271.6 (11.9)	270.6 (11.9)	938.4 (41.4)	1,325.7 (58.6)	2,252.2 (100.0)
유출 통행량	380.4 (17.0)	295.3 (13.2)	79.3 (3.6)	265.5 (11.8)	959.7 (42.8)	959.7 (42.8)	1,280.9 (57.2)	2,243.6 (100.0)

주: 한국교통문제연구원, 서울시 교통현황조사, 한국교통문제 연구원(1980: 17~53)에서 정리

단위로서 중생활권을 단위로 하여 8개의 목적별 유입 및 유입 초과 인구를 종속변수로 하고, 11개 용도별 연상면적을 독립변수로 선정하여 중회귀모형을 설정하였다. 용도별 연상면적과 부정기 유출입 인구와의 관계 모형을 정립한 후 이러한 관계가 지역적으로 동일한지 혹은 다른지 분석을 위해 회귀모형의 잔차를 계산하여 공간적으로 분포에 대하여 파악하였다.

■ 이 연구에서 부정기적인 유출입 인구를 추정하는데, 용도별 연상면적이 유용하게 이용될 수 있다는 것을 실증적으로 제시하였다는 데 의의가 있다. 자료상의 한계로서 본 연구에 이용된 건축물 자료가 과세를 목적으로 한 자료이므로 실제 부정기 유출입 인구들이 많은 비과세 대상 건물에 대해서는 부정

기 유출입 인구 추정이 어려움이 있다는 점을 밝혔다. 향후 부정기적인 유출입 인구의 경우 체류 시간대와 평균 체류 시간에 관한 후속적인 연구가 필요하며, 이러한 연구를 통해 향후 주간 활동 인구를 보다 정확하게 추정할 수 있으며 실제 도시계획이나 행정에서 유용하게 쓰일 수 있을 것이라 하였다.

6. 도시 토지이용 변화 파악의 의의

이 장에서는 강병기 교수가 발표한 논문들에 대하여 토지이용 관리 및 정책과 관련된 연구, 도시 공간구조로 파악한 연구, 용도로 파악한 연구, 인구밀도로 파악한 연구로 구분하여 살펴보았다. 게재 논문과 기고 원고들의 내용에서 살펴보면 강병기 교수는 토지이용과 관련해서는 우리나라 도시 토지이용의 특징, 도시 토지이용 변화를 초래하는 요인과 토지이용, 토지이용에 대한 제어 방법에 대한 연구에 집중하였다. 그리고 우리나라 실제 도시의 토지이용 현상과 변화에 대하여 실증적으로 연구를 수행하였다. 실증적 연구를 통하여 우리나라 도시 토지이용에 대한 특성을 파악하는 데 많은 노력을 기울였다.

실증적 연구를 진행과 함께 토지이용 분석 방법의 변화도 있었다. 토지이용과 관련한 초기 연구에서는 수작업으로 도시 토지이용 현황과 변화를 도면화하고, 수리적으로 분석을 시도하였으나, 후반기에는 토지이용 분석을 위하여 과학적 분석 방법들을 도입하기도 하였다. 이러한 분석 방법의 변화는 1980년대 초반부터 강병기 교수 연구실에서 수행해 온 서울의 도시공간 변화를 파악하기 위하여 수행한 SUD(Seoul Urban Dynamics)에서 잘 나타난다. SUD에서는 서울 도시공간 변동을 파악하기 위하여 1960년부터 1980년대까지 5년 간격의 1/50,000 축척의 시가화도를 만들고, 광화문 사거리를 중심점으로 하여 250m×250m 메쉬별 시가화율과 인구밀도를 파악하였다. 1980년대 후반까지 공간변동 분석을 위하여 메쉬별 인구밀도를 코딩하고 포트란(FORTRAN)

프로그램으로 분석을 시도하기도 하였다. 그러한 시도 중 1990년대 초반 당시까지 도시계획 분야에 활용되지 못하고 있던 지리정보시스템(GIS)이라는 것이 토지이용 분석 등에 유용하게 쓰일 수 있다는 점을 목원대학교 최봉문 교수가 알려주게 되었다. 그 이후부터 SUD에 대한 연구는 1994년 학술진흥재단의 연구비를 얻어 성과를 내게 되었으며, 그 결과는 1997년 12월 대한국토·도시계획학회지 ≪국토계획≫ 제32권 6호에 「서울 인구밀도분포의 공간적 변화 분석 및 예측 시뮬레이션」이라는 제목으로 수록되었다. 이후 강병기 연구실에서 토지이용에 대한 분석에 GIS 프로그램과 관련 컴퓨터 소프트웨어들이 분석의 유용한 수단으로 활용되기 시작하였다. 이와 같이 강병기 교수는 1970년대 초반부터 연구논문, 논설 등을 통하여 토지이용과 관련된 생각들을 표현해 왔으며, 다양한 분석수단을 도입하여 우리나라 도시 토지이용 관련 연구를 선도하였다.

강병기 교수는 연구논문 이외에도 「준농림지역에서의 실수」, 「토지개발 규제완화는 필요한가?」, 「토지이용규제완화」, 「난개발, 과연 막을 수 있을까?」, 「'선계획 후개발' 정책과 도시기본계획」, 「혼합적 토지이용이야 말로 삶의 본모습이다」 등 토지이용과 관련된 평소의 생각들을 논문집 또는 각종 잡지에 기고하기도 하였다.

토지이용 관련 연구와 함께 「자동차와 주거환경」, 「서울시 버스 노선체계의 타당성에 관한 연구」, 「역세권연구」, 「도시 내 시설이전에 따른 평균 통행거리 변화」, 「미래 교통 이야기」, 「필요악으로서의 도시교통」, 「직주 근접화의 필요성과 가능성」, 「도시 평면에서 통행 거리의 변화」 등 교통 및 접근성과 관련된 연구논문 및 논설들을 발표하였다. 이는 토지이용과 교통은 동시에 고려해야 한다고 생각했으며, 이러한 사상은 우리나라의 혼합적 토지이용에 대한 연구에 집중한 연유이기도 하다.

제6장

우리나라 도시 토지이용의 혼합적 특성

김항집
광주대학교 교수

1. 머리글

세계적인 경기 침체, 기후변화 등 환경 문제, 우리나라의 산업 쇠퇴 및 인구 저성장 등이 복합적으로 작용하면서 기존의 확대 지향적 도시성장 모델의 유효성이 급격하게 저하되고 있다. 우리나라는 인구와 산업 성장의 정체로 도시 개발 수요가 감소하고, 노령화에 따라 주택 수요도 변화됨에 따라 양적 확대를 중심으로 진행되던 도시 발전, 특히 지방도시 발전의 지속 가능성에 의문이 제기되고 있다. 지방의 군지역은 이미 1990년대 이후부터 지속적으로 인구가 감소하고 있고, 2000년대 이후에는 지방의 중소도시와 대도시도 인구가 정체하거나 감소하는 것이 일반화되고 있다. 이러한 측면에서 응집 도시(compact city)에 대한 관심이 증대되고 있고, 일부 지자체에서는 응집 도시 전략을 도시 관리의 중점적인 방향으로 추진하고 있다.

응집 도시이론은 1990년대 지속 가능 발전(sustainable development)의 개념이 전 세계적으로 유행하면서 구미를 중심으로 크게 확산되었다. 이 시기에 개념이 정립된 미국의 뉴어바니즘(new urbanism)이나 영국의 어번빌리지(urban village)도 응집 도시의 개념에 바탕을 두고 있다. 응집 도시를 위해서는 필수적으로 토지이용 혼합(mixed land use)이 전제가 되어야 한다. 고 강병기 교수는 우리나라 토지이용의 대표적 특성 중 하나인 혼합적 토지이용을 지속적으로 연구해 오면서[1] 주거, 상업, 산업, 업무, 위락 등의 다양한 도시 기능 중에서 활동량이 많은, 기능이 높은, 활동 밀도를 바탕으로 적정하게 섞여 있는 도시공간을 만드는 것이 유동인구, 공간 수요, 도시경제의 활성화에 유리하다는 점을 주목하였다. 이는 미국을 중심으로 한 엄격한 용도분리주의가 과도한 자동차 교통수요 유발과 단조롭고 평면적인 도시 확산을 야기하고 도심지역의 활력을 저하시켜서 도시 쇠퇴의 문제를 발생시킨다는 인식에 근거하고 있다.

이러한 강병기의 인식은 제인 제이콥스(Jane Jacobs)의 사상과도 맥이 닿아 있다. 제이콥스는 1961년에 출판된 명저 『미국 대도시의 삶과 죽음(The Death and Life of Great American Cities)』에서 1950년대 미국에서 시행된 도시개발 및 재개발사업을 '수십억 달러의 세금을 쏟아 부으면서 공동체적 도시 구조를 파괴하는 프로젝트'라고 신랄하게 비판하면서, 이러한 도시개발 이후에 도시는 오히려 자동차 중심적이고 대규모 상업시설과 오피스 단지 등으로 변화되어 오히려 안전은 물론이거니와 흥미롭지도, 활력이 넘치지도 않는 곳으로 변화되었다고 주장하였다. 이러한 도시문제를 치유하기 위하여 제이콥스는 커뮤니티 중심의 도시계획, 용도 혼합 그리고 보행 중심의 가로 활성화를 대안으로 제시하였다. 즉, 도시 내 다양한 지구에 둘 이상의 도시 기능을 복합화하고, 슈퍼 블록을 배제하여 보행자와 지역주민이 가구의 모퉁이와 골목길을 걸어볼 기회를 많이 갖게 하고, 오래된 건물과 역사·문화 자원이 지구 내에 혼합

---

1) 강병기·김항집, 「도시계획법 체계 속의 혼합용도지역의 개념과 규제 내용의 변화에 관한 연구」, ≪국토계획≫ 32(1)(통권 87호)(1997.2) 외 다수.

되어 있어야 도시에 사람들이 교류하고 소통할 수 있도록 오밀조밀하게 집중하여 활력 있고 인간 중심적인 도시가 될 수 있다는 것이다. 강병기 또한 토지이용 혼합, 역세권을 중심으로 하는 보행 중심적인 도시구조 등에 대한 연구와 시민활동(걷고 싶은 도시 만들기 시민연대)을 통하여 이러한 사상을 발전시키고 실천한 바 있다.

이러한 주장들은 우리가 아는 바와 같이, 과거 엄격한 용도 분리와 용도 순화를 추구하던 미국의 도시들도 뉴어바니즘과 도시재생을 통하여 용도 혼합을 추구하고 있고, 대중교통과 연계된 적정한 고밀도를 추구하여 공간 자원을 효율적으로 사용함으로써 에너지 사용을 절감하고, 보행을 촉진하며, 대면 접촉을 증대시켜서 활력 있는 지역공동체를 만들고자 하는 방향으로 전환하고 있다. 또 우리나라에서도 도시재생이라는 개념을 통하여 이러한 보행 중심, 토지이용 혼합, 공동체 중심적 공간 형성이라는 대안 계획으로 자리 잡고 있다.

토지용도의 분리와 격리를 전제로 하는 유클리드적 용도지역제(zoning)는 도시 내의 토지를 주거, 상업, 공업, 녹지로 구분하여 도시를 계획하고 개발하게 하는 도시 만들기의 핵심적인 수단으로 활용되어 왔다. 우리나라의 용도지역제는 비록 일제강점기에 도입되기는 하였지만, 해방 후에는 보다 체계적으로 변화되면서 도시 만들기에 활용되었다. 현대적인 의미의 용도지역제가 20세기 초에 미국에서 법제화되었던 주목적은 서로 다른 용도의 무질서한 혼재에서 발생하는 도시 기능의 상충을 방지하여, 재산 가치를 보호하려는 데 있었다. 그래서 초기에 채택된 유클리드 지역제는 엄격한 용도 분리와 용도 순화를 지향하였다.

그러나 초기의 용도지역제는 바람직한 토지이용을 유도하지 못하고 직주분리, 통행 거리 증대, 도심 공동화 등의 도시문제를 발생시키는 직·간접적인 원인을 제공하는 등 의도하지 않은 결과를 나타냈을 뿐만 아니라, 적극적으로 도시 환경을 개선하는 데 크게 기여하지는 못했다. 이러한 문제점을 극복하기 위하여 예외인정제도(variance), 특별허가제(special permit), 유도용도지역제

(incentive zoning), 계획단위개발(planned unit development)과 토지이용 혼합을 유도하는 복합개발(mixed use development) 등의 다양한 방법이 도입되었다.

우리나라의 용도지역 체계에서도 다양한 형태의 적용 특례나 조건부 사항을 활용하고 있다. 그뿐만 아니라 1962년 도시계획법 제정을 전후로 한 용도지역제 형성기에서부터 혼합지역을 운용하였고, 현재에도 다양한 혼합용도지역을 채택하고 있다. 그러므로 도시 토지이용 정책에 있어서 혼합용도지역의 운용은 도시 토지이용의 혼합적 특성과 함께 우리나라 도시 토지이용의 성격을 규정하는 주요한 특징 중의 하나라고 할 수 있다.

이 글에서는 우리나라 도시 만들기의 주요한 수단이 되었던 혼합용도지역제의 개념과 역사적 변천을 강병기의 관련 연구를 중심으로 살펴보고자 한다. 이를 통해서 왜 다른 나라들과는 달리 특이하게 혼합용도지역을 갖게 되었는지 그 원인을 살펴보고, 보다 여유롭고 살기 좋은 도시를 건설하기 위해서는 어떠한 제도적 보완이 이루어져야 하는지를 파악해 보고자 한다.

2. 도시 만들기와 혼합용도지역

혼합용도지역이란 토지이용의 복합화 또는 혼합화를 유도하여 직주 분리, 통행 수요 및 통행 거리의 증대 그리고 도심 공동화 등의 도시문제를 용도지역제 속에서 대응하기 위한 수단이라고 할 수 있다. 이를 위해서 도시 활동의 3대 축인 주거, 상업, 공업을 기능적으로 적정하게 혼합화하여, 과도한 용도 분리로 인한 도시 토지이용 및 도시 기능 사이의 단절을 방지하고자 한다. 동시에 각 용도 상호 간의 보완적 관계를 조성하여, 종합적이고 복합적인 생활환경을 도모하려는 용도지역이라고 정의할 수 있다. 우리나라의 용도지역체계 속에서는 준주거지역, 근린상업지역 및 준공업지역을 혼합용도지역의 한 형태로 규정할 수 있다. 다만, 혼합적 토지이용의 운용에서는 상호 혼합되는 용도와 혼합의 정도를 결정하는 것이 중요한 관건이 된다.

혼합용도지역의 개념을 명확하게 정립하기 위해서는, 토지이용 혼합의 의미를 파악해 보고 그에 대한 평가를 고찰해 볼 필요가 있다. 우선 토지이용 혼합에 대한 개념을 살펴보면, 아직까지는 이에 대한 정의가 통일되어 있지 않고 토지이용 복합이나 토지이용 혼재 등 다양한 용어로 사용되고 있다. 또 토지이용 혼합은 주로 토지이용 분리나 토지이용 순화 등에 대한 상대적 개념으로 파악되고 있다.

서양의 경우, 용어의 의미상 다소간의 차이가 있기는 하지만 mixed land use, combined use, joint development, mixed-use development(MXD) 또는 multi-use development 등으로 토지이용 혼합의 개념을 표현하고 있다. 여기서 대표적으로 사용되는 mixed land use는 토지이용 분리의 상대적 개념으로서 기능이나 활동의 혼화(混化)를 뜻하는 광범위한 의미로 정의되고 있다. 또 MXD는 3개 이상의 용도가 기능적·물리적으로 통합되어, 기능 상호 간에 지원적·융화적 역할을 하는 대단위 개발이라고 정의하고 있다. 물론 아직까지는 이러한 개념이 용도지역체계 속에 자리 잡고 있다기보다, 대규모 건축물의 복합개발에 초점을 둔 개발 방법의 한 수단으로 인식되고 있다. 그러나 최근에는 혼합적 토지이용을 계획적으로 수용할 수 있도록, 용도지역체계 속에서 토지이용 혼합을 유도하려는 방향으로 전환하고 있다.[2)]

일본의 경우에는 토지이용 혼합이라는 용어 외에도 토지이용 혼재, 복합적 토지이용 등이 사용되며, 토지이용 특화의 대립적 개념으로 이해하거나 2종류 이상의 기능이 합해져 일체화된 상태를 의미하기도 한다. 특히, 일본의 용

---

2) 특히, 미국에서는 뉴욕, 워싱턴, 피츠버그, 디트로이트 등의 도시를 중심으로 주거와 상업 기능의 혼합을 도모할 수 있도록 mixed use zoning을 채택하거나 특별용도지역(special zoning district)에서 혼합용도지역(mixed use district)을 설정하는 등 혼합용도지역을 용도지역 체계 속에 도입하려는 움직임이 시도되고 왔다.

도지역 체계에서는 토지이용 혼합을 허용하는 용도 허용 방식을 갖고 있다. 또 준주거지역이나 준공업지역과 같이 토지이용 혼합을 목적으로 하는 혼합용도지역을 운용할 뿐만 아니라 주거지역을 매우 세분화하여, 토지이용 혼합에 대해 보다 세부적으로 대응하고 있다.

우리나라의 경우에도 토지이용 혼합에 대해 통일된 정의는 아직 없지만, 몇몇 선행연구에서 단편적으로나마 그 개념과 필요성을 제시하고 있다. 대한국토·도시계획학회(1987)는 혼합적 토지이용을 "단위 대지의 다목적 이용"이라고 규정하고 있으며,[3] 이건호(1991)는 혼합의 특성을 "혼합하는 것, 혼합되어지는 것이 무엇인가라는 질적 구분, 각각의 비율이 어떻게 다른가라는 양적 구분, 또 혼합이 공간적으로 어떻게 구성되어 있으며 시간적으로 어떻게 조합되어 왔는가라는 공간적·시간적 구분으로 나누어 생각할 수 있다"고 전제한 후, 토지이용 혼합을 기능적인 혼합과 비기능적인 혼합으로 구분하고 있다.[4]

또한 토지이용 혼합을 바라보는 시각도 긍정적인 평가와 부정적인 평가로 엇갈리고 있다. 그런데 토지이용 혼합은 토지이용 순화나 분리에 대한 상대적인 개념으로서의 성격이 강하기 때문에, 혼합에 대한 평가는 순화 지향적 토지이용에 대한 평가와 상반되는 내용을 갖게 된다.

토지이용 혼합에 대한 긍정적인 평가로는 직주 근접성을 강화시켜 지역 간 보완성을 증진시키고 과도한 토지이용 분리나 순화의 추구에서 발생하는 통행 거리의 증대를 완화시키며, 도심지역에서의 토지이용 혼합을 통한 활동의 다양성과 도심의 활력 증진으로 인하여 도심 공동화의 방지에 기여할 수 있다는 점이다. 또한 여러 용도들의 도시기반시설 공유를 통해 시설이용의 효율성을 제고하고 용도의 복합화를 통해 도시에 필요한 기능을 추가적으로 제공할

---

3) 대한국토도시계획학회, 『토지이용계획론』(보성각, 1996).

4) 이건호, 「用途地域別 用途規制의 變遷에 관한 硏究: 混合的 土地利用의 發生過程 側面에서」, ≪국토계획≫ 26(2)(1991).

수 있을 뿐만 아니라 개성 있는 다양한 도시경관을 제공하며, 사회적으로는 계층 간의 공존을 도모하여 사회적 통합을 강화시키는 효과도 있다고 한다. 그런데 토지이용 혼합이 이와 같은 긍정적 효과를 발휘하기 위해서는 혼합되는 용도들이 상호 보완적이고 보조적이며, 기능적으로 밀접하게 연계되어야 한다는 주장이 강한 편이다.

반면에 토지이용 혼합에 대한 부정적 견해로는 서로 다른 용도의 공존으로 인하여 용도 상호 간에 또는 일방적으로 부정적 외부효과가 발생한다는 점이 대표적인 주장이다. 이는 특히 초기 용도지역제의 제도화 논리이기도 하며, 주로 주거환경을 저해하는 비주거계 용도와 주거용도 사이의 혼재에서 발생하는 문제라고 할 수 있다. 또한 토지이용 혼합으로 인해 시설의 이용에 있어서 기능적 상충이 발생하고 재산가치를 하락시키며, 장래의 토지이용에 대한 불확실성을 증대시키고 서비스 제공을 위한 합리적인 계획을 어렵게 만든다는 주장도 있다. 그러나 이러한 부정적 효과에 대한 주장은 용도혼합 자체에서 발생하는 문제라기보다는, 혼합의 양과 질에 대한 적정 제어 수단의 미비에서 기인하는 바가 매우 크다고 생각된다.

따라서 이러한 개념과 평가를 종합하여 토지이용 혼합을 정의해 보면, 토지이용 혼합은 도시 활동의 3대 요소인 주거, 상업, 공업을 일정한 지역의 범위 안에 기능적·물리적으로 적정하게 혼합시켜 토지이용의 합리성과 도시공간의 다양성을 도모함으로써, 각 용도의 보완적 관계를 기반으로 종합적인 생활환경을 조성하려는 욕구의 토지이용적 발현 현상이라고 할 수 있다. 또한 이를 혼합용도지역과 같은 계획적 수단으로 이용함으로써, 과도한 토지이용의 순화와 분리에서 발생하는 직주 분리, 통행 거리의 증대, 도시 기능의 단편화 및 도심 공동화 등의 도시문제에 대처하고자 하는 토지이용의 한 형태라고 정의할 수 있다.

3. 우리나라 용도지역제의 혼합적 특성

1) 전통적 도시구조를 수용하는 혼합적 용도지역 운용

우리나라의 용도지역 체계가 현재와 같이 모든 용도지역에 대해 세분화 체계를 갖춘 시기는 1988년의 도시계획법 시행령 개정에서였다. 이 개정에 따라 용도지역 체계는 각 용도지역별로 전용용도지역, 일반용도지역, 혼합용도지역의 3분 구조(三分構造)를 갖게 되었고, 세분화된 용도지역별로 허용 행위 규제 내용의 차별화를 도모하였다. 즉, 주거, 상업, 공업, 녹지를 도시의 4대 기능으로 설정하여, 이를 수용할 수 있는 용도지역으로 주거지역, 상업지역, 공업지역 및 녹지지역으로 용도지역을 크게 구분하였다. 또 이를 중심으로 전용주거지역, 중심상업지역 및 전용공업지역을 각 기능의 전담적 활동을 수용하는 지역으로 구분하였다. 다시 일반주거지역, 일반상업지역 및 일반공업지역을 주거·상업·공업의 일상적 활동을 포괄하는 용도지역으로 설정하는 동시에 두 가지 활동 이상을 동시에 수용할 수 있는 혼합용도지역으로서 준주거지역, 근린상업지역 및 준공업지역을 분리하였다. 결국, 도시 내에서 이루어지는 활동의 전용성(專用性) 및 배타성(排他性)에 따라 용도지역을 세분화하는 척도를 삼은 것이다.

이러한 용도지역 체계의 특성은 4대 활동의 대표적인 시설(용도)에 대한 각 용도지역의 행위 제한 내용을 살펴보면 뚜렷하게 부각된다. 용도지역제의 근간이 현재와 같이 변화된 1991년을 기준으로 하여, 각 용도지역의 대표적인 시설을 활동의 전용성 및 용도의 위계로 구분하고, 이를 용도지역별 허용 여부로 표시하면 〈표 6-1〉과 같다.

〈표 6-1〉에서 보는 바와 같이, 용도지역별로 정도의 차이는 있지만 전용용도지역을 제외하면 세 가지 이상의 용도 혼합을 허용하는 특성을 나타내고 있다. 즉, 일반용도지역이나 준용도지역에서는 용도지역의 지정 목적에 부합되

〈표 6-1〉 도시 4대 활동의 주요 시설과 용도지역별 용도제한(1991년)

용도(시설) \ 용도지역		주거지역			상업지역			공업지역			녹지지역		
		전용	일반	준	중심	일반	근린	전용	일반	준	보전	생산	자연
주거	단독주택	○1)	○4)	○4)	○7)	○4)	○4)	×	△	△	△9)	△12)	○12)
	공동주택	△2)	○	○	△	○	○	×	△	△	△10)	△13)	△15)
상업	근린생활시설	△3)	○5)	○	○	○	○	○	○	○	△11)	○14)	○14)
	판매·숙박·위락시설	×	×	○6)	○	○	○	×	×	○8)	×	×	×
공업	일반 공장	×	△	△	△	△	△	○	○	○	×	△	△
	공해 공장	×	×	×	×	×	×	○	○	△	×	×	×
녹지	식물 관련 시설	×	△	○	×	×	×	×	○	○	△	○	○

범례: ○(허용), △(조건부 허용), ×(불허) - 이하 동일. [음영] (동일 계열의 용도와 용도지역)*

* 예를 들면, 주거지역과 상업·공업·녹지 시설들은 상호 간에 이종 계열의 용도지역과 이종 용도라는 관계를 갖는다. 또 용도의 강도로 보면, 각 용도의 규모나 집적도 강한 공동주택, 판매·숙박·위락시설 및 공해 공장이 강도가 높은 특성을 갖는 것으로 볼 수 있다.

주: 1) 다중주택은 제외 2) 아파트는 제외 3) 슈퍼마켓 등은 허용, 일부시설은 조건부 허용
4) 다중주택은 조건부 허용 5) 대중음식점·의원 등은 조건부 허용 6) 위락시설은 불허
7) 단독주택은 조건부 허용 8) 숙박시설은 조건부 허용, 위락시설은 불허
9) 단독주택만 조건부 허용 10) 다세대주택만 조건부 허용
11) 슈퍼마켓·대중음식점·이용원·의원 등만 조건부 허용 12) 다중주택은 불허
13) 연립주택만 조건부 허용 14) 대중음식점·이용원·의원 등은 조건부 허용
15) 다세대주택은 허용, 아파트는 불허

는 동일 계열의 용도뿐만 아니라 이종(異種) 계열의 시설들도 비교적 폭넓게 허용하고 있으며, 그 허용 정도는 준용도지역에서 더 높다고 할 수 있다. 따라서 전용용도지역만이 토지이용 순화를 지향하는 허용 용도 체계를 갖고 있는 용도지역이라고 할 수 있다. 특히, 토지이용 순화를 지향하는 강도는 전용주거지역이 가장 강하고, 그 다음이 전용공업지역 그리고 중심상업지역의 순서라고 할 수 있다.[5)]

---

5) 녹지지역은 용도지역으로서 주상녹(住商綠)의 3기능을 부분적으로 허용하고 있지만, 지역의 성격 자체가 도시적 개발보다는 보전에 중점을 두고 있으므로 예외적인 용도지역이라고 할 수 있다. 또 중심상업지역은 상업용도의 집적을 통해 부분적으로 상업적

용도지역 행위 제한의 또 다른 특성은 조건부 허용을 제외하면, 일반용도지역과 준용도지역 간의 허용 용도가 전체적으로 유사하다는 점이다. 즉, 준용도지역은 일반용도지역의 행위 제한을 바탕으로 이종 용도를 추가적으로 허용하고 있다. 준주거지역에서 판매시설 및 숙박시설의 허용과 준공업지역에서의 판매시설 허용 및 숙박시설의 조건부 허용 등이 그러한 예이다. 특히 근린상업지역의 경우, 주상공(住商工) 용도에 대한 행위 제어에서는 일반상업지역과 동일하고, 운수시설 등 일부 시설만이 상이하여 일반상업지역과 매우 유사한 허용 용도 체계를 갖고 있다.

이러한 행위 제어의 특성과 혼합의 가능성을 주상 혼합을 지향하는 대표적인 용도지역인 준주거지역을 중심으로 파악해 보면, 세분화된 주거지역의 용도지역 특성을 좌우하는 데 커다란 영향을 미치는 요인은 주거, 상업, 공업 기능의 전용적 시설들이라고 할 수 있다. 즉, 각 기능의 전용성이 강한 시설인 단독주택, 판매·숙박·위락 시설 그리고 공해 공장 등의 전용용도가 어느 정도로 허용되느냐의 여부에 따라 각 용도지역의 특성이 좌우된다고 할 수 있다. 또 상업시설은 상당히 폭넓게 허용되는 근린생활시설로 인해, 이종 계열의 용도지역에 용이하게 입지할 수 있는 여건을 갖고 있다. 예를 들면, 전용주거지역에서는 상업시설과 공업시설이 강력하게 제한되어 주거의 편익을 위한 근린생활시설의 일부만이 제한적으로 허용된다. 또 일반주거지역에서는 이보다 완화되어 근린생활시설이 거의 제한 없이 허용되고 비교적 소규모의 일반 공장이 제한적으로 허용되며, 준주거지역에서는 더욱 완화되어 전문적 상업용도의 일부인 판매시설과 숙박시설도 허용되고 있다.

결국, 용도지역의 허용 용도 체계는 허용 용도의 수가 상대적으로 적으며 이종용도에 대한 행위 제한이 강화되는 전용용도지역을 근간으로 하여 점차

순화를 지향하고 있지만, 미시적으로 보면 다양한 상업시설이 섞여 있는 혼합적 특성을 나타낸다고 볼 수 있다.

〈그림 6-1〉 주거지역의 행위 제어 특성과 토지이용의 혼합 가능성

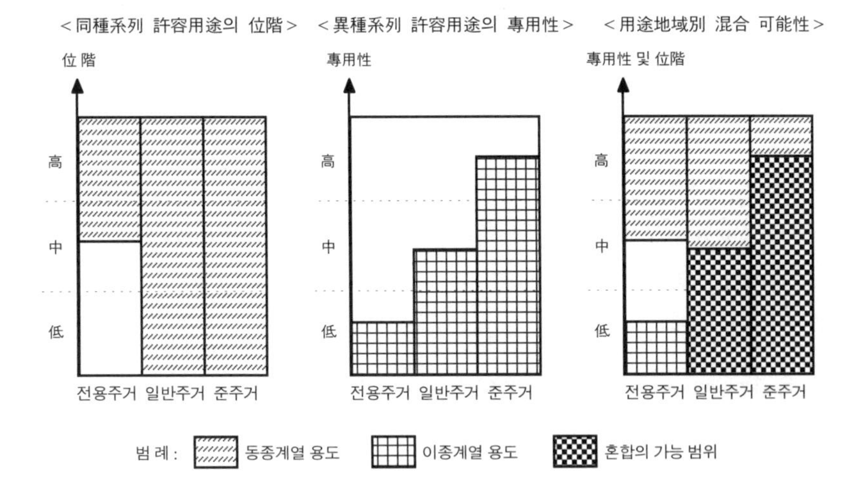

적으로 행위 제한이 완화되는 누적적 허용 체계를 갖고 있다. 또 이에 따라 준용도지역으로 갈수록 혼합도가 증가하게 되는데, 특히 주거지역을 대상으로 이러한 특성을 개념적으로 표현한 것이 〈그림 6-1〉이다.

따라서 우리나라의 용도지역 체계의 특성은 전체적으로 토지이용 혼합을 허용하는 구조로 이루어져 있으며, '전용용도지역 - 일반용도지역 - 준용도지역'으로 이어지는 세분화 체계는 허용 용도의 특성으로 볼 때, '용도순화지역 - 경도혼합지역 - 혼합지역'으로 특징지을 수 있다. 이러한 용도지역의 허용 용도 체계를 갖게 된 배경에는 도시의 활동과 생활에 있어서 다양한 기능과 용도가 구비된 지역적 토대가 필요하다는 인식이 기본적으로 전제되어 있다. 따라서 상충적 관계를 갖지 않는 기능이나 용도의 공존이 공공의 이익에 항상 위배되는 것은 아니라는 토지이용에 대한 인식이 바탕에 깔려 있다고 할 수 있다.

이러한 인식은 우리나라 용도지역 체계 속에서 근린생활시설로 분류되는 용도들과 그에 대한 용도지역별 허용 여부를 주의 깊게 살펴보면 보다 명확하

게 부각된다. 즉, 근린생활시설은 일부 용도가 조건부 허용이기는 하지만, 전체 용도지역에서 허용되고 있는 특수한 성격의 시설들이다. 이는 근린생활시설이 도시 활동에 필요한 기본적인 수요를 충족시켜 주는 시설이며, 각 용도지역의 전용적 시설과 커다란 갈등을 겪지 않고 공생할 수 있는 무해적 또는 상리적 특성을 갖기 때문이라고 할 수 있다. 동시에 근린생활시설은 각 용도지역의 지역적 특성을 현저하게 훼손하지 않는 중간적이고 보조적인 시설이기 때문이라고 생각된다.

2) 준용도지역의 지정을 통한 혼합적 용도지역제

혼합지역이 폐지되면서 실질적인 혼합용도지역으로서 본격적으로 활용된 준주거지역과 준공업지역은 각 용도지역의 계획 목표가 상이했을 뿐만 아니라, 지정면적도 차이를 보인다. 1976년에 서울시에서 최초로 지정된 준주거지역은 지정면적이 계속 증가 추세를 보이지만, 준공업지역은 1970~1980년대 동안 지속적으로 감소 추세를 나타내고 있다.[6)]

〈표 6-2〉에서 보는 바와 같이, 준주거지역은 1976~1990년 사이에 지정면적이 2배 이상 증가하였고, 준공업지역은 1964~1995년 사이에 지속적으로 줄어 들어 1/2 이하로 크게 감소하였다. 이러한 원인을 용도지역제의 측면에서 보면, 다음과 같은 원인을 거론할 수 있다.

첫째, 준주거지역 입지 기준의 다양화를 들 수 있다. 준공업지역의 입지 기준은[7)] 제2기~제4기 동안 변화를 보이지 않고 고정되어 있다. 이에 반해, 준주

---

6) 2000년대 이후, 수도권 대도시를 중심으로 상업, 업무, 주거 기능의 확대로 토지이용 밀도가 낮고 용도 전환이 용이한 준공업지역은 다시 증가되는 추세를 나타내고 있다.

7) ① 도시민의 일상용품을 생산, 수리, 정비하는 공장과 환경오염의 가능성이 가장 적은 제조업을 수용하는 지역으로서 시가지화 지역에 인접한 지역, ② 주문생산의 생산자 내

〈표 6-2〉 서울시 준주거지역 및 준공업지역의 지정면적 변화(단위: km^2)

구분	1964년	1976년	1985년	1990년	1995년
준주거지역	-	1.7	3.39	3.74	4.08
준공업지역	52.22	32.92	30.88	29.08	29.08

거지역의 입지 요건은 주거지역과 상업지역 사이의 완충 기능 역할이 도입되는 등 도시 환경의 변화에 대응하여 다양하게 변화되었다. 따라서 용도지역계획을 수립하는 지방자치단체의 입장에서는 준주거지역을 탄력적으로 운용할 수 있는 선택의 폭이 넓었다고 할 수 있다.

둘째, 준공업지역과 주거지역과의 양립성 부족이다. 준공업지역이 계획 목표상 주공 혼합을 지향하는 성격을 갖고 있기는 하지만, 서울시에서 준공업지역 지정면적이 지속적으로 감소하는 시기인 1985년의 준공업지역 허용 용도를 보면, 준주거지역에서는 금지되는 공해 공장(조건부 허용), 자동차 관련 시설(폐차장, 자동차부속장 등), 동물 관련 시설(도축장, 동물검역소 등) 및 묘지 관련 시설 등이 허용되고 있다. 또한 준주거지역에서는 제한적으로 허용되는 운수시설 및 위험물저장·처리시설의 일부가 허용되고 있어, 주거 기능과의 양립성이 떨어지고 있다.

셋째, 지역주민의 민원제기 등 용도지역 운용의 사회적 측면의 문제이다. 주거환경을 저해하는 시설들을 허용하는 준공업지역의 성격으로 인해, 준공업지역이 지정된 지역 및 주변 지역 주민들의 민원이 자주 제기된다. 이는 용도지역을 지정하는 지방자치단체가 주거지역 주변에 준공업지역을 지정하는 데 제약 요소로 작용할 수밖에 없다.

이러한 이유로 준주거지역은 서울시를 포함한 주요 대도시에서 지정면적이

지 이용자가 함께 편리하고 신속한 연결이 될 수 있도록 소규모 분산적 입지도 가능한 지역, ③ 도시 내 생활권별로의 안배 및 취업자들의 통근 편의성 고려하여 지정.

지속적으로 증가되는데, 이 시기에 변화된 준주거지역의 입지 기준을 살펴보면 시기별로 변화된 준주거지역의 계획 목표를 파악할 수 있다. 전반기인 1980년대 중반까지의 준주거지역 지정 목적은 과도적 토지이용이나 토지이용 혼재에 비중을 두고 있으나, 그 이후로는 주거 환경의 보호를 지정 목적으로 명시하였다. 또한 주거지역과 상업지역 사이의 완충적 용도지역으로서의 역할을 부여하고 계획적 주택단지의 실질적인 상업 기능을 담당할 수 있도록 함으로써, 용도지역의 목표가 다양화되었을 뿐만 아니라 토지이용을 특정한 상태로 유도하고자 하는 준주거지역의 계획적 의도도 명확하게 부각되었다.

1990년대에 들어서면서, 준용도지역의 운용은 1992년 도시계획법 개정과 이에 따른 건축법의 개정으로 인해 근린상업지역이 설정됨으로써 세분화된 체계를 갖게 되었다. 그러나 주거지역과 상업지역 사이에 준주거지역과 근린상업지역이라는 2개의 준용도지역이 규정되어 용도지역 체계 속에서 혼합용도지역이 중복되는 구조를 갖게 된다. 즉, 건설부의 도시계획 지침이나 주요 대도시의 용도지역 지정 원칙에 비추어 보면, 준주거지역이 실질적으로는 상업지역으로 지정되고 있어 용도지역 운용상에서 상업지역의 위계는 준주거지역 < 근린상업지역 < 일반상업지역 < 중심상업지역의 순으로 정의되어 있다.[8] 하지만 준주거지역과 근린상업지역의 지정 기준이나 목적에 큰 차이가 없고, 상업 기능에 대한 행위 제어가 유사하여 전체적인 혼합용도지역의 운용에 있어서 중복성을 갖고 있다. 준주거지역과 근린상업지역의 이러한 행위 제어를 주요 상업시설을 대상으로 지방자치제도 실시 전후를 비교해 보면 〈표 6-3〉과 같다.

〈표 6-3〉에서 보는 바와 같이, 1992년의 행위 제어에서는 준주거지역에서 주거 기능과 양립성이 떨어지는 숙박시설을 금지함으로써 준주거지역의 주거

8) 건설부, 「도시기본계획 및 도시계획재정비지침(보완)」(1987.6), 4쪽; 서울특별시, 「서울도시기본계획」(1990), 208~222쪽; 대전직할시, 「도시계획재정비」(1992), 130~147쪽.

〈표 6-3〉 준주거지역과 근린상업지역의 행위 제어(지방자치제도 실시 전후)

구분		준주거지역		근린상업지역	
		1988년	1992년	1988년	1992년
판매시설	도매시장	○	□(●▲)	○	△■(▲)
	소매시장	○	□(●▲)	○	△■(▲)
	상점	○	□(●▲)	○	△■(▲)
숙박시설	일반숙박	○	×	○	□(●)
	관광숙박	○	×	○	□(●)
위락시설		×	×	○	□(●)
관람집회시설	공연장	○	□(●▲)	○	□(●▲)
	집회장	○	□(●▲)	○	□(●▲)
	관람장	×	□(●▲)	×	□(≠)
전시시설	전시장	○	□(●▲)	○	□(●▲)
	동식물원	○	□(●▲)	○	□(●▲)
업무시설	공공업무	○	□(●)	○	□(●)
	일반업무	○	□(●▲)	○	□(●)
근린생활시설		○	○	○	○

범례: ○(허용), ×(금지), △(조건부 허용), □(조례 위임), ■(조건부 조례 위임),
●(조례에서 허용), ▲(조례에서 조건부 허용), ≠(지자체별로 다름)

환경을 보호하고 조례위임사항의 활용을 통해 근린상업지역과의 차별성을 도모하고자 하였다. 그러나 주요 대도시의 조례 위임 사항을 파악해 본 결과, 조례 위임 사항이 도입된 이후에도 허용 행위의 내용은 크게 다르지 않을 뿐만 아니라 주요 상업시설에 대한 허용 여부와 지정되는 대상지역의 도시 공간구조상의 기능도 유사한 상황이다. 또한 근린상업지역의 지정 실적도 부진하여, 근린상업지역의 활용도는 매우 낮은 상태이다.

근린상업지역의 이와 같은 저조한 활용을 용도지역 운용의 측면에서 파악해보면, 다음과 같은 원인에서 기인하는 것으로 볼 수 있다.

첫째, 용도지역의 지정 목적이 기존의 준주거지역과 유사하여 차별성을 갖고 있지 못하기 때문이다. 근린상업지역은 근린 단위의 일용품 및 서비스 공급을 위하여 5가지의 지정 요건을 규정하고 있다.[9] 그러나 이는 근린생활권

〈표 6-4〉 서울특별시 및 대전광역시의 근린상업지역 지정 현황(단위: km^2)

구분	1988년	1992년	1996년
서울시	-	-	0.47
대전시	-	0.33	0.38

중심의 상업 기능 도입이라는 준주거지역의 지정 목적과 별다른 차이점을 갖지 못하여 용도지역의 성격이 명확하게 부각되지 못하고 있다.

둘째, 행위 제어의 내용이 준주거지역과 대동소이하다. 〈표 6-4〉에서 보는 바와 같이, 상업기능에 대한 행위 제어 내용이 유사할 뿐만 아니라 근린상업지역으로 지정된 지역의 기능적 역할도 근린생활권의 중심지 역할을 수행하여 지역적 성격이 비슷한 상황이다. 반면에 근린상업지역이 지정될 수 있는 지역의 도시공간상의 기능이나 공간적 입지가 일반주거지역과 인접하여 있다는 점을 고려해 보면, 위락시설이나 숙박시설 등 전문적 상업시설의 허용으로 인해 주거환경에 대한 침해의 가능성은 준주거지역보다 높다고 할 수 있다. 따라서 용도지역의 목표와 행위 제어 내용 그리고 현실적인 용도지역 지정 여건 사이의 괴리로 근린상업지역의 활용은 제약을 받을 수밖에 없는 실정이다.

셋째, 지자체의 실질적인 용도지역 운용상에서 근린상업지역과 준주거지역은 상호 보완성을 갖기보다는 경합성을 갖고 있다. 지정 목적과 행위 제어의

---

9) ① 근린생활권의 주민들이 간선도로의 횡단 없이 도보로 접근할 수 있어야 하며, 소규모 휴식 공간을 함께 입지 ② 토지이용의 분화를 지나치게 추구하기보다는 중고밀도 주거지역과 혼재시켜 개발해도 좋은 지역 ③ 일단의 주거지 조성의 경우, 단지를 하나의 근린생활권으로 보고 단지 내 지구중심 상업지역으로 개발할 수도 있으며 단지의 규모가 작을 경우 인접지역을 지구중심 상업지역으로 활용하여 기능의 분담 등을 고려 ④ 주요 간선도로보다는 부차 간선에 연접해 있으면서 주차, 승하차, 화물적재에 용이한 지역 ⑤ 버스, 전철과 같은 대중교통수단의 정류장 및 전철역과 통합적으로 개발하는 것도 가능하다.

유사성으로 인하여 근린상업지역의 지정이 가능한 지역은 준주거지역의 대상 지역이기도 한데, 근린상업지역이 도입된 1988년에는 주요 대도시에서 이미 준주거지역이 활발하게 운용되고 있던 시점이었다(〈표 6-2〉 참조). 또한 제5절에서 보는 바와 같이, 근린상업지역으로 지정될 수 있는 지역에 이미 기존의 준주거지역이 지정되어 있어 근린상업지역의 지정이 가능한 지역은 거의 소진된 상태였다고 할 수 있다.

그러나 준공업지역과 근린상업지역의 이와 같은 한계성에도 불구하고, 통시적으로 살펴본 혼합용도지역 정책은 나름대로의 체계와 계획적인 목표를 갖고 있다. 즉, 준공업지역은 산업 기반의 확충기인 1960년대와 1970년대에 주거 기능과 공업 기능을 동시에 수용하는 용도지역으로서, 개발 수요를 충족시키는 데 기여했다. 또 준주거지역은 1980년대 이후, 산업구조가 3차산업을 중심으로 고도화되어 가는 과정에서 주상혼합을 매개로 하여 상업적 개발 수요를 부분적으로 흡수하는 동시에 도시 공간구조의 분산화 전략에 기여했다. 더불어 근린상업지역은 활용에 있어서 매우 미약하기는 하지만, 1980년대 후반이후 전문화·고도화되어 가는 상업 활동과 수요를 충족시킬 수 있도록 도시 내 상업 기능의 위계적 역할을 분담하고자 했다.

이러한 혼합용도지역의 세분화는 토지이용 혼합의 질적 특성에 따라 도시 공간상에서 담당하는 역할을 새롭게 부여하고 유도하려는 우리나라의 독특한 용도지역 운용 전략이라고 할 수 있다. 또 이러한 세분화를 통해 토지이용 혼합의 추인이 아닌, 보다 계획적이고 특성화된 토지이용 혼합 정책을 용도지역제 속에서 계획적으로 수용하고 활용해 왔다고 할 수 있다.

비록, 근린상업지역이나 준공업지역이 용도지역 운용 목적의 차별성 미약, 주거 기능과의 양립성 부족 및 현실적인 지정 여건의 제한(지정 가능 지역 소진과 2단계 up zoning으로 인한 문제점 발생의 가능성) 등으로 인하여, 최근의 용도지역 운용에 있어서는 그 실제적인 활용에 제약을 받고 있지만, 토지이용 혼합의 특성에 따라 계획적으로 제어하려는 목표는 나름대로 성과를 거두었다고 할 수 있다. 특히, 준주거지역은 용도지역 체계 속에 확립된 이후, 행위 제어에 있어 지속적으로 주거 기능과 혐오성 시설의 입지 제한을 강화하고 있고, 지정 목적의 다양화와 도시 공간구조 속에서 분산적 생활권 중심 기능 담당 그리고 주거 기능과의 양립성 증대로 인해, 계획적인 활용도가 점차 높아지고 있는 상황이다.

4. 미국과 일본 용도지역제와의 비교

토지이용 혼합을 비교적 광범위하게 허용하는 우리나라 용도지역제의 특성은 이 제도를 채택하고 있는 다른 나라의 용도지역 제도와 비교해 볼 때, 그 특성이 더욱 명확하게 부각된다. 여기에서는 미국과 일본을 비교 대상으로 하여, 혼합적 특성을 중심으로 용도지역 제도의 특성을 파악하였다.

우선, 용도지역 행위규제의 개괄적인 특성을 살펴보면, 3국 모두 전체적으로는 누적적 행위 규제 체계와 용도지역 세분화의 특성을 갖추고 있다. 먼저 미국은 주거와 공업의 혼합을 불허하며, 하위용도지역에서만 상위 기능의 용도를 부분적으로 수용하고 있다. 일본도 용도지역별로 세분화된 체계를 갖고 있는데, 특히 주거지역에 대해서는 7종으로 세분화된 용도지역을 설정하고 있을 뿐만 아니라 이종 용도에 대해 시설의 규모 및 환경 영향의 정도를 동시에 규제하고 있다. 우리나라는 판매시설·공장 등 일부 시설에 대해서는 부분적으로 성능 규제(performance control)를 시행하며 시설 규모를 제한하고 있으나, 이보다는 용도 규제에 중점을 두고 있다. 또한 미국과는 달리 주거지역에서도 소규모 공장 및 공업 관련 시설을 허용하고 있다.

둘째, 용도의 규제 방식에 있어서는, 미국이 모든 용도지역에서 허용 행위 열거 방식을 채택하여 전체적으로 용도 순화를 지향하는 체계를 갖고 있다. 이에 반해, 일본은 주거환경의 보호에 비중을 두는 주거전용지역(제2종 중고층

주거전용지역 제외)에서만 허용 행위 열거 방식을 택하고, 기타 용도지역에서는 금지 행위 열거 방식을 취하여, 용도지역의 성격에 따라 선별적으로 혼합을 허용하고 있다. 즉, 저층 주거전용지역과 전용공업지역에서는 각각 주거 순화와 공업 순화를 목표로 이종 용도의 허용을 극히 제한하고 있다. 하지만 기타 주거지역이나 상업지역 그리고 준공업지역에서는 주거와 근린생활시설(우리나라의 근린 공공시설의 성격)을 기반으로 지역 상업 오락 시설을 누적적으로 허용함으로써, 우리나라와 유사한 혼합 허용의 특성을 보이고 있다. 우리나라는 도시계획법 및 건축법 제정 이후부터 전체적으로 금지 행위 열거 방식을 취하여 토지이용 혼합을 가능하게 하였다. 다만, 용도순화를 지향하는 전용주거지역, 전용공업지역 및 녹지 계열의 용도지역에서는 허용 행위 열거 방식을 채용하고 있다.[10]

셋째, 용도지역 세분화의 측면에서 보면, 미국이 최소 대지면적, 주변 지역의 토지이용 여건에 따른 용도·용적규제(contextualism), 공지면적, 용적률 및 특별용도지역 등을 조합하여, 실질적으로 약 150여 가지의 세분화된 용도지역을 운용하고 있다. 특히, 주거지역에서는 주택의 종류와 건축 기준에 중점을 두고 용도지역을 매우 세분하여 운용하고 있다. 일본은 주거지역을 토지이용의 강도에 따라 세분류하고, 전용용도지역에서는 용도 순화를 지향하는 형태를 갖고 있다. 또한 동일 계열의 용도라도 시설 규모나 환경 영향의 정도에 따라 차등을 두고 규제하여, 전용용도지역을 중심으로 용도지역별 행위 제한을 점차 완화하는 구조를 나타내고 있다. 우리나라의 경우는, 각각의 용도지역에 대해 전용용도지역, 일반용도지역, 준용도지역의 형식으로 용도지역을 세분화함으로써, 전용용도지역을 정점으로 점차 행위 제한이 완화되는 특성을 갖고 있다. 또 건축물 용도 분류에서의 규모 제한과 조건부 사항의 적용을

---

10) 1992년 이후에는 우리나라도 모든 용도지역에서 허용 행위 열거 방식으로 변경되었다.

통해, 일부 시설에 대해서는 규모에 따른 제한 조건을 두고 있다. 세분화된 용도지역의 이러한 행위 제한의 누적성과 건축물 용도별 규모 제한은 우리나라와 일본의 용도지역제가 갖는 유사성이라고 할 수 있지만, 근린생활시설을 제외하고는 이종 용도를 불허하는 주거전용지역과 전용공업지역에서의 이종 용도에 대한 허용 용도 규제는 일본이 더욱 강하다.

넷째, 용도지역에서의 토지이용 혼합의 가능성을 보면, 3개국 모두 전용용도지역을 제외하고는 이종 용도 간의 혼합을 인정하고 있다. 미국의 경우, 주거지역에서는 토지이용 혼합을 인정하지 않지만, 상업지역에서는 대부분 주상 혼합을 허용하고 있으며, 공업지역에서는 상업과 공업의 혼합을 용인하여 하위 용도지역에서 상위 기능의 일부를 수용하고 있다. 그러나 공업지역에서는 주공 혼합을 불허하고 있기 때문에 미국의 용도 허용 방식은 부분적이고 제한적인 누적식 용도지역 체계의 특성을 갖는다. 일본의 경우는, 제1종 저층주거전용지역과 전용공업지역(종교시설, 공장부속 사무실, 가라오케는 허용)을 제외하고는 주상 혼합, 주공 혼합, 상공 혼합 및 주상공 혼합을 허용하는 구조를 갖고 있다. 따라서 중고층 주거전용지역에서부터 상업지역 및 준공업지역에 이르기까지 누적적 체계의 구성을 보이고 있다. 이와 같이 용도 허용의 누적성이 강한 내용은 우리나라의 허용 용도 체계와 유사한 점이지만, 누적적으로 허용되는 상업시설과 공업시설의 면적과 층수 등을 비교적 상세하게 제한하여 극히 소규모 시설만을 허용하고 있다. 우리나라는 전용용도지역을 제외한 나머지 용도지역에서 각 용도 간의 혼합을 인정하여, 전체적으로 누적적 허용 용도 체계를 갖고 있는 점은 일본의 경우와 유사하지만, 시설 규모에 따른 차등적·제한적 허용 기준이 일본의 경우보다 상대적으로 미약하다. 또한 근린생활시설의 경우, 시설의 규모 제한이 없는 경우가 많고 거의 모든 용도지역에서 허용됨으로써, 대부분의 용도지역에서 근린상업 용도에 의한 토지이용 혼합이 쉽게 발생할 수 있는 구조를 갖고 있다.

따라서 한·미·일 3국의 용도지역 체계의 허용 용도 특성을 토지이용 혼합이라는 측면에서 종합해 보면, 미국은 주거지역, 상업지역 및 공업지역에서 모두 허용되는 공용적·혼합적 시설을 극히 제한하고 있으며 주거와 공업의 혼합을 불허하고 있다. 다만, 주거지역보다 하위 용도지역인 상업지역에서는 주상 혼합을, 상업지역보다 하위 용도지역인 공업지역에서는 상공 혼합을 부분적으로 허용하고 있으나, 시설의 규모와 활동의 강도에 따라 허용되는 용도를 제한하여, 전체적으로는 순화적 용도지역을 지향하고 있다.

일본은 주거지역, 상업지역 및 공업지역에서 모두 용도의 혼합을 인정하지만, 주거와 이종 용도의 혼합을 허용할 때에는 시설의 규모나 성능 기준을 강화하여 상세하게 규정하고 있다. 그러나 미국과 마찬가지로 상업지역에서는 금지되면서 주거지역과 공업지역에서 동시에 허용되는 시설이 없을 뿐만 아니라, 주거지역에서의 공업기능 허용은 일정 규모 이하로 위험성이나 환경을 악화시킬 염려가 극히 적은 것으로 제한하고 있다. 또한 주상 혼합보다는 주공 혼합의 규제를 강화하고 있으며, 전체적으로는 혼합 선별적인 용도지역의 운용이라는 특성을 나타내고 있다.

우리나라는 주상공 혼합을 상당히 폭넓게 용인하여 주거지역, 상업지역, 공업지역에서 모두 허용되는 공용적 시설의 수가 많은 반면에, 각각의 용도지역에서만 배타적 또는 독점적으로 허용되는 전용시설의 수는 상대적으로 적다. 또한 상업지역에서는 금지되고 주거지역과 공업지역에서는 동시에 허용되는 시설(예: 동물 관련 시설 등)들도 있고, 용도의 혼합에 있어서도 시설의 규모에 대한 차등적인 규제 정도가 일본의 경우보다 약한 편이다. 그럼에도 용도지역별로 건폐율 등을 차등 규제함과 동시에 전용용도가 아닌 이종 시설에 대해 입지를 금지하지 않고, 규모나 성능 기준 또는 도로 조건과 같은 다양한 조건부사항을 부과함으로써, 용도 간의 상충을 최소화하는 상태에서 용도 간의 혼합을 허용하려는 제어체계를 갖고 있다. 따라서 전체적으로는 혼합지향적인 용도지역을 운용하고 있다고 할 수 있다.

5. 맺는 글

한 나라의 용도지역제는 그 나라의 사회적, 경제적, 정치적 상황은 물론 토지에 대한 가치관과 밀접한 관계를 맺고 있으며, 도시라는 무대를 대상으로 하여 토지이용관이 실체화된 제도라고 할 수 있다. 우리나라의 용도지역제는 부족한 토지자원, 급변하는 사회경제적 상황과 도시 여건 그리고 전통적인 '공존의 토지이용관'을 바탕으로 토지이용 혼합을 추인하고 수용해 왔다. 이는 전통적인 토지이용 유산을 이어받기 위한 불가피한 선택이었을 뿐 아니라, 토지이용 혼합을 이용하여 토지자원의 희소성을 극복하고 급변하는 도시 환경에 대응하기 위한 계획적인 움직임이었다고 할 수 있다.

서양의 용도지역 운용이 토지이용 순화를 목표로 시작된 데 반해서, 우리나라의 용도지역제는 도입기에서부터 혼합지역을 설정하였다. 또한 현재에도 다양한 혼합용도지역을 운영하고 있을 뿐만 아니라 전체적으로도 토지이용 혼합을 폭넓게 수용하는 구조를 갖고 있다. 강병기 교수는 이러한 우리나라 도시 토지이용의 혼합적 특성에 천착하여, 이를 공간계획적으로 활용하고 발전시키려는 연구를 지속하여 왔다. 즉, 태생적으로 혼합적으로 형성되었지만, 나름대로의 공간적 질서를 갖고 있는 우리나라의 기성 시가지에 대하여 서양의 경직적인 계획이론인 용도분리주의적 용도지역제를 강제적으로 적용하는 것이 불합리하며, 계획이론이라는 것은 그 도시의 역사적, 공간적, 사회적 특징에 기반하여 수용되고 발전되어야 하는 것임을 주장하였다.

지금까지 살펴본 바와 같이, 전용용도지역에서는 순화적 토지이용을 지향하고 있지만, 일반용도지역과 준용도지역을 거치면서 토지이용의 혼합적 행위 제어라는 특성이 점차 증대되며, 특히 준용도지역은 각각의 독특한 혼합특성에 따라 용도지역의 역할과 기능을 부여하고 있다.

그런데 용도지역 체계의 이러한 혼합적 특성에는, 나름대로의 체계적인 행위 규정과 구성을 갖고 용도지역 체계의 변화에 따라 근린생활시설과 조건부 사항을 시의적절하게 이용했던 점이 중요한 작용을 하고 있다. 또 우리나라의 용도지역제가 성립되던 초기에는 현황 추인적 성격이 강하던 혼합용도지역 정책이, 도시 환경과 시대적 여건의 변화 그리고 용도지역 체계의 변화에 따라 도시 공간구조의 분산화와 생활권 체계의 확립이라는 도시계획의 목표에 부응하면서, 보다 계획적이고 유도적인 목표와 방식을 갖고 운용되어 왔다.

이러한 우리나라 용도지역제의 혼합적 특성과 운용은 토지이용 혼합을 수용할 수밖에 없는 우리나라의 독특한 토지이용 유산에서 기인하는 것이라고 볼 수 있다. 하지만 용도지역 체계가 확립되고 용도지역 세분화가 시행되어 토지이용 순화를 추구할 수 있는 법제도적 여건이 구비된 1970년대 이후에도, 계획적 주택단지에서까지 준주거지역의 지정을 통해 토지이용 혼합을 지속적으로 도모해 왔다.

따라서 이러한 사실로 미루어 보면, 토지이용 현황에 대한 사후적 추인만이 용도지역 체계 속에서 토지이용 혼합을 허용하는 전적인 원인은 아니라는 판단을 가능하게 한다. 왜냐하면, 계획적으로 개발된 지역이나 도시의 주요 간선도로변에서와 같이 현황 추인적인 용도지역의 운용이 불필요한 지역에서도 준주거지역과 같은 혼합용도지역을 지정해 왔다는 사실이 토지이용 혼합을 유도하고자 하는 계획적·정책적 의도를 대변해 주기 때문이다.

우리나라의 경우, 기본적으로 토지이용 순화를 지향하는 용도지역제에 토지이용 혼합을 받아들이는 운용체계를 구축하게 된 원인은 몇 가지 관점에서 조명할 수 있다.

첫째는 전통적으로 이어져 온 우리나라의 혼합적 토지이용 기반 구조를 수용하고자 하는 측면이다. 주지하는 바와 같이, 우리나라의 전통적 토지이용 특성은 조성 단위가 크고 정형화되어 있는 미국형보다는 유럽형에 가까우며, 자연발생성과 혼합성 그리고 소규모 단위성의 특징을 갖고 있다.[11] 따라서 용도지역제도 이런 토지이용 현실과의 적응 작용을 거치면서 토지이용 혼합을 수용할 수밖에 없었다고 보이며, 용도지역제의 초창기에 특히 강했던 이와 같은 현실적 필요성이 '혼합지역'이라는 용도지역으로 형상화되었다고 할 수 있다.

둘째는 모든 존재의 공존을 긍정적이고 때로는 이상적으로 여기는 동양문화권의 체질이나 사고의 틀(paradigm)에 바탕을 둔 우리나라의 토지이용관에서 유래한다고 볼 수 있다. 즉, 우리나라의 사회적·문화적·인식적 특성이 토지이용 혼합을 부정적인 현상으로 파악하지 않고, 어느 정도 바람직하고 긍정적인 현상으로 인식하기 때문이 아닐까 한다. 실제로, 우리나라의 고유한 토지이용관을 바탕으로 형성되어 전통적인 토지이용 형태가 강하게 남아 있는 전통마을이나 소도읍의 토지이용과 공간구성을 보면, 주거시설과 생산시설(공동작업장, 창고, 퇴비사, 축사 등) 그리고 교육문화시설(서당, 향교, 제실 등) 등이 동일한 입지 내에 공존하는 특성을 보이고 있다. 이러한 공간구성이 혼합적 토지이용관의 일면을 보여 주고 있지만, 이에 대해서는 보다 심도 있는 연구가 필요하다고 생각된다.

셋째는 혼합적 토지이용의 활용을 통해, 도시 내 토지이용의 변용을 바람직한 방향으로 완만하게 유도해 가려는 우리나라 용도지역제의 운용적 특성에서 찾아볼 수 있다. 도시 내 토지이용의 변화는 하루아침에 이루어지는 단기적인 현상이 아니라 기능적·공간적·구조적 변화가 장기적으로 축적되어 나타나는 현상이다. 그러므로 토지이용의 변화 과정에는 용도 간의 경쟁, 침입, 계승 및 이동과 같은 현상이 일어나게 되며, 도시 내 특정 지역에서는 이러한 변화의 진행 과정에서 토지이용 혼합이 발생하게 된다. 따라서 토지이용 혼합을 방치하거나 순화만을 추구하는 용도지역제의 운용으로는 혼합적 변화 현상에 대해 계획적이고 효과적으로 대응할 수 없게 된다. 이에 반하여 우리나라는 혼합적 용도지역을 운용함으로써, 토지이용 혼합을 도시계획의 틀 안으로 수용하였다. 또 혼합용도지역을 활용하여 토지이용 변화 과정을 제어함으

---

11) 대한국토·도시계획학회, 『도시의 계획과 관리 1』(서울: 집문당, 1987), 113~114쪽.

로써, 혼합적 토지이용을 보다 계획적이고 유도적으로 조성해 가려는 계획적 방법론의 일환으로 이용하였다.

따라서 한층 가속화되고 있는 도시 공간구조의 분산화와 다핵화에 부응하고 순화적 토지이용의 과도한 추구에서 발생하는 문제점을 해결하기 위한 현실적인 방안으로서, 점진적인 토지이용 변화를 촉진하는 혼합용도지역은 그 활용 가치가 크다고 할 수 있다. 그러므로 현재까지의 혼합용도지역 운용성과를 바탕으로, 주상 혼합을 중심으로 하는 혼합용도지역의 운용 효과를 제고하기 위해서는 다음과 같은 방안을 고려해 보는 것이 바람직하다고 생각한다.

첫째, 준주거지역의 보다 적극적인 활용과 도시공간상에서의 지역적 배분을 통해 소생활권의 지역 센터로서 육성하여, 분산화와 다핵화를 추구하는 도시기본계획의 목표에 부응해야 한다. 1980년대 이후, 지속적인 분산화와 생활권체계 확립의 추진에도 불구하고, 연구대상지역으로 살펴본 서울과 대전의 상업지역은 아직까지도 일부 지역(서울의 경우에는 강북의 구도심, 강남 그리고 여의도, 대전의 경우에는 대전역을 중심으로 한 구도심과 둔산)에 대단위의 면적으로 집중되어 있다. 이러한 단일 상업지역의 광범위한 지정은 도시 기능의 과도한 집중, 교통 혼잡 그리고 과밀 등의 문제를 유발하여 도시 활동의 기능성을 저하시키고 있다.

따라서 이러한 문제점을 해소하기 위해서는 단일한 상업지역을 과대하게 지정할 것이 아니라, 지역 서비스 센터로서의 성격이 강한 준주거지역을 생활권에 따라 분산적으로 지정하고 운영하여 생활권에서 발생하는 상업적 수요는 생활권 내에서 해결하는 방식이 유효할 것으로 판단된다. 이를 위해서는, 준주거지역의 지정 단위를 몇 개의 가구로 설정하고 지정되는 지역의 실정에 따라서 탄력적으로 조정하는 것이 바람직하다. 또 이를 뒷받침할 수 있도록 지역 센터로서의 기능을 강화하기 위해서는, 근린공공시설이나 지역사회복지시설과 같은 근린 공공서비스를 확충할 수 있는 방안이 병행되어야 한다.

둘째, 용도지역의 운용에서 요구되는 상향적 용도지역 변경(up zoning)이나 하향적 용도지역 변경(down zoning)을 위한 잠정적 용도지역으로서 준주거지역을 활용해 볼 수 있다. 현실의 용도지역 운용에 있어서, 용도지역 변경(rezoning)의 필요성은 도시 여건의 변화, 용도지역 체계의 재조정, 도시계획 목표의 재설정 및 지정지역의 특성 변화 등 여러 가지 요인에 의해 발생되고 있다. 또한 지정지역에 대한 장래의 기능과 토지이용상을 설정하고 용도지역을 지정하였지만, 사회경제적 여건이나 개발 수단의 미비 또는 개발 잠재력의 부족 등으로 인해 계획 의도와는 다른 지역 특성의 변화를 보이기도 한다.

대도시의 경우, 생활권과 연계되지 않은 채, 광대하게 지정된 일부 상업지역은 상업 기능의 집적과 개발이 부진하여, 부심이나 지구중심으로서의 역할을 충실하게 수행하지 못하고 침체된 지역으로 남아 있는 경우가 있다. 그뿐만 아니라, 이러한 상업지역의 지정으로 인한 지가의 상승과 최소 개발규모의 강화 등에 따른 부적격 시설의 발생으로 인해, 오히려 도시재개발이나 지구정비의 걸림돌로 작용하는 사례도 있다. 그러므로 이러한 용도지역 운용의 시행착오를 최소화하고 지정지역의 구조에 대한 급격한 변화를 방지하기 위해서는, 점진적인 토지이용 변화를 조성하는 준주거지역을 활용해야 한다.

특히, 용도지역의 세분화 체계 속에서 일반주거지역에서 상업지역으로 또는 상업지역에서 일반주거지역으로의 개구리 뜀뛰기식(frog-leaping) 용도지역 변경은 도시공간을 바람직하게 조성한다는 측면에서나 사회적 형평성의 측면에서 부정적인 파급효과를 낳고 있다. 따라서 용도지역 세분화의 의미를 살리고 용도지역 변경으로 인한 부작용을 최소화하기 위해서, 준주거지역을 활용한 점진적인 용도지역 운용이 바람직하다고 판단된다.

셋째, 토지이용 혼합을 수용하고 유도해야 하는 준주거지역의 목적상, 준주거지역에서의 용도 규제 방식은 금지 행위 열거 방식(negative list system)으로 운용해야 한다. 1992년에 도시계획법과 건축법의 개정으로 용도지역에 대한 행위 제어 방식이 전면적으로 허용 행위 열거 방식(positive list system)으로 변경되었다. 이는 순화적 토지이용을 추구하는 전용용도지역에서는 적절한 제어 방식이라고 할 수 있지만, 혼합적 토지이용을 지향하는 준용도지역의 지정 목적이나 운용 특성과는 거리가 있다.

특히, 산업구조가 급격하게 정보화·고도화되고 있는 변화의 추세 속에서 주거 용도와의 양립성이나 호환성이 큰 정보 및 통신 관련의 소규모 신규 업태를 수용하기 어려운 허용 행위 열거 방식은 직주 근접이나 산업의 경쟁력 강화라는 측면에서도 바람직하지 않다고 판단된다. 또한 이러한 신규 업종을 준주거지역에 수용하는 것이 생활권의 자족성 강화라는 측면에서도, 도시 공간구조의 합리적 설정에 기여하는 바가 크다고 생각한다.

그러므로 용도지역제의 운용에 있어서 모든 용도지역에서 허용 행위 열거 방식을 적용하여 형식적 통일성만을 추구할 것이 아니라, 용도지역의 지정 목적과 운용 특성을 고려하여 허용 행위 열거 방식과 금지 행위 열거 방식을 병용하는 것이 타당할 것이다. 특히, 혼합용도지역에서는 금지 행위 열거 방식을 적용하는 것이 용도지역 운용의 특성을 살리는 방법이라고 생각한다.

제7장

물적 제어의 결합에 따른 개발용적(용적률)의 추정과 그 활용

최창규
한양대학교 도시대학원 교수

1. 개발용적(용적률) 연구의 배경

1980년대 이후 1990년 말까지 강병기 교수는 자신과 제자들의 논문과 연구를 통해서 도시계획과 설계의 물적 규제와 제어가 건축물의 용량, 배치, 형태에 어떠한 영향을 미치는가에 대한 연구를 진행하였다. 강병기 연구실 내에서는 통상 이를 '용적률 연구'라고 칭하였다. 이러한 제어들의 결합에 의하여 영향을 받는 가장 큰 부분이 용적률이라고 생각되었기 때문이기도 하고, 일련의 연구들의 첫 번째가 1983년 강병기 교수가 국토학회 학술지에 게재한 「용적률 연구 1」로부터 시작되었기 때문이었을 것이다. 이 연구 이후 강병기 연구실은 약 20여 개의 논문과 연구 보고서를 발표하였는데, 이들은 연구의 관심을 용적률에 한정하지 않고, 건축물의 위치와 형태를 포함하며, 가구(block) 단위의 도시경관을 포함하는 것으로 확대했다. 이에 따라서 어떤 글에서는 용적비, 달성 가능한 용적비(율), 개발 용량, 개발용적 등의 용어들이 사용되었다. 이 글에서는 양(量)적인 용적률 연구로 한정하지 않고, 형태도 포함하는

'개발용적(이하, 개발용적)' 연구라는 용어로 규정하고 사용하고자 한다. 또 다른 까닭은 개발용적 연구가 시작되고 지속된 배경이 도시 설계와 다음과 같은 깊은 관련이 있기 때문이다.

1970년대를 보내면서, 강병기 교수는 다양한 방법을 통해서 도시설계 제도가 필요함을 역설한다. 이와 같은 노력은 본인이 예측하지 못하였고 뜻하지 않았던 형태로, 1980년의 건축법 8조의 2항 '도시내부의 건축물에 대한 특례 규정'과 같은 해 건축법 시행령 11조의 2에 포함된 '도시설계의 작성기준'이 개정됨으로써 제도화되었다. 이 제도를 원활하게 수행하고자 당시 건설부는 '도시설계의 작성 기준에 관한 연구'를 발주하고, 이 연구를 강병기 교수가 책임지고 진행하게 되었다. 이 연구에서는 새롭게 제도화된 '도시설계'의 개념을 정립하는 일과 아울러, 실무자가 실행함에 있어서 알아야 할 다양한 설계 제어(design control)에 대해 설명했다.

강병기 교수는 프레더릭 기버드(Frederick Gibberd, 1967)의 *Town Design*, 에드먼드 베이컨(Edmund Bacon, 1967)의 *Design of Cities*, 조너선 바넷(Jonathan Barnett, 1974)의 *Urban Design as Public Policy*, 그리고 폴 D. 스프라이레겐(Paul D. Spreiregen, 1975)의 *Urban Design*의 내용들을 인용하고 정리했다. 본인이 생각하는 도시설계를 "도시공간이라는 다수 주체가 존재하는 장에서 그들이 공존할 수 있는 상호 관계를 '디자인'"하는 것으로 이해하고, "최소한의 원칙 중 참가의 [씨스템]이나 디자인 스트럭처(design structure)를 주는 일과 거기서부터 개개의 내외부 공간을 활성화시키면서 하나의 도시공간이라는 실태로 만들어 나가는 일"이 도시설계가 해야 할 일이라고 정의한다(강병기 외, 1981: 20). 이와 같은 도시설계 개념을 실천하기 위해서 미국의 조닝(zoning), 서독의 지구상세계획(Bebauungsplan), 일본의 지역제 및 지구정비 관련 제도, 우리나라의 건축 및 도시계획과 관련 법규들을 검토하여 이 책 66쪽의 환경 조건과 공간 요소와의 관계라는 〈그림 1-8〉과 같은 메트릭스를 만들었다. 도시계획과 도시설계가 지향하는 가치를 달성하기 위한 환경의 목표를 안전성, 건강성, 쾌적성, 효율성으로 규정하고, 이러한 목표를 달성하기 위한 환경 조건을 채광, 일조, 통풍, 프라이버시, 소음, 방재, 교통, 미관, 하부구조, 공공시설 등으로 규정하였다. 나아가 도시설계의 다양한 공간 요소(물적 제어)가 어느 환경 조건에 영향을 미치는지를 정리하였다(〈표 7-1〉 참조).

강병기 외(1981)에서는 개별 물적 제어가 어떠한 내용을 가지는지에 대한 설명과 그 예시를 제시하고 규정들의 구조화를 진행하면서, 강병기 교수는 도시설계가 또는 도시계획가가 자신이 지향하는 환경 목표를 달성하기 위해서는, 물적 제어라는 수단이 어느 환경 요소에 어떻게 영향을 미치는가에 대한 작동 기제를 정확하게 이해해야 한다는 과제를 해결할 필요성을 확인한다.

이러한 문제의식이 현실의 도시설계에 참여하면서 보다 구체화된다. 그 계기는 서울시가 신설된 건축법 8조의2에 의하여 최초로 발주한 도시설계 수립 용역이었던 「서울특별시 간선가로변 도시설계」였다. 이 용역은 1982년 초반부터 1983년 중반까지 진행되었고, 그 공간적 대상은 서울시 4대문 안의 도심부 전체였다. 이 설계를 진행하면서 강병기 교수는 도로사선제한이 대지의 달성 가능한 용적률에 크게 영향을 미침을 발견하게 되었고, 이에 대한 연구를 시작하였다.[12)]

---

12) 1970년대 후반 1980년대 초 강병기 연구실의 실무를 이끌었던 이학동(현 강원대학교 명예교수)에 의하면, 1983년 「서울특별시 간선가로변 도시설계」의 용역을 수행하기 전에는, 강병기 교수는 도로사선제한의 중요성에 대한 인지를 크게 하지 않았다(2017년 2월 7일 이학동 교수와의 인터뷰).

2. 수리적 해석을 통한 달성 가능한 용적률 추정

강병기(1983)의 「사선제한하에서 달성가능한 용적비」는 개발용적 연구의 시작을 알리는 연구였다. 이 연구의 부제는 「용적률에 관한 연구(I)」이었으며, 이후 강 교수가 한양대학교를 떠나는 1997년까지 이어진 관련 연구들의 출발점이었다. 이 연구에서는 기존에 하나의 객체로만 다루어졌던 '용적률'에 추가하여, 대지의 전면도로에 의한 사선제한이 용적률을 실질적으로 제한함을 수리적으로 분석하였다. 도로 사선제한만으로도 개별 대지에서 개발될 수 있는 용적률이 한정될 수 있음을 수식과 그 결과 값을 그래프로 표현하여 보여주었다(〈그림 7-1〉 참조).

대지의 형상과 비례에 따라, 건물을 어디에 배치하느냐에 따라, 개별 대지의 달성 가능한 용적비가 달라질 수 있음을 분석했다. 이 논문은 지구 또는 대지에 부여된 법상(또는 법적) 용적률은 대지의 실제 달성 가능한 용적률과는 차

〈그림 7-1〉 건물 후퇴 시 건폐율과 용적비의 관계(1983년)

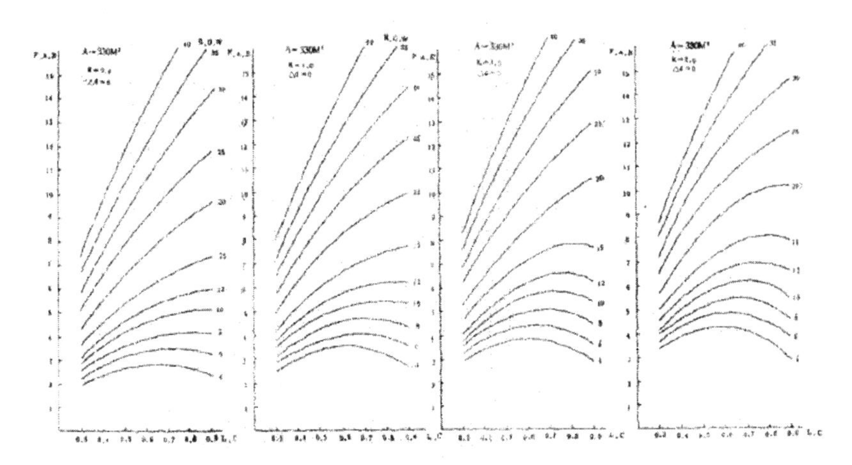

자료: 강병기(1983:7).

이가 존재함을 확인하였다. 이 차이가 도로 사선제한에 의해서 결정되고 시가지 내 도로망의 구성에 의해서 변화될 수 있음을 보여주었다. 그 힘에 의하여 건축물은 도로 이면 경계 쪽으로 후퇴하는 경향을 가진다는 것을 확인하였다.

2017년인 지금의 시가지 개발 상황으로 보면 이는 언뜻 당연한 것으로 생각될 수 있다. 그러나 1980년대 초 서울의 주택 시가지는 2층짜리 건물이 많지 않을 정도로 시가지의 건축 밀도가 낮은 상황이었다. 이 연구가 채택한 수리적 방법론이 아니었다면, 이와 같이 내재된 힘이 존재한다는 것이 확인되기 어려웠을 것이다.

강병기(1984c)「용적률에 관한 연구 II」는 대지에 도로가 1개에서 4개까지 접하는 경우의 용적률의 일반식을 수리적으로 도출하였다. 기존 강병기(1983)는 대지가 접한 도로가 하나인 경우를 전제로 한 모형에 비하여 상당히 도전적 연구로 평가할 수 있다. 이 논문의 의의가 강병기(1984: c46)는 "도시에 대한 개발밀도의 제어적 측면에서 용적률이라는 수단의 유효성과 한계성을 검정할 수 있는 가능성을 모색"함에 있다고 서술하고 있다. 이것은 그가 1979년 번역하여 출간한 조너선 바넷(Jonathan Barnett)의 『도시설계와 도시정책(Urban Design as Public Policy)』에서 뉴욕에서 실행되었던 공중권 이양(transfer of air right)이나 개발권 이양(transfer of development right)을 위해서는 다양한 규제가 상호 작용하여 개별 대지의 용적률이 어떻게 어느 정도 달성되는지를 알아야 한다는 생각을 기저에 깔고 있다. 대상이 되는 용적률이 '법적 용적률'인지 아니면 제어가 중첩된 '달성 가능한 용적률'인지를 논의하는 데 이와 같은 연구들이 선행되어야 한다고 생각하고 있는 것이다.

강병기(1984c)는 이전 연구들이 직방체형 건축물에 대한 수리적 해석에 한정하였던 것에 비하여, 직방체와 사면체가 결합된 건축물(이후, 강병기 연구실 내에서는 '사선절제형' 건축물이라 명명됨, 이하 동일)의 용적률을 계산할 수 있는 일반식을 접도 조건별로 도출하는 수리적 접근의 극한적 측면을 보여주었다. 용적률 연구 I과 II는 당시에 국내 연구 논문들 중에서 매우 이례적으로 고도

〈표 7-2〉 대지의 접도 유형별 용적비의 계산식

FAR 一般建物(直方體+斜面體)의 一般容積化	FARmax 一般建物(直方體+斜面體)의 最大容積比
$\frac{C}{h}(R+\Delta D)L+\frac{C}{h}X_1$ $\left(\text{但}, X_1=\frac{L}{2}\sqrt{tAL}-\frac{18\sqrt{L}}{\sqrt{tA}}\right)$	$\frac{C}{h}\{R+\sqrt{KA}(1-L)\}L+\frac{C}{h}X_{1,m}$ $\left(\text{但}, X_{1,m}=\frac{\sqrt{KA}}{2}L^2-\frac{18}{\sqrt{KA}}\right)$
* $\frac{C}{h}(R_1+\Delta D')L+\frac{C}{h}X_{2,7}$ $\Big(\text{但}, X_{2,7}=\frac{1}{2}(tL-36)\left(\sqrt{\frac{AL}{t}}-\sqrt{tAL}\right.$ $\left.-\Delta D_1+\Delta D_2\right)+\frac{1}{3A}(tAL\sqrt{tAL}-216)$ $+(\Delta D_1-\Delta D_2)L+\frac{1}{2}\sqrt{\frac{t}{AL}}(\Delta D_1-\Delta D_2)^2\Big)$	* $\frac{C}{h}(R_1+x_2)L+\frac{C}{h}X_{2,7,m}(K,A,L)$
$\frac{C}{h}(R_1+\Delta D')L+\frac{C}{h}X_{2,\cdot}$ $\Big(\text{但}, X_{2,\cdot}=\sqrt{\frac{L}{tA}}\cdot\frac{1}{4}(\sqrt{tAL}+\Delta D_2-\Delta D_1)^2$ $-\frac{1}{2}\sqrt{\frac{L}{tA}}(\Delta D_2-\Delta D_1)^2$ $-9\sqrt{\frac{L}{tA}}\Big)$	$\frac{C}{h}\left\{R_1+\frac{1}{2}\sqrt{KA}(1-L)\right\}L$ $+\frac{C}{h}\left\{\frac{\sqrt{KA}}{2}L^2-\frac{\sqrt{KA}}{2}L^2-\frac{9}{\sqrt{KA}}\right\}$ $=\frac{C}{h}\left\{R_1+\frac{\sqrt{KA}}{2}\left(1-\frac{L}{2}\right)\right\}L$ $-\frac{C}{h}\frac{9}{\sqrt{KA}}$
$\frac{C}{h}(R_1+\Delta D')L+\frac{C}{h}X_3(t,A,L)$	* $\frac{C}{h}(R_1+x_3)L+\frac{C}{h}X_{3,m}(K,A,L)$
* $\frac{C}{h}(R_1+\Delta D')L+\frac{C}{h}Y_3(t,A,L)$	* $\frac{C}{h}(R_1+y_3)L+\frac{C}{h}Y_{3,m}(K,A,L)$
$\frac{C}{h}(R_1+\Delta D')L+\frac{C}{h}X_4(t,A,L)$	* $\frac{C}{h}\left(R_1+\frac{x_3}{2}\right)L+\frac{C}{h}X_{4,m}(K,A,L)$

凡例 C; 斜線기울기, h; 層高, A; 垈地面積, L; 建蔽比, K; 垈地形狀比, t; 建築面積의 形狀比
R; 前面道路幅, R_1; 가장넓은 前面道路幅, ΔD; 前面空地幅, ΔD'; 가장 좁은 前面空地幅, x, y, X, Y; 函數

자료: 강병기(1984c: 57).

의 수리적 방법론[13]을 사용하였다. 이는 많은 후학들이 지금까지도 미처 알지 못하는 강병기 교수가 가지고 있던 분석적 접근 방법론이라고 생각된다(〈표 7-2〉 참조).

용적률 연구 I과 II 사이에는 2개의 주요한 연구가 있는데, 하나는 강병기(1984a) 「사선제한 규제가 용적률에 미치는 영향」이며, 다른 하나는 강병기(1984b) 「도시경관의 개선을 위한 유도적 제어에 관한 연구」이다.

강병기(1984a)에서는 하나의 전면도로를 받는 대지 내에서 '사선절제형' 건축물이 도로사선제한에 따라서 어떠한 용적률을 달성할 수 있는가를 분석하였다. 도로사선제한 규제는 건축물을 도로에서 멀어지게 하고 후면으로 밀어 넣는 힘이 있음을 확인하고, 이에 더하여 옥외 주차장 설치 조항도 이 힘을 강화시킴을 확인하고 있다. 이러한 힘은 1층의 상가와 이를 이용하는 보행자에게 바람직하지 않은 결과를 가져올 수 있으며, 도시경관적으로도 바람직하지 않다고 분석하면서, 주변에 부정적인 영향이 없고 필요하다고 인정할 때는, 전면도로 사선제한 기준의 완화도 제안한다(강병기, 1984a: 59~60).

강병기(1984b)는 도로사선제한과 옥외주차장 설치에 대한 규제가 현실하는 건축물의 배치와 그에 의해서 이루어지는 도시경관에 어떠한 영향을 미치는지를 분석하였다. 도시설계가가 물적 제어가 도시경관에 미치는 영향의 작동 기제를 파악하고, 이들을 이용하여 도시경관을 유도적으로 제어하여야 함을 제시하였다.

강병기(1985)는 주차장의 효율적 배치에 관한 연구이다. 다른 개발용적 연구와는 대상이 다르지만, 물적 제어가 어떻게 건물의 형태와 배치에 영향을 미치는가를 수리적으로 분석하였다는 측면에서 그 맥락을 같이하며, 시장(market)이 지향하는 효율성에 주목한 연구이다. 건물의 연상면적에 연동되어

---

13) 이와 같은 수리적 방법론을 도와준 실무자는 당시 연구원이었던 이원영(현, 수원대학교 교수)였다(2017년 2월 7일 이학동 교수와의 인터뷰).

〈그림 7-3〉 전면도로폭, 건폐율과 용적비의 관계

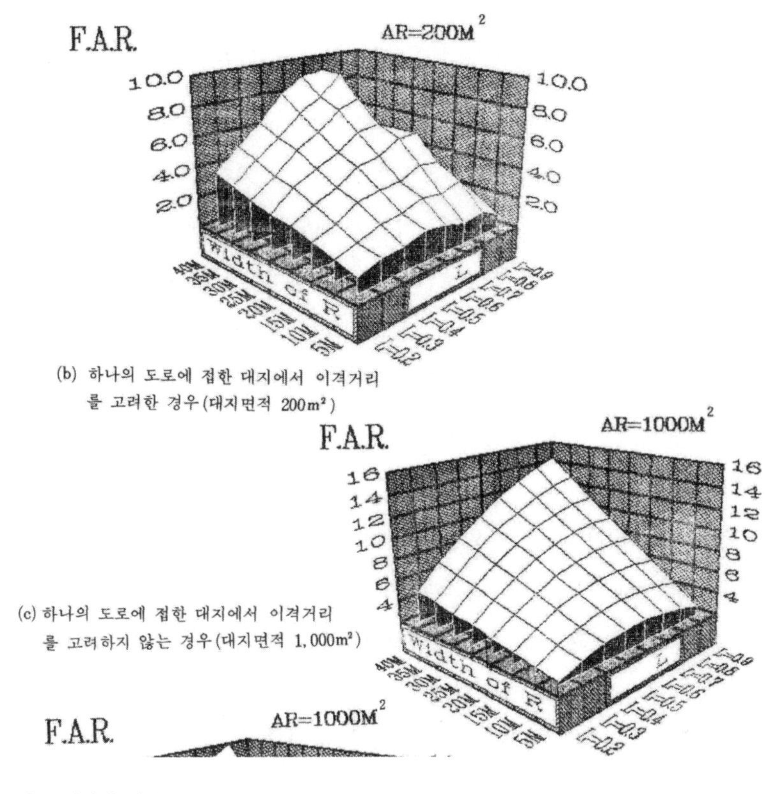

자료: 강병기·최봉문(1988: 38).

설치하여야 하는 주차장 면수가 할당되고, 이를 대지에 어떻게 배치하는 것이 가장 효율적인가를 수리적으로 분석하였다. 건축 행위에 작용하는 주차장 규제의 메카니즘을 분석하였다. 대지의 공지에 배치되는 옥외주차장의 설치가 도로 사선제한과 함께 건물의 위치를 도로에서 멀어지게 하는 '같은 방향'의 힘을 가지고 있으며, 이것에 의하여 어떠한 도시경관이 형성되는가를 확인하였다.

3. 컴퓨터 프로그램, Fortran, CAD와 GIS를 이용한 용적률 추정

강병기의 지도를 받은 최봉문(1986.12)은 「달성 가능한 가구용적률에 관한 연구」를 통하여 기존에 개별 대지의 분석에 한정되었던 연구를 가구(block) 단위의 공간으로 확장하였다. 이 연구가 분석 대상을 가구 단위로 확장할 수 있었던 것은 컴퓨터를 적극적으로 활용하였기 때문이다. 최봉문(1986)은 강병기(1983, 1983a, 1984b)에 의하여 발전된 수리적 모형을 컴퓨터 언어 Fortran을 이용하여 시뮬레이션 프로그램을 개발하였고, 이를 통하여 다수의 대지에 대한 달성 가능한 용적률 계산이 가능하게 되었다. 이 연구는 이후 연구들이 적극적으로 컴퓨터를 활용하는 데 전환점을 제공하였다.

강병기와 최봉문(1988.7)은 「도로와 인접대지경계선에서 사선제한을 동시에 받는 단일 대지의 용적률」 연구를 통하여, 도로 사선제한과 일조권 사선제한을 동시에 받는 대지에서 개발용적이 어떻게 변화하는지를 분석하였다. 상당한 난관을 뚫고 일조권 사선제한의 수리적 표현에 성공하였으며, Fortran을 통한 수리적 계산과 2차원적 그래프에 더하여, 당시에 처음 소개되었던 3차원 그래픽 프로그램을 통하여 건폐율과 전면 도로폭에 따른 개발용적의 변화를 시각적으로 보여준 선도적인 시도를 하였다.

최봉문과 강병기(1990.3)는 당시에 도시계획 및 도시설계 분야에 도입되기 시작하였던 컴퓨터 활용 설계(computer aided design: CAD)를 활용하여 가구 규모의 달성 가능한 개발 용량과 함께 그 추정 형태도 시뮬레이션 하였다. 이 논문에서는 다양한 가구 구획에 따라서 개발 용량이 어떻게 변화되는지를 확인하여, 용적률을 최대로 얻을 수 있는 가구의 분할 방식이 있음을 명확하게 보여주었다(〈그림 7-4〉 참조). 또한 종로 2가와 여의도를 대상으로 하여, 가구의 구획에 따라서 법상 허용 용적률의 달성 가능성이 달라지며, 특히 대로변에 접하지 않은 가구의 경우 법상 허용 용적률 달성이 어려움을 확인하고 있다. 기존 연구들의 수리적인 접근의 결과를 그래프로 보여주었다면, 표와 그

〈그림 7-4〉 종로 2가 일대의 개발용적 추정 CAD 시뮬레이션

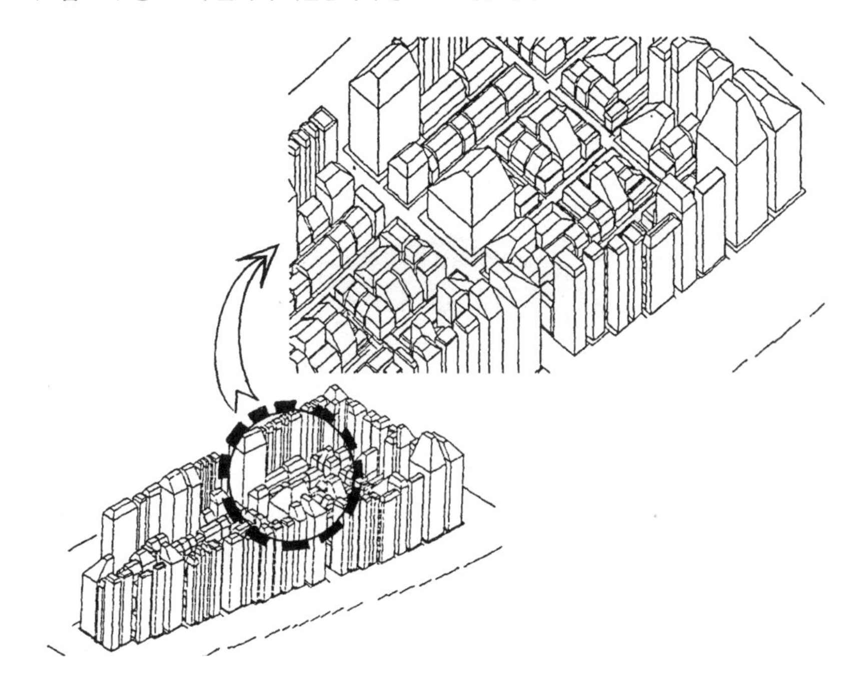

자료: 최봉문·강병기(1990: 86).

래프뿐만 아니라 CAD를 이용하여 시각적으로 보여준 첫 시도였다는 의미도 가지고 있다.

1992년 강병기 연구실은 「도시공간상에서 개발 용량의 예측과 평가를 위한 계량적 모델의 작성에 관한 연구」를 발표하였다. 이 보고서는 한국과학재단의 지원을 받아 1990년부터 진행한 연구의 결과물로서 이전의 최봉문·강병기(1990), 후속된 최창규·강병기(1992) 그리고 강병기·최봉문(1994.2)의 내용들을 포함하고 있다.

최창규·강병기(1992)는 도시설계적 규제가 어떠한 경관을 형성시킬지를 예측하기 위하여 CAD를 이용한 시각 시뮬레이션을 시도하였다. 이 연구는 기존 개발용적 연구들이 수리적 해석을 통한 결과 값을 표, 그래프 그리고 CAD

〈그림 7-5〉 도시설계에 의한 경관 추정(1991년 강남역에서 관악산 방향)

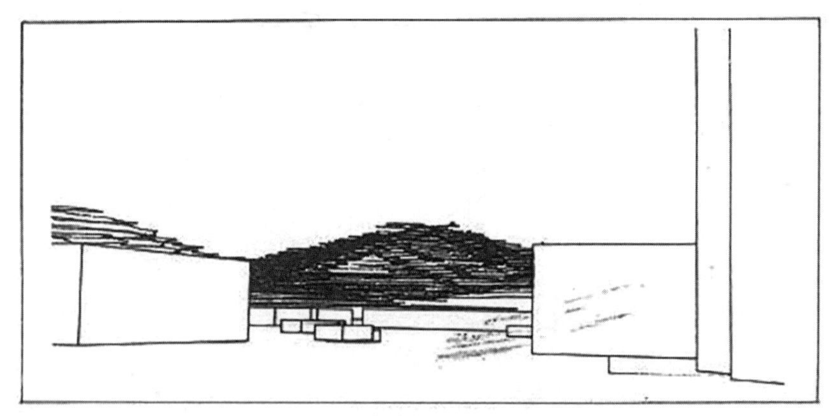

a) 현재의 경관

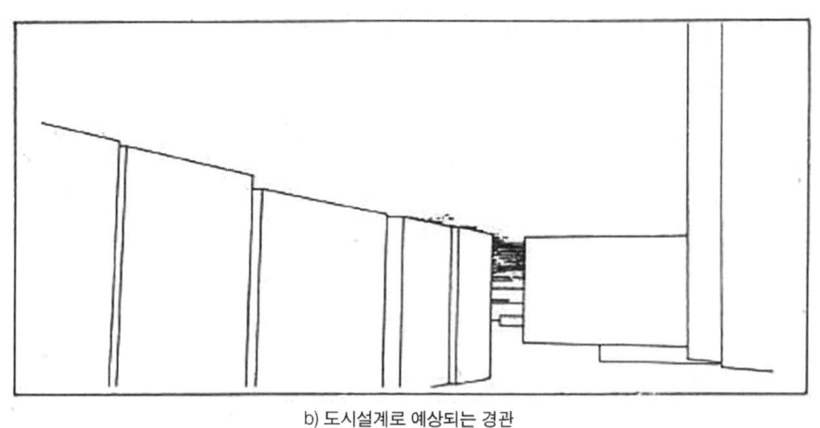

b) 도시설계로 예상되는 경관

자료: 최창규·강병기(1992: 97).

를 이용하여 표현한 것에 반하여, AutoCAD 프로그램 내에서 LISP(List Processing Language)을 이용하여 공간적 해석을 시도하였다는 방법론적 차별점을 가지고 있다. 도시설계의 다양한 물적 제어가 어떻게 경관에 영향을 미칠지를 CAD 시뮬레이션으로 확인한 최초의 시도였다.

〈그림 7-6〉 전면도로 기준 변화에 따른 개발용적의 변화(종로 2가)

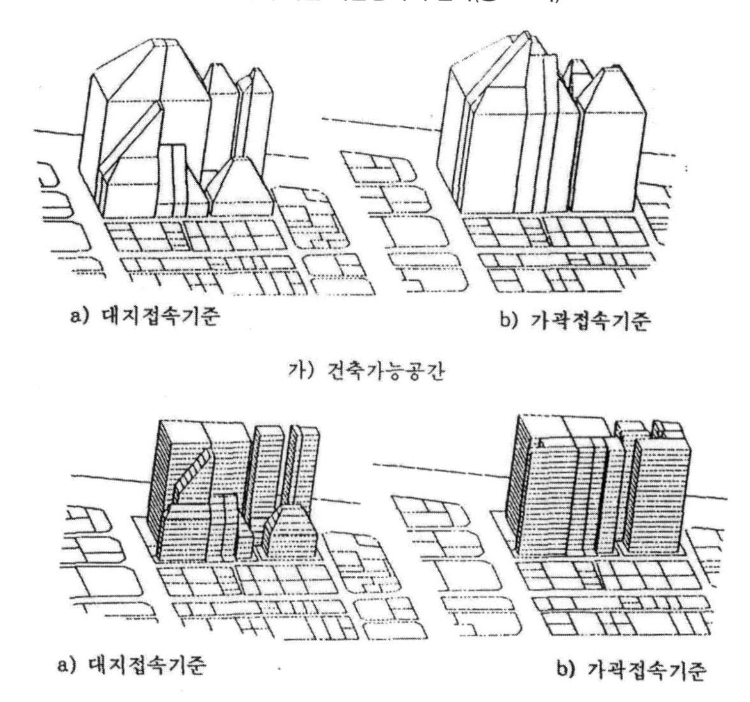

자료: 최창규·강병기·여홍구(1997: 80).

최창규·강병기·여홍구(1997.2)는 「건축물 높이제한을 위한 전면도로 적용기준 차의 도시계획적 영향 해석」 연구를 통하여 건축법상의 조항 변경이 실제 도시공간에서는 어떠한 개발용적 변경을 가지고 오는지를 분석하였다. 약간의 법조항 변경이라도 개별 가구와 대지 조건에 따라서 개발용적에 큰 변화를 가져올 수 있음을 다각적인 측면에서 확인하였다.

이후 한 동안의 소강기를 거쳐서 최창규(2004)는 「개발용적 추정 일반식의 모형화를 통한 건축가능공간에 영향을 미치는 물적제어요소들에 대한 해석」을 통해서, 기존 개별 조건에 따른 수리적 해석을 단일 함수로 표현하는 방법을 제안하고, 그 일반화된 관계를 〈그림 7-7〉과 같이 표현하였다. 이 논문은

〈그림 7-7〉 도로에서의 이격거리(D)와 연상면적과의 관계 일반화 그래프

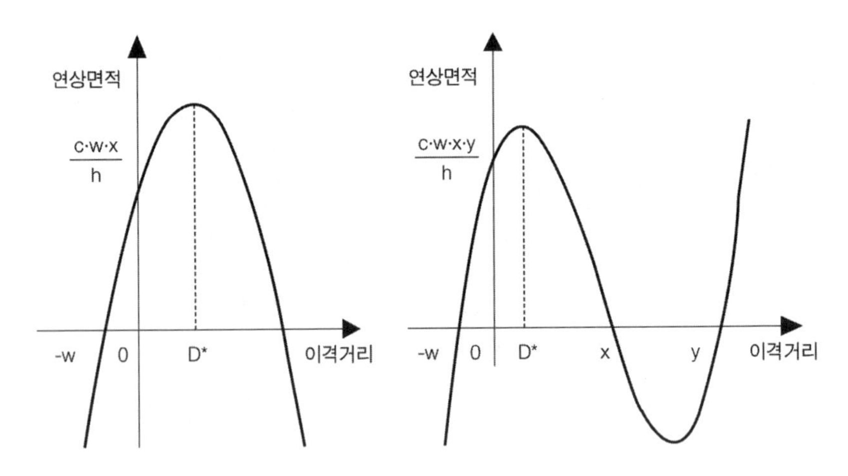

자료: 최창규·강병기·여홍구(1997: 80).

최창규의 1997년 박사학위 논문의 일부를 기반으로 하고 있으며, 계속해서 일련의 논문들을 발표하였다. 이후 그는 다른 연구자들과 공동 또는 독자적으로 「일조권사선제한에 따른 개발 이익 변화 해석」, 「건축물 높이제한 기준 변화가 이면도로에 접한 대지의 개발용적에 미친 영향」, 「개발용적을 고려한 개별공시지가 산정 필요성에 관한 기초 연구」, 「인접 대지 간 공동개발의 영향에 대한 개발용적 관점의 해석」 등을 발표하여 개발용적 개념이 도시계획 및 설계 그리고 부동산 개발 등에서 다양하게 활용될 수 있음을 확인하였다.

강병기 연구실 이외에서도 이와 같은 개발용적의 시뮬레이션을 활용하여 도시경관의 변화를 예측하고자 하는 일련의 시도들이 있었다. 이들 연구들은 이인성·김충식(2002), 이인성·김충식(2004), 김충식·이인성(2005), 이인성 등(2009) 등이 있다.

5. 개발용적(용적률) 연구의 의의

개발용적(용적률) 연구는 법정 용적률에 한정하지 않고, 다양한 물적 제어가 시가지의 밀도와 경관에 큰 영향을 미침을 증명하고 확인한 일련의 연구들이라는 점에서 그 의의가 있다. 그 초기 연구는 하나의 도로에 접한 대지의 도로 사선제한에 의한 용적률의 변화를 확인하는 것으로 시작하였지만, 후기로 갈수록 대상 규모는 가구와 지구 규모로 커졌고, 일조권 사선제한, 건축선 제한 등 도시설계의 물적 제어를 상당 부분 포함할 수 있을 정도로 정교하게 되었다.

도시계획과 설계에서 그 제어와 규제가 어떻게 시가지에 전개되는지에 대한 이해와 예측은 기초적이고 중요한 과제였다. 그럼에도 불구하고 개별 건축 규제와 이에 더해지는 도시설계와 지구 단위의 각종 규제는 전체의 규제가 어떠한 영향을 미치는지에 대한 검토와 고려가 없이 진행되어 온 측면이 강하였다. 일련의 개발용적(용적률) 연구는 물적 규제의 전체적인 작동기제(메카니즘)를 도시계획 및 설계가 그리고 법과 규정을 다루는 정부가 보다 정확히 이해하여야 함을 확인해 왔다.

그럼에도 불구하고, 아직까지도 개별 규제 또는 제어를 변경함에 있어서 그 결과에 대한 객관적이고 합리적인 시뮬레이션 및 분석을 기반으로 하고 있지 못함은 매우 아쉬운 일이다. 최근 몇 년간 제도에서 사라진 최소대지면적 규제, 도로 사선제한 등의 규제와 제어는 도시조직과 연계되어 그 의미를 가지고 있었다. 과도한 규제는 지양하여야 할 것으로 판단되지만, 고밀 혼합토지 이용을 허용하고 지향하고 있는 우리나라의 도시 내에서, 각 시가지에 적합한 합의를 도출하고 그에 따른 규제와 제어는 필수 불가결하다. 이를 위해서는 지속적인 개발용적 연구가 진행되어야 하며, 객관적인 시뮬레이션 시스템의 구축이 수반되어야 할 것으로 판단된다.

■ 참고문헌

강병기. 1983.6.「사선제한하에서 달성가능한 용적비: 용적률에 관한 연구 1」. ≪국토계획≫, 18(1), 3~10쪽.

_____. 1984a.「사선제한 규제가 용적률에 미치는 영향」. ≪시정연구≫, 37~61쪽.

_____. 1984b.「도시경관의 개선을 위한 유도적 제어에 관한 연구」.『한양대산업과학연구소논문집』, 18, 3~10쪽.

_____. 1984c.「사선제한하에서 받는 용적비의 일반식: 용적률에 관한 연구 2」. ≪국토계획≫, 19(2), 45~58쪽.

_____. 1985.「주차효율에 관한 연구」. ≪시정연구≫, 3~31쪽.

강병기·최봉문. 1988.7.「도로와 인접대지경계선에서 사선제한을 동시에 받는 단일 대지의 용적률」. ≪국토계획≫, 23(2), 21~40쪽.

_____. 1990.3.「가구개발용량의 예측과 조정에 관한 연구」. ≪국토계획≫, 25(1), 67~91쪽.

강병기연구실. 1992.「도시공간상에서 개발용량의 예측과 평가를 위한 계량적 모델의 작성에 관한 연구」. 한국과학재단.

김충식·이인성. 2005.「건축제어요소가 가로경관 선호도에 미치는 영향 분석」. ≪한국도시설계학회지≫, 9(4), 71~88쪽.

이인성·김충식. 2002.「도시경관 관리를 위한 가시율 분석기법의 개발」. ≪한국도시설계학회지≫, 6(4), 23~34쪽.

_____. 2004.「시뮬레이션 모형을 이용한 도시 개발형태 및 경관의 변화 예측」. ≪한국건축학회지≫, 32(3), 106~113.

이인성·임상준·김충식. 2009.「필지형상이 개발밀도에 미치는 영향 분석 - 서울시 강동구 천호·암사 지구단위계획구역을 대상으로」. ≪한국도시설계학회지≫, 10(4), 151~162쪽.

최봉문. 1986.12.「달성가능한 가구용적률에 관한 연구」. 한양대학교대학원 석사학위논문.

최봉문·강병기. 1994.「대지와 가구의 유형에 따른 개발용량의 추정과 계획적 제어 방안에 관한 연구」. ≪국토계획≫, 29(1), 57~87쪽.

최창규. 2004.「개발용적 추정 일반식의 모형화를 통한 건축가능공간에 영향을 미치는 물적제어요소들에 대한 해석」. ≪부동산분석학회지≫, 10(2), 95~106쪽.

_____. 2009.「인접 대지간 공동개발의 영향에 대한 개발용적 관점의 해석」. ≪한국도시설계학회지≫, 10(1), 171~186쪽.

최창규·강병기·여홍구. 1997.2. 「건축물 높이제한을 위한 전면도로 적용 기준 차의 도시계획적 영향 해석」. ≪국토계획≫, 32(1), 69~86쪽.
최창규·이재우. 2006. 「일조권사선제한에 따른 개발이익 변화 해석」. ≪부동산분석학회지≫, 12(1), 17~26쪽.
최창규·이주일. 2006. 「건축물 높이제한 기준 변화가 이면도로에 접한 대지의 개발용적에 미친 영향」. ≪서울도시연구≫, 7(2), 77~93쪽.
최창규·이주일·이재우. 2007. 「개발용적을 고려한 개별공시지가 산정 필요성에 관한 기초 연구」. ≪감정평가연구≫, 17(1), 9~25쪽.

제8장

컴퓨터를 이용한 경관계획과 도시분석

최창규
한양대학교 도시대학원 교수

1. 컴퓨터를 활용한 배경

강병기 교수는 근대 도시계획의 선구자 중의 하나인 페트릭 게데스 경(Sir Patrick Geddes)이 주창한 "조사하고 계획하라(survey before plan)" 또는 "진단하고 처방하라(diagnosis before treatment)"를 그의 수업과 회의에서 자주 강조하였다. 강 교수가 주로 활동하던 1970년대에서부터 1990년대 그리고 현재에도, 우리 도시계획과 설계가 이와 같은 오랜 원칙들을 충실히 따르고 있다고 보기 힘든 것이 현실이다.

강 교수는 이 원칙을 강조하면서 계획과 설계의 의사결정에 최대한 반영하기 위해 노력하여 왔다. 그 시절 많은 건축가들과 도시설계가들이 설계안을 그리는 것에 중심을 두었다면, 그는 수없이 많은 분석을 통해서 계획과 설계에 대한 자신의 의사결정을 뒷받침하고자 하였다. 그리고 그가 행하거나 지도한 상당히 많은 연구들이, 도시분석 또는 계량적인 것에 집중되어 있다. 그의 이와 같은 습관은 단게 겐조 연구실에서부터 시작된 것이었고, 본인의 박사 논문도 지금의 전공 기준으로 하면, 교통계획 또는 도시분석에 가까운 주제이다. 그 주제는 그가 석사과정으로 단게 겐조 연구실에 처음 들어갔을 때, 단게가 제시한 질문인 "대도시 내의 인구이동"과도 긴밀하게 연결되어 있다. 강병기의 1971년 도쿄대학교 박사학위 논문에는 OD 조사(orientation and destination 조사, 통행기종점 조사)를 기반으로 이것을 당시 활용되던 컴퓨터 언어인 Fortran으로 분석한 부분이 있다.

그는 합리적이고 과학적인 분석에 기반한 도시계획과 설계를 강조하였으며, 각 계획과 설계 과정에서 분석을 위해서, 연구실에서 밤을 새우며 투여한 노동력은 연구실 동문들이 아직도 이야기하는 주요한 소재이다. 개인용 컴퓨터가 보편화되기 이전에 이와 같은 분석들은, 힘든 노동을 투여해 작성한 도면과 지도를 이용해 이루어졌다. 아쉽게도 분석에 사용된 도면들은 현재에는 거의 남아 있지 않다. 그러나 1983년의 간선도로변 도시설계, 1986년의 서귀포 신시가지 계획, 1993년의 제주도종합개발계획 내 도시계획의 제안들은 지금하더라도 어려운 분석들을 기반으로 하고 있다. 이들은 현재의 컴퓨터 기술을 활용한다고 하더라도 그 작업량이 상당함을 쉽게 상상할 수 있다.

이와 같은 분석들을 보다 쉽고 객관적으로 수행하기 위해서, 강병기 연구실은 다양한 노력을 기울였고 초기에는 한양대학교 내에 있던 중형컴퓨터를 이용하기도 하였다. 이후 개인용 컴퓨터가 보급되면서 CAD(Computer Aided Design)와 GIS(Geographic Information System)를 활용한 분석으로 전환되어 갔다. CAD를 이용해서는 도시경관 계획을 위한 합리적인 의사결정을 지원할 수 있는 체계를 만들어갔고, GIS는 토지이용 변화의 원인과 그 결과를 추정하는 데 주로 사용했다. 1990년대 강병기 연구실은 이들 프로그램을 이용한 분석에 대한 높은 전문성으로 명성을 얻었으며, 연구실에서 졸업하는 석박사 대부분이 컴퓨터를 활용한 논문을 쓰도록 지도받았다. 강병기의 이와 같은 지도를 받은 논문들과 제안들은 이 책의 5~7장에 자세히 설명되어 있다. 이 글에서는 앞에서 소개되지 않은 두 부분인 컴퓨터를 이용한 경관계획과 도시분석의 내용과 그 의의를 소개한다.

2. 컴퓨터 응용 설계(Computer Aided Design, CAD)를 이용한 경관계획

강병기 교수는 1970년대 초부터 경주 보문단지의 계획에 관여했는데, 초기의 예상과는 다르게 대규모 개발들이 보문호 주변에 집중하면서, 경관관리의 필요성이 대두되었다. 이에 따라서, 1988년 경주관광개발공사는 보문휴양단지의 신규 개발에 대한 관리를 위해서 「경주 보문관광휴양지 시설규제검토 및 개선방안에 관한 연구」를 강병기 연구실에 의뢰하게 된다. 이때 강병기 연구실은 아마도 우리나라 최초로 CAD를 이용하여 경관분석을 시도한다(〈그림 8-1〉. 참조).

경주 보문호의 주요 조망점과 조망 대상을 선정하고, 아직 개발되지 않은 부지에는, 향후 건설될 수 있는 규모와 층수의 모델을 넣어서, 경관에 미치는 효과를 시뮬레이션 하였다. 이 시도는 현재의 컴퓨터 그래픽(computer graphics)에 비해서 상당히 간단해 보이지만, 그 논리적 근거는 매우 명확하고 합리

〈그림 8-1〉 경주보문단지 건축물 높이와 규모 제어를 위한 컴퓨터 기반 시뮬레이션(1989.4)

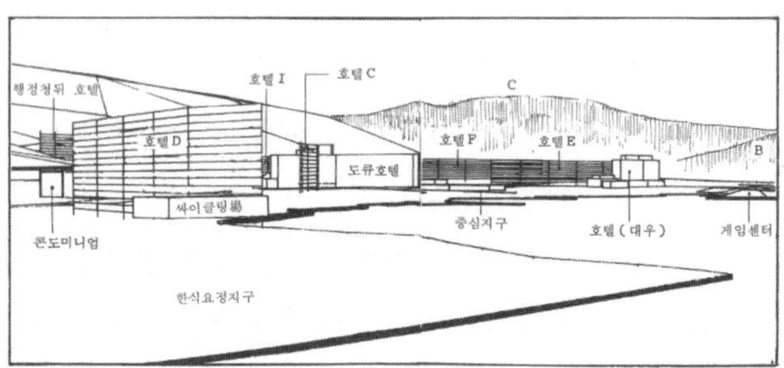

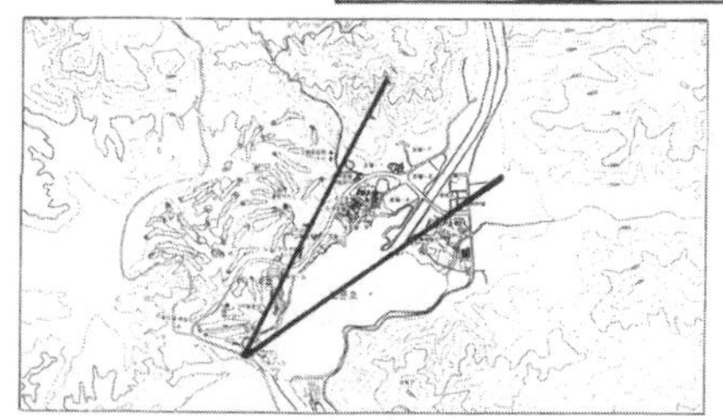

적이어서, 이후 국내 경관 분석에 그 기본적 원리는 그대로 사용되고 있다. 시민들이 많이 모이는 조망점에서, 주요한 조망 대상을 볼 때 장애를 줄일 수 있는 방법을 제시하는 것이 기본 원리이다. 이와 같이 CAD를 이용한 방법 전에는 고가의 모형을 제작해 카메라 장비로 촬영하는 방법을 사용해야 했지만, 강병기 연구실이 1989년 보문단지를 분석한 방법은 비교적 저렴하게 경관 시뮬레이션을 할 수 있는 가능성을 제시하였고, 이후 다양한 경관 분석 방법론을 제공하였다는 데 의미가 있다.

1990년 서울시가 주도적으로 시작한 '남산 제모습찾기 사업'은 경관분석에 새로운 기회를 제공했다. 강병기 교수는 이 사업을 주도하던 강홍빈 교수(당시 서울시 국장, 현 서울시립대학교 명예교수, 서울연구원 이사장)와의 인연으로 관여하게 되었다. 합리적인 경관계획에 따라서 건축물 높이 규제가 불가피함을 설득하기 위한 근거로 경관분석의 필요성을 공감하였다. 특히, 사업 중에서 우선순위에 해당하는, 남산외인 아파트의 철거와 남산 주변 지역에 대한 합리적인 높이 규제는 시민들이 남산에 대한 조망권을 확보한다는 차원에서 매우 중요한 사업이었다. 특히, 이 당시 남산 경관관리구역 내의 일정 규모 이상의 건축물의 건축을 위해서는 남산 제모습찾기 100인 시민위원회 경관관리분과위원회의 사전 경관영향평가를 받도록 하였기 때문에, 객관적인 경관 분석이 더욱 중요하였다. 이를 위하여 서울시는 「남산경관관리를 위한 컴퓨터 시뮬레이션 연구」 용역을 강병기 연구실에 의뢰하였다.

강병기 연구실은 이때 시곡면 분석이라는 개념을 제안한다(〈그림 8-2〉 참조). 이것은 조망점과 조망 대상을 연결하는 시곡면을 CAD상의 모델로 구축하고, Mesh로 모델링한 지형을 층수 높이만큼 단계적으로 상승시켜서, 두 지점을 연결하는 시선에 장애를 미칠 수 있는 범위를 추출한다. 건축물에 대한 기존의 높이 규제가 임의적이었다는 한계를 갖는 데 반하여, 이 시곡면 분석은 건축물의 높이 규제에 대한 근거를 제공하였다는 점에서 그 의의를 갖는다.

〈그림 8-2〉 남산 경관관리를 위한 시곡면 분석과 규제 개념도(1991.8)

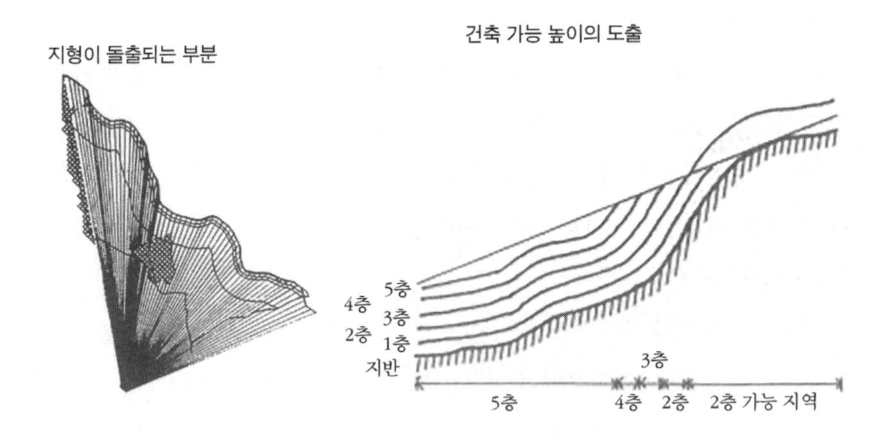

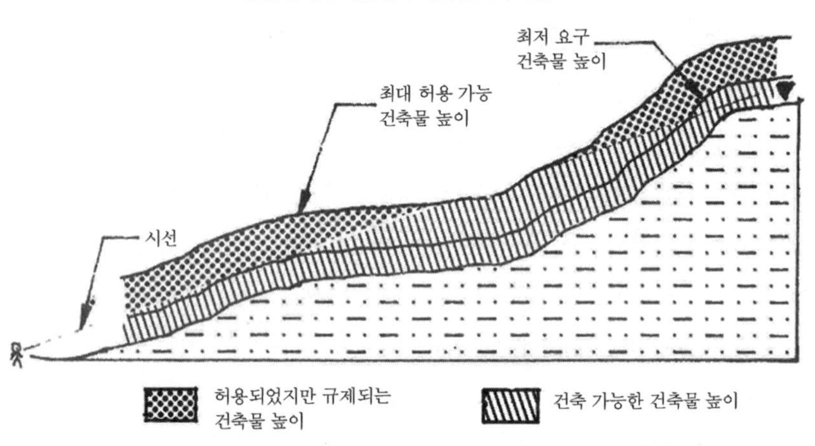

시곡면 개념 이외에도, 남산경관관리 지역 전체 지역의 건물들을 규모와 층수를 모두 CAD에 모델로 입력하여, 새로운 건물 개발에 대한 제안이 들어왔을 때 쉽게 시뮬레이션을 할 수 있도록 하였다. 또한 경주보문단지의 경관 시뮬레이션 때 개발된 건물의 높이 추정 시뮬레이션을 활용하여, 주요 간선가로를 통해 남산 쪽으로 진입할 때, 인접한 대지들의 개발이 남산 축 경관을 어느

〈그림 8-3〉 대전시 월평공원 주변 도시경관 보전을 위한 건축규제방안 연구(1994.3)

정도 차폐하게 되는가를 확인할 수 있는 개념도 제안하였다.

이렇게 남산 경관계획을 위해서 처음 제안된 컴퓨터 시뮬레이션 개념과 방법론은 강병기 연구실이 직간접적으로 참여하여 도입하거나, 다른 전문가들이 보고 배워서 전국적으로 확대되어 갔다. 이들 중 강병기 연구실이 직접 참여한 연구로는 대전시 월평공원 주변 지역에 대한 경관 시뮬레이션이었던 「도시경관 보전을 위한 건축규제 방안에 관한 연구」(1992.10)와 보문산을 대상으로 한 「보문산 공원주변 도시경관 보전을 위한 건축 규제 방안 연구」(1994.3)가 있다(〈그림 8-3〉). 이들은 건물의 다양한 크기 및 높이 변화와, 시점 변화에 따라 형성되는 도시경관의 변화를 추정하였으며, CAD 시뮬레이션이 가지는 현실감의 한계를 보완하고자 노력하였다.

이상의 현실 프로젝트와 경관계획 및 분석에서 CAD를 활용하는 방안은, 다양한 논문들에서 발전되어 왔다. 최봉문·강병기(1992)의 CAD를 활용한 도시경관 시뮬레이션과 건축물 규제방안에 관한 연구 논문은 남산 경관관리에 활용된 다양한 컴퓨터 시뮬레이션의 논리적 체계를 정리하여 제공하였다. 최

〈그림 8-4〉 경복궁의 주요 시설물의 정면 경관(좌측은 남산, 중앙은 관악산)

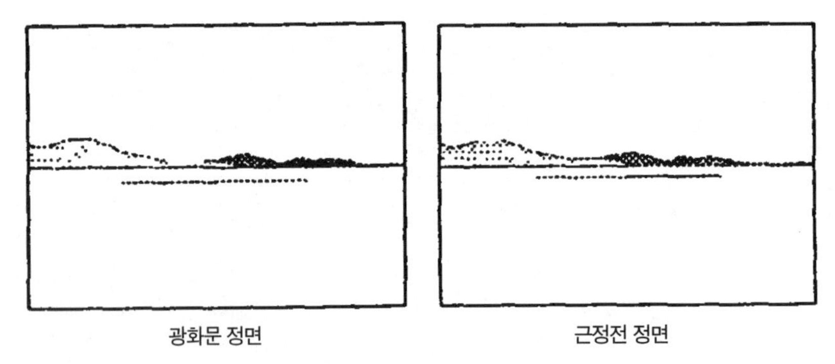

광화문 정면　　근정전 정면

자료: 임동일·최종현·강병기(1996).

봉문·최창규·강병기(1994)는 기존의 수작업으로 이행되었던 경관 시뮬레이션을 자동화할 수 있는 알고리즘을 개발하고, 다양한 경관 차폐 분석 방법론을 개발하여 알렸다. 임동일·최종현·강병기(1995, 1996)는 한국의 주요 전통 시설들의 좌향과 주요 산들의 관계를 컴퓨터 시뮬레이션을 기반으로 증명하는 획기적인 시도를 하였다. 건물 규제의 용도로만 사용되었던 컴퓨터 시뮬레이션을, 선조들이 주요 시설들을 도입할 당시의 자연경관에서 어떠한 경관 대상점을 보았는지를 보여주고 이를 증명하는 연구였다. 〈그림 8-4〉는 경복궁의 광화문과 근정전의 정면 경관 시뮬레이션이고, 좌측은 남산이며, 중앙은 관악산임을 확인시켜 주고 있다.

3. 『서울의 사회 · 경제지도』

강병기 교수는 1980년대 초반부터 서울이 어떠한 패턴을 가지고 개발되고 토지이용은 어떻게 변화하고 있는지를 분석하고, 이에 대한 계획적 대안들을 만드는 것에 집중했다. 그는 이것을 SUD(Seoul Urban Dynamics)라고 명명하

〈그림 8-5〉 『서울의 사회·경제지도』 1권의 표지

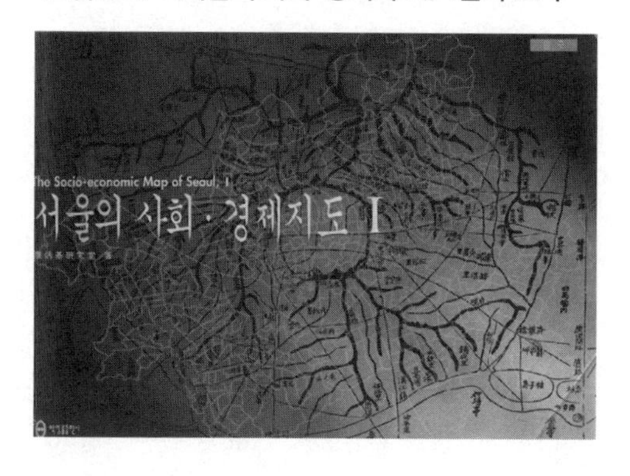

고, 연구실 자체적으로 다양한 실험적인 작업들을 하여왔다. 토지이용은 이러한 변화 패턴의 결과로서 나타나기 때문에 이 책의 5장에 있는 1980년대 전후 그리고 1990년대에 발표된 다양한 연구들은, 실질적으로 SUD의 연결 선상에 있다.

1990년대 중반에 이르러서, 강병기 교수는 자신의 은퇴 이후 활동에 대해서, 보다 대중적인 기여를 목표로 하고 있었다. 걷고싶은도시만들기시민연대(약칭, 도시연대) 활동이 그의 풀뿌리 계획과 연관되어 있다면, 『서울의 사회·경제지도』는 SUD와 연결된 다양한 도시분석과 연구를 시민들에게 보다 쉽게 알리고자 하는 의도가 있었다. 강병기 연구실에서 GIS를 이용한 도시분석은 다양한 시도를 통하여 정교화되었다. 현재 목원대학교에 있는 최봉문 교수와 한국교통대학교에 있는 권일 교수 등이 박사과정으로 연구실을 이끌었던 1990년대 초에서 중반에 이르는 시기에, 집중적으로 다양한 자료 발굴 및 구축 그리고 분석에 이르는 프로세스가 정리되었다.

실제 계획과 연구에서 사용되었던, GIS를 이용한 다양한 도시분석을 어떻게 대중이 편하게 사용할 수 있게 할 것인가를 고민하던 중에, 전통적이지만 보편적인 정보 전달 방식인 책을 출간하기로 결정한다. 박영률출판사는 이와 같은 모험적인 시도에 적극적으로 지원을 하고, 1996년 초부터 출판 기획에

〈그림 8-6〉 서울의 동별 인구 변화(1980년-1990년)

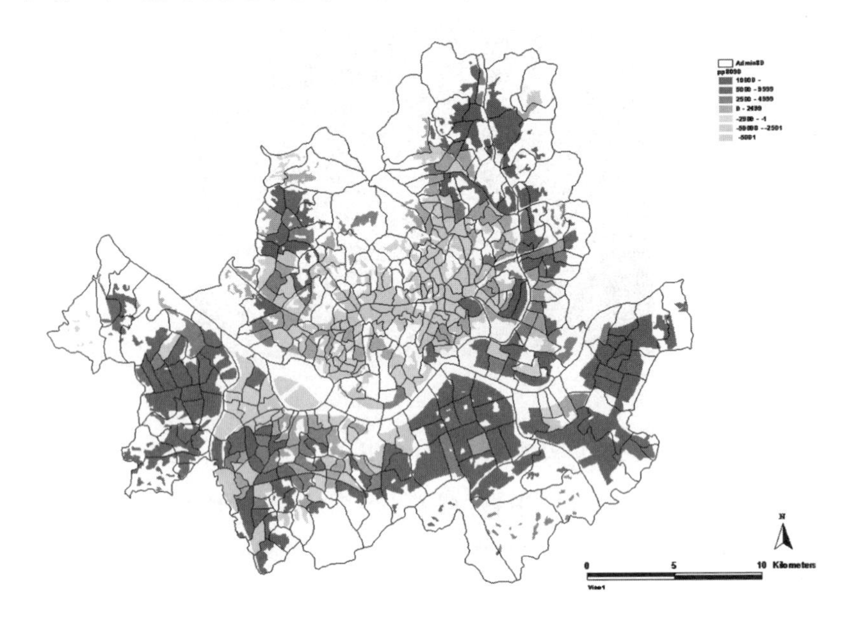

들어가서 1997년 초에 『서울의 사회·경제지도』 1권을 출판하였다(〈그림 8-5〉).

강병기 교수는 이 책의 머리말에서 현대도시의 거대한 성장으로 시민뿐만 아니라 전문가들도 도시 자체를 이해하기 어려워지고 있다고 문제 제기를 했다. 어려운 수치만으로 계획과 판단을 할 경우에는 현장이나 위치적인 속성을 이해하지 못한 상태에서 결정을 할 위험을 내포하고 있기 때문에, 지도를 만들어서(visualization), 보다 보기 쉽고 이해하기 쉽도록 하는 노력이 필요함을 그는 강조했다. 강병기 연구실에서 진행해 온 도시의 법칙성과 구조성을 파악하기 위한 노력의 결과인 동시에, 일반시민들에게 다가갈 수 있는 지도를 제공하고, 전문가들에게는 다양한 경제 및 사회 자료들을 종합적이고 총체적으로 파악할 수 있는 기반을 제공하고자 하였다. 쉬운 정보화의 중요성을 강조하고, 그가 평상시에 주장해 왔던, "눈높이 계획"을 위한 전제 조건이 되는, 도시를 잘 이해할 수 있는 방대한 지도를 제공했다. 그러나 이 지도책은 일반 대

〈그림 8-7〉 1999년 천리안 SMAP에서 서비스 되었던, "1995년 서울의 동별 가구주" 중에서 30대의 비율

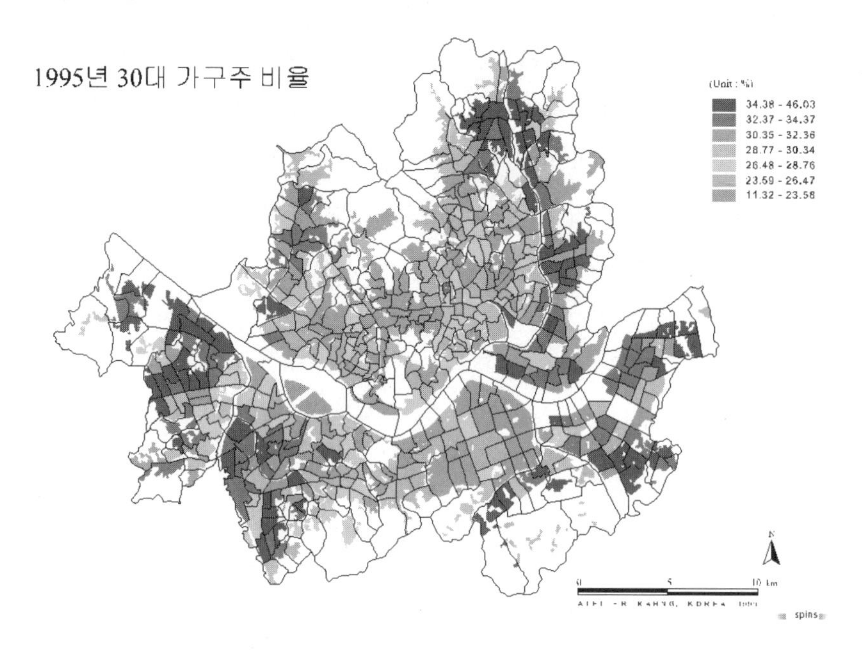

중에게는 쉽게 접근할 수 없었던 것 같았다. 시간이 지나도 생각보다 많은 양이 판매되지 않았다. 1980년에서 1990년 사이에 증가된 인구를 보여주는 지도(〈그림 8-6〉)만을 참조하더라도 서울의 확산을 명확하게 확인할 수 있고, 그 당시 무엇을 하여야 하는지를 확인하고 향후에 어떠한 변화가 있을지 추정할 수 있는데, 이에 대한 관심은 크다고 할 수는 없었던 것 같다.

서울의 인구 분포를 표현하고 분석한 1권을 출판한 이후 가구, 주택, 산업 및 선거 경향까지 약 800여 장의 지도를 포함한 추가 4권의 책의 출판이 준비되었다. 그러나 1997년 외환위기의 상황하에서 대중성이 높지 않은 책들을 대량으로 출간하기는 어려웠다. 박영률출판사의 도움과 노력으로 소량 생산으로 전환하여 나머지 4권을 출간하고, 당시 한국에 처음 소개되기 시작하던 전자출판을 통해서 대중성을 증진시켜 보고자 하였다. 당시 PC통신에서 가장 앞서갔던 천리안과의 계약을 통해서 『서울의 사회·경제지도』의 지도 서비스

를 SMAP이라는 이름으로 시작하였고, 1999년에는 웹 사이트를 별도로 만들어서 인터넷에서도 지도를 제공하였다. 이러한 노력은 신문과 라디오 등 대중매체에서 많은 기사로서 알려졌다. 그러나 학교를 떠나 민간에서 생존해야 하는 상황에서, 수익화가 가능한 수요를 이끌지는 못하였다. 무료 사이트를 운영하고, 공간 분석에 대한 홍보와 저변을 넓히면서, 보다 고도의 공간 분석서비스를 제공하려는 시도도 있었지만, 지불 의사가 충분한 수요층을 확보하지 못하였다.

5. 의의

경관 분석과 지리 분석은 강병기 교수가 지향하였던 계획 철학과 실천을 명확하게 보여주는 하나의 예이다. 그는 매우 철저한 분석과 근거를 강조하였고, 과학적이고 합리적인 근거를 기반으로 한 도시계획과 설계를 지향하여 왔다. 전통적인 수작업을 기반으로 한 다양한 분석들은 정보화 기술의 보급과 함께, 초기 중형 컴퓨터를 활용했던 시도에서, 개인용 컴퓨터 보급 후에는 CAD와 GIS를 활용하여 다양한 분석을 시도하였다. 특히 관련 자료들의 전산화가 거의 되어 있지 않았던 1990년대 초반 한국의 상황에서, 자료의 구축뿐만 아니라 그 분석과 계획의 활용 방안을 제시한 것은, 국제적인 기준에서도 매우 선도적인 것들이었다. 그와 그의 연구실에서 제공한 다양한 시도들은 학계와 실무에 알려지게 되었고, 다양한 직간접적인 경로를 통하여 전파되었다.

2000년대 초 한국 정부의 지원하에 대규모 정보화 인프라가 구축되고, 관련 자료들이 전산화되어서, 현재 한국의 전산 자료 구축 상황은 세계적인 수준이 되었다. 국내 도시계획과 설계 분야의 연구자들은 광범위한 자료 활용으로 세계적인 수준의 논문과 분석을 제시하고 있다. 강병기 교수가 지속적으로 지향하던 분석을 기반으로 한 계획이 가능한 상황이 우리에게 와 있다. 최근에 국제적으로 '근거에 기반한 계획(evidence-based planning, PBD)'에 대한 공감대가 확산되고, 국내 학자들도 이를 강조하고 있는 상황이다. 강병기 교수가 이 용어를 사용하지는 않았지만, 30여 년 전부터 그가 최근에 주요하게 논의되는 학술적 실무적 경향을 지향하였을 뿐만 아니라, 몸소 실천하고자 무단히 노력하였다는 점은 높이 평가받아야 마땅하다.

■ **참고문헌**

강병기 연구실. 1989.4.「경주 보문관광휴양지 시설규제검토 및 개선방안에 관한 연구」. 경주관광개발공사.

_____. 1991.8.「남산경관관리를 위한 Computer Simulation연구」. 서울특별시.

_____. 1992.10.「도시경관 보전을 위한 건축규제 방안에 관한 연구」. 대전직할시.

_____. 1997.3.『서울의 사회·경제지도 1권』. 박영률출판사.

임동일·최종현·강병기. 1995.8.「도성 주요시설의 입지·좌향에 있어 산의 도입에 대한 시각적 특성해석의 시론」. ≪국토계획≫.

_____. 1996.2.「전통공간사상에 관한 연구 (2)」. ≪국토계획≫.

최봉문·강병기. 1992.2.「CAD를 활용한 도시경관 시뮬레이션과 건축물 규제방안에 관한 연구」. ≪국토계획≫.

최봉문·최창규·강병기. 1994.11.「도시경관장애 유발지역과 그 영향지역의 예측에 관한 연구」. ≪국토계획≫.

제3편

초기 도시계획과 설계에서 그의 역할

제9장 · 강병기 교수의 인생 | 최창규

제10장 · 강병기 교수 서거 10주기 기념 세미나
개회사_ 김기호
축사_ 김홍배 · 이인성

제11장 · 강병기 교수 서거 10주기 기념 세미나 좌담회
사회: 이학동
토론: 김안제 · 이기석 · 장명수

제9장

강병기 교수의 일생

최창규
한양대학교 도시대학원 교수

강병기 교수는 1932년 4월 28일 현재의 제주시 화북면에서 강삼정 선생과 신숙자 여사의 장남으로 출생하였다. 조선 개국 초 제주도에 귀향 온 신천 강씨의 20대 장손으로, 온 가족들의 각별한 관심과 도움을 받으면서 성장하였다.

유년 시절을 화북에서 보냈으며, 유치원에 진학하기 위해서 제주 시내로 가족이 이사하였고, 중학교 때는 전남 순천의 넷째 삼촌 집에 묵으면서 순천중학교를 나왔다. 이후 광주사범학교에 1년간 다녔으나, 1948년의 제주 4·3 항쟁이라는 어려운 시대 배경 속에서 교수님의 뛰어난 재능을 알아본 가족들이 희망하여, 더 선진 교육을 받을 수 있는 일본으로 가게 되었다.

1949년에 일본인 고등학생으로 위장하고, 시모노세키로 가는 연락선을 타고 밀항하여 우여곡절 끝에 둘째 삼촌이 있는 도쿄로 갔다. 불법 이주민의 신분으로는 도쿄에 있는 고등학교에 입학하기가 어려웠기 때문에, 비교적 까다롭지 않았던 도쿄 근교의 치바(千葉)에 있는 아와(安房) 제일고등학교에 1950년 입학하였다. 1953년까지 둘째 삼촌 부부의 각별한 배려하에 학업에 집중하여, 꿈에 그리던 도쿄대학교 공학부에 입학하였다. 당시 일본 최고 대학이었던 도쿄대학 입학은 아와 제일고등학교에서는 상당히 드문 일이었다고 한다.

도쿄대학에 입학할 때는 전기공학을 전공하고자 하였으나, 입학 후에 심신이 쇠약하여 1년간 휴학하였고, 그 기간 동안 여행과 독서를 통해서 '창조'라는 것에 매료되었다. 2학년으로 진학할 때 건축과를 택했고 이로써 향후 전공의 큰 방향이 정해졌다. 도쿄대학 건축과 재학 중에 유일한 한국인 선배인 박춘명 선생과 긴밀히 교류하고 많은 조언을 듣게 된다. 박춘명 선생은, 당시 일본에서 성장 가도를 달리기 시작하였고 이후 세계적인 건축가가 된 단게 겐조 연구실에 이미 합류하여 있었고, 강병기 선생이 석사과정으로 진학하고 단게 연구실에 합류하는 데 많은 조언을 하였다.

1958년 3월에는 도쿄대학 건축과 석사로 진학하고 단게 연구실에 지원하여, 치열한 경쟁을 뚫고 이 연구실에 합류한다. 이때 단게 연구실은 학교와 설계 사무실이 구분되지 않았던 상태로 석사 학업과 설계 작업을 동시에 참여하였다. 이곳에서 우연하게 그리고 필연적으로 도시계획에 대한 공부를 본격적으로 시작하게 된다. 연구실에 들어온 학생들에게 단게 선생은 도시에 대한 질문을 던지면서, 도시계획에 대한 공부를 시작하기를 권하였다. 단게는 많은 이들이 일본 근대 건축의 창시자이자 프리처 상(Pritzker Prize)의 수상자인 건축가로만 기억하고 있지만, 그의 박사학위 논문은 용적률의 변화에 대한 것으로 도시계획과 긴밀하게 관여되어 있으며, 1960년대 초 그는 도쿄대학교 건축학과의 조교수에서 도시공학과의 교수로 과를 옮겨서, 도시설계연구실을 운영하였다.

학업과 연구실 생활 중이던 1959년에는 박춘명 선생이 주도하여 진행하던 대한민국 국회의사당 현상 설계를 같이 준비하였고, 이후 김수근 선생이 이 팀에 합류한다. 세 분 이외에 구조를 전공한 정경 선생 등 한국인으로 구성된 현상설계팀은 1959년 10월에 현상설계 1등에 당선된다. 당시에 제출된 설계

도면과 모형의 완결성은 현재까지도 구전될 정도로 완벽한 수준이었다고 한다. 대한민국 정부의 지원 아래, 국회의사당 설계를 위해서 서울의 을지로에 실시설계사무실이 만들어지고, 이곳에는 당시 한국의 내로라하는 건축가들과 교수들이 모인다. 이때 평생의 반려자가 된 김금자(金金子) 여사를 만나고 연인으로 발전한다. 김 여사는 당시에도 저명하였던 김환기 화백의 삼녀이셨는데, 강병기 선생이 어느 날 김 화백 댁에 찾아뵙고 인사를 올린 후에 연애를 허락받았다고 한다. 1961년의 5·16쿠데타로 장면 정부가 추진하던 국회의사당 설계사무실은 문을 닫게 되고, 강병기 선생은 다시 학업을 계속하기 위해 일본으로 돌아간다.

1961년 12월에 단게 겐조가 "동경계획 1960. 그 구조 개혁을 위한 제안"이라는 모더니즘(modernism) 역사에서 기념비적인 도시 구조 계획 제안을 발표하는데, 이때 참여자 5인 중에 하나로 역할을 하였다. 이후 10여 년 동안은 일본에서 주로 건축가로서 활동을 하였으며, 1964년 8월부터 약 2년간은 자신의 설계 사무실인 "아틀리에 강(ATELIER KAHNG)"을 운영였다. 1967년 3월부터는 和(YAMATO)설계사무소의 설계부장으로 일했다. 그동안 박사 논문을 준비하고 있었는데, 대도시의 인구이동 및 교통에 대한 내용이었다. 그러던 중에 동경대학교에서 같이 유학하셨고, 국회의사당 설계경기를 같이 준비하셨으며, 먼저 귀국하여 한양대학교 건축과에서 구조를 가르치던 정경 교수의 소개로 한양대학교 이두겸 공과대학장을 만나게 되면서 한국에서의 새로운 삶이 시작된다.

1970년은 강병기 교수가 동경대학에서 박사학위를 받은 해이기도 하며, 당시 설립된 지 2년 밖에 지나지 않았던 한양대학교 도시공학과에 합류한 해이기도 하다. 이두겸 학장은 강 교수를 처음 만난 자리에서 적극적인 제안과 함께, 파격적인 스카우트 조건을 제시하고, 도시공학과의 교수로 발령한다. 준비가 되지 않았던 상태에서의 발령으로 초기 3년간은 한국과 일본을 오가면서 생활하였으며, 1973년 영구 귀국하게 된다. 이후 1996년 8월까지 도시공학과에 봉직하면서 초기 한국 도시계획에서 실무와 학문 영역에서 활동할 제자들의 양성에 힘쓰는 교육자의 길을 걸었다.

귀국 이후 대학에서의 교육뿐만 아니라 다수의 실무 프로젝트에 적극적으로 참여했는데, 외국에서 교육받고 온 1세대 도시학자의 의무였다고 생각된다. 당시 한국은 도시계획을 전공한 인력이 부족하였으며, 도시설계라는 개념도 도입되기 시작한 초기였다. 귀국 초기부터 1970년대에는 당시 청와대가 주도한 「경주 보문 관광단지 설계」, 「설악권 관광지 계획」, 「공주, 부여권 관광지 계획」, 「수도권 정비계획」, 「신 행정수도 백지계획」 등의 국내 계획에 참여하였다. 이 계획들은 당시로서는 국가적인 프로젝트 중에 하나였다.

1976년에는 쿠웨이트의 자하라(Jahara) 주택단지 기본설계에 참여하게 되는데 이때 강 교수 본인은 도시계획가이자 도시설계가로서 전환점이 되는 일을 경험하게 된다. 당시까지 세계적으로 각광받았던 모던니즘의 중심에 서 있던 단계의 제자로서 건축과 도시에 대한 신념을 가지고 있었으나, 자하라 단지의 입주민들이 자신이 설계한 집이 아닌 마당에서 텐트를 치고 자는 모습을 보고, 설계가의 하향식(top-down)으로 지시하는 설계가 아닌, 주민의 눈높이에 맞춘 건축과 도시를 만들어야겠다는 일생의 결심을 하게 되었다.

1980년을 전후해서 왕성한 학술 및 설계 활동을 진행했고, 활동과 연구에 중요한 전환기를 제공하는 업적을 남기게 된다. 1979년에는 당시 박정희 정부에서 추진하던 신행정수도의 계획을 준비하기 위한 연구 보고인 「도시문제와 그 대책」 보고서를 주관하였고, 미국의 조너선 바넷(Jonathan Barnett)이 저술한 '*Urban Design as Public Policy*'를 번역한 『도시설계와 도시정책』을 번역 발간하여 한국에 현실적인 도시설계 개념을 소개하였다. 1980년에는 "'Rosario' Metropolis for Seoul 2001"을 발표하여 서울을 역세권 중심의 공간구조로 변화시킬 것을 제안하였으며, 「'도시설계'의 정의와 범주」를 발표하여 한국의 도시설계 개념 정립에 크게 기여하였다. 1981년에는 「건축법 8조2항에 의한, 도시설계 작성지침에 관한 연구」를 발표하여 국내 도시설계의 제도화에 방향을 제시하였으며, 1983년에는 최초의 도시설계 중의 하나이자 현재에도 서울의 도심의 환경 조성에 영향을 미치고 있는 '서울시 주요 간선도로변 도시설계'를 발표하였다. 그리고 1980년에 들어서 그의 스승인 단계에서 시작된 관심사인 용적률에 대한 관심을 이은, 수리적인 해석을 기반으로 한 일련의 용적률 연구가 시작되었다. 이들 각각의 저술과 작품의 영향력을 설명하기 위해서는 시간과 지면이 부족하다. 단적으로 그가 1980년에 발표한 로사리오 계획(Rosario plan, 염주형 공간구조 계획)은 최근 전 세계적으로 각광 받으며 다양하게 적용되고 있는 '대중교통 중심 개발(transit-oriented development, TOD)'의 개념을 포함하면서도, 피터 칼소프(Peter Calthorpe)가 1993년에 발표한 최초의 TOD 개념보다 시간적으로 앞섰을 뿐만 아니라, 하나의 역이 아닌 대도시권 차원에서 접근하여 현대 도시가 가지는 주택 및 교통 문제를 통합적으로 해결하기 위한 선진적인 개념으로 평가받고 있다. 1990년에 서울시는 이 개념을 전 세계적으로 드물게도 실제 도시 기본계획에 반영하여 이어 오고 있다. 「서울시 주요 간선도로변 도시설계」에서는 서울시에 주요 광장을 여럿 제안하였는데, 이들 광장에는 시청 앞, 남대문, 종묘 광장 등이 있다. 당시에는 정치적 상황과 자동차 교통을 우선하는 계획 및 행정 사고하에서 이와 같은 광장 설치 제안이 받아들여지기 힘들었으나, 시간이 흐른 후 결실을 맺게 되었다.

1980년대 말부터 강병기 교수는 당시 한국뿐 아니라 세계적으로도 도입해 사용하는 곳이 적었던 새로운 기술인 컴퓨터 응용 설계(CAD)와 지리정보시스템(GIS)를 이용해 도시 계획과 도시 설계 문제를 분석하고 응용해 사용했다. 연구실의 석박사 과정 학생들에게도 이를 활용한 분석적인 접근과 근거에 기반한 도시 계획의 중요성을 강조했다.

강병기 교수는 경관분석, 통행 특성, 토지이용 변화 등에 대한 다양한 분석적인 방법론을 제시했을 뿐만 아니라, 당시 디지털 자료가 부족한 상황에서 건축물 대장, 토지대장, 종이지도의 디지털화 등 다양한 기초 자료를 구축하고 이를 활용하는 방법도 함께 발굴해 갔다. 학술적인 연구뿐만 아니라 GIS의 대중화에도 관심을 가져서 1997년에는 『서울의 사회·경제지도』(전 5권)을 출간하였고, 그 지도 모두를 당시의 PC 통신이던 천리안에 서비스하였으며, 이후에는 인터넷으로도 제공하였다. 정보통신 분야를 이용한 학술적 연구와 대중화의 노력은 2000년대 이후 다른 연구자들이 다양한 활용을 하는 데 토양을 제공하게 된다.

1990년대 중반부터는 본인의 후반 인생을 시민운동에 중점을 두고 진행한다. 강 교수는 도시계획과 도시설계의 동인과 결정이 시민에게 시작되어야 한다고 믿었고, 도시공간을 보행자들에게 제공하여야 한다는 생각을 실천하고자 '걷고싶은도시만들기시민연대'(도시연대)의 공동대표로서 적극적으로 시민운동에 뛰어들었다. 1996년 한양대학교 도시공학과 교수직의 정년퇴임을 1년 앞두고, 구미1대학에 학장으로 부임한다. 이후 4년간 교육행정에 몸 담으셨다. 이후 2000년부터는 더욱 적극적으로 시민운동 활동을 진행하여, 한국의 주민참여형 도시계획의 시작을 이끌었다.

강병기 교수는 학회 활동도 매우 열심히 참여하였다. 우리나라 도시계획 분야에서 가장 오래된 대한국토·도시계획학회의 제7대 회장으로 1982년부터 1984년까지 재임하면서 학회의 기틀을 탄탄하게 하고 구조를 체계화하였다. 1982년 4월에는 최신 도시계획 정보를 제공하는 ≪도시정보≫를 창간하여 지금까지 관련 분야의 가장 대표적인 정보지로 자리 매김하고 있다. 1980년대 초에 국제적인 학술 교류를 위하여 본인이 주관하여 시작된 한국, 일본, 대만 3개국 도시계획학회 간의 학술교류는 매년 학술대회를 거듭되면서 발전하여, 최근에는 베트남 학회까지 참가하는 국제적인 위상을 갖추게 되었다. 학회활동의 활성화를 위해 연구회, 분과위원회체제를 만들어 학술위원회 체계를 만들었으며, 이 중에서 본인이 직접 열정적으로 참여하고 이끌었던 '도시설계연구회'는 2000년 한국도시설계학회로 전환되고 비약적인 발전을 거듭하고 있다. 또한 연구기관 설립에도 적극적으로 관여하여, 서울시정개발연구원과 교통개발연구원의 이사장을 맡았으며, 이들 연구 기관은 명실상부한 한국 최고의 관련 연구기관이 되었다.

1996년 한양대학교를 떠난 이후에도, 다양한 학술 활동, 중앙 및 지방정부에 대한 자문과 시민운동 그리고 본인의 오랜 친구였던 김수근 선생이 남긴 '공간그룹'의 상임고문까지 실질적인 현역으로 왕성하게 활동하던, 강병기 교수는 본인이 마지막까지 지원하였던 "한국과 일본의 도시·마을만들기의 경험과 교류"라는 주제의 한일국제세미나가 개최된 2007년 6월 11일 심근경색으로 삼성서울병원에서 영면하였다.

제10장

강병기 교수 서거 10주기 기념 세미나

강병기의 도시설계학과 그 재조명

일시: 2017.06.09(금) 13 : 30 ~ 17 : 30

장소: 한국과학기술회관 신관 지하1층 중회의실 2

걷고싶은도시만들기시민연대의 초대 공동대표 였던 강병기 교수의
10주기를 맞이하여 그의 도시계획 및 도시설계 사상에 대하여 이해하고
근대주의적 건축을 지향하였던 초기에서부터,
인간적인 삶을 위한 도시 만들기를 지향하였던 후기까지
그의 사상이 어떠한 전개와 범위를 갖는지에 대한 정리의 시간에 초대합니다.

발제 1 인간 본연이 발현되는 도시만들기: 강병기의 도시론 및 도시계획론
이학동 (강원대학교 명예교수)

발제 2 도시설계가로서 강병기 교수의 삶과 사상
임동일 (강릉원주대학교 교수)

발제 3 1980년 서울시 대중교통중심의 공간구조(Rosario System) 계획 제안과 그 실천
최창규 (한양대학교 교수)

발제 4 걷고싶은 도시라야 살고싶은 도시다
김은희 (도시연대 정책연구센터장)

좌담회 **이학동** (사회, 강원대학교 명예교수) / **김안제** (서울대학교 명예교수)
이기석 (서울대학교 명예교수) / **장명수** (전북대학교 전 총장)

순서

	사회	**김항집** (광주대학교 교수) / **권일** (한국교통대학교 교수)
14:00-14:30	개회사	**김기호** (걷고싶은도시만들기시민연대 이사장, 서울시립대 교수)
	축사	**김홍배** (대한국토도시계획학회 회장, 한양대학교 교수)
		이인성 (한국도시설계학회 회장, 서울시립대 교수)
14:30-14:40	휴식	
14:40-16:00	주제발표	**이학동** (강원대학교 명예교수)
		임동일 (강릉원주대학교 교수)
		최창규 (한양대학교 교수)
		김은희 (도시연대 정책연구센터장)
16:00-16:15	휴식	
16:15-17:15	좌담회	**이학동** (사회, 강원대학교 명예교수)
		김안제 (서울대학교 명예교수)
		이기석 (서울대학교 명예교수)
		장명수 (전북대학교 전 총장)
17:15-17:30	인사말	강병기연구실 동문 대표, **김수근** (한국종합엔지니어링)
		강병기 교수님 유족 대표, **강수남** (모두의주차장 대표)

주최: 걷고싶은도시만들기시민연대

주관: 강병기연구실 동문회

후원: (사)대한국토·도시계획학회, (사)한국도시설계학회

개회사

강병기 교수님께,

선생님, 6월이 되면 언제나 생각납니다. 서울연구원(당시 서울시정개발연구원)에서 있었던 마을만들기 관련 세미나에 참석하여 선생님이 곧 오실 것이라고 기다리고 있었습니다. 그런데 그날 결국 선생님은 오시지 못하셨습니다. 그리고 나중에 선생님께서 멀리 떠나신 소식을 접하고 참말로 황망하고 마음이 어지러웠습니다. 바로 그 전주(前週)에 북촌에서 뵙고 한옥에서 와다나베 선생님과 도시연대 식구들과 함께 어떤 일을 축하하고 식사도 하시고 막걸리도 드셨는데, 참 믿을 수 없었습니다.

10년이 지나버리고 말았습니다. 참 순간과 같습니다. 그리고 자격도 부족한 사람이 도시연대의 대표를 맡아 10년을 보냈습니다. 선생님의 빈자리가 이렇게 크리라고 상상도 못한 채 그저 선생님께서 만들어놓으신 것이니 빈자리 하나 채운다는 안이한 마음으로 시작한 것이 잘못이었습니다. 정말 힘이 부치고 '선생님이 꼭 계셔야 하는데' 하고 안타깝게 손을 두드리는 일이 많아지고 있습니다. 그래도 도시연대는 이제 젊은이들이 함께하고 대를 이어 선생님의 유지를 받들어 활발히 활동하고 있습니다. 최근에는 도시연대가 만드는 잡지 ≪걷고 싶은 도시≫는 그 주제와 내용에서 많은 사람들의 칭찬과 관심을 받는 잡지가 되었습니다.

선생님을 처음 뵈온 것은 1970년대 후반 어느 날 건축가협회에서 개최한 토론회였던 것으로 기억합니다. 건축이나 도시의 아름다움을 논의하는 시간에 선생님께서 책상 위에 있던 유리잔에 귀빈으로 받으신 꽃을 꽂으시고 '왜 우리가 이 꽃을 아름답게 보는가?'라고 질문하시며 열성적으로 설명하시던 모습이 눈앞에 선합니다. 비록 학교 강단에서 선생님께 배우지는 못했지만 사회생활을 하면서 선생님은 언제나 저의 스승이시었습니다. 이렇게 저는 건축을 넘어 도시라는 것에 매력을 느끼게 되었고 자연스럽게 1990년대에는 선생님께서 설립하신 도시연대의 활동에도 참여하게 되었습니다. 그저 선생님께서 하시는 일이니 저를 불러주지 않아도 가서 무언가 허드렛일이라도 거들어 드려야 할 것 같은 생각에서 도시연대를 기웃거린 셈이지요. 신촌의 사무실부터 기억이 납니다.

1990년대는 지방자치가 다시 도입되고 풀뿌리 민주주의가 요구되기 시작하던 시절이었습니다. 그런 때에 선생님께서는 도시연대를 설립하여 대안 있는 전문가 시민단체를 지향하시었습니다. 참여와 대안이 필요한 것이었지요. 당시 도시연대가 주축이 된 인사모(인사동을 사랑하는 사람들의 모임)의 회장을 맡은 저는 인사동의 특성 보존과는 오히려 반대로 가는 인사동길의 확폭과 그에 따른 작은 가게들의 철거를 고민하게 되었습니다. 그 때 선생님께서는 '토요일 시장과의 만남' 시간을 이용하여 고건 시장에게 도로 확폭의 문제 등을 설명해 주시고 대안을 제시해 주셔서 인사동이 그나마 오늘과 같이 특성이 보존될 수 있는 기틀을 만드셨습니다. 옆에서 실무적 조사와 대안 등을 만들었던 우리에게는 참 본보기가 되시고 새로운 길을 열어주시는 모습이었습니다.

그동안 도시연대는 선생님께서 떠나가시기 전 뿌려놓으신 참여와 대안 있는 시민활동을 추구하며 보행환경만들기 외에도 한평공원만들기, 주민과 함께하는 마을만들기 등을 꾸준히 추진해 왔습니다. 이러한 도시연대의 가치추구와 활동을 바탕으로 서울 시청 앞의 광장뿐만 아니라, 청계광장, 광화문광장 등이 탄생할 수 있었으며, 지난 10년간 전국에서 활발하게 일어난 마을만들기가 많은 주민들의 참여 속에 이루어 질 수 있었다고 자평해 봅니다.

선생님, 최근 서울시는 '보행도시 서울'을 추구하고 있습니다. 선생님께서 주장하신 '걷고 싶은 도시라야 살고 싶은 도시다'라는 말이 구호로서가 아니라 실제 생활에서 드디어 주목받고 실천적 과제로 등장하고 있습니다. 다시금 선생님께서 계시면 얼마나 좋아하실 것이며, 또한 얼마나 이런 운동들이 더 탄력을 받을 수 있을까 하고 아쉽고 또한 우리의 생각과 힘을 모으기 위한 다짐을 하게 되는 시점이기도 합니다. 부족하지만 도시연대는 선생님의 뜻을 이어받아 지난 수년간 도시 변화의 키워드를 선도하고 실천하고자 노력했다고 자부합니다. 모든 것이 선생님의 도시에 대한 경험과 이를 바탕으로 한 현명하신 선견지명이 그 바탕에 있었기에 가능한 일이라고 생각하며 깊이 감사드립니다.

선생님, 초여름의 싱그러움이 더해가는 이 시기, 선생님의 꿈과 의지를 저희들이 본받아 열심히 해나가겠습니다. 언제나 우리들에게 싱그러움으로 남아 계시기를 간절히 부탁드립니다.

2017년 6월 9일

도시연대 회원과 활동가를 대표하여

김기호 삼가 말씀 올립니다.

축사

안녕하십니까? 대한국토도시계획학회장 김홍배입니다. 먼저 화창한 금요일 오후, 여러 일정에도 불구하고 오늘의 강병기 교수님 추모세미나에 오신 모든 분들께 감사와 환영의 인사를 드립니다. 특별히 오늘의 세미나를 주최하신 김기호 걷고싶은도시만들기시민연대 이사장님과 축사의 말씀을 하실 이인성 한국도시설계학회장님께 감사드립니다. 또한 우리 분야의 큰 어른이신 김안제 서울대학교 명예교수님, 이기석 서울대학교 명예교수님, 장명수 전북대학교 전 총장님, 그리고 이학동 강원대학교 명예교수님을 비롯한 주제발표자 분들께도 감사드리는 바입니다. 저는 축사의 말씀을 강병기 교수님에 대한 소회의 글로 대신하고자 합니다.

오늘 저는 슬프지만, 기쁩니다. 영어로 mixed emotion이라 할 수 있겠습니다. 10년 전 우리 곁을 떠나신 강 교수님을 생각하면 슬픔에 잠기게 되지만, 교수님의 업적을 되살리는 이러한 세미나를 개최됨에 한편으로는 큰 위안을 가지게 되기 때문입니다.

한국 도시계획의 여명기에 선구자의 역할을 하셨던 강병기 교수님은 제 학부 시절의 은사님이십니다. 제가 강 교수님의 10주기 세미나에서 축사를 한다는 것이 저에게는 무한한 영광이라 생각하며, 이러한 기회를 주신 주최 측에 감사를 드립니다.

강 교수님과 저의 관계는 어렵게 표현하자면, 비대칭의 관계였다고 할 수 있습니다. 즉, 저는 강 교수님을 학생시절부터 한없이 존경하던 큰 어른이셨으나 강 교수님은 저에 대해서는 특별히 기억이 없으셨던 것 같습니다. 사실 저는 학부시절 이 자리에 계신 이학동 교수님이나 최봉문 교수님, 권일 교수님, 최창규 교수님과 같이 주목을 받는 우수한 학생이 아니었습니다.

관계의 비대칭의 단적인 예는 제가 졸업 후 대우건설에서 개발사업의 기획을 하고 있었을 때였습니다. 회사에서 추진하는 개발프로젝트인 부산수영만 매립 사업과 관련한 자문 때문에 교수님을 찾은 선배가 회사에 돌아와서 저에게 이런 말을 합니다. 강병기 교수님께서 졸업생 중 김황배는 알겠는데 김홍배에 대해서는 전혀 기억이 없다고 하셨답니다. 선배는 저보다 8년을 먼저 졸업한 자신도 기억하시는데 김홍배를 기억하지 못하시는 것을 보니 공부를 어지간히 하지 않은 것 같다고 핀잔을 주었습니다. 순간 섭섭한 생각이 있었으나 그것은 지극히 당연한 것이라 생각하였습니다.

기억하자면 강 교수님은 매우 엄격하시고 학문적 진지성을 강조하셨던 분이셨습니다. 제자들의 실수를 엄하게 다스리셨고, 진지한 학문적 접근을 요구하셨습니다. 당시 강 교수님의 수업은 항상 긴장감도 있었고, 학기의 마지막 주까지 수업을 진행하시는 철저함으로 유명하였습니다. 그러신 강 교수님이 공부에는 전혀 관심이 없었던 저를 기억하시기는 아마 어려우셨을 것입니다.

제가 교수님의 강의에서 잊지 못할 일은 바로 4학년 때 수강한 도시설계학입니다. 교수님은 조너선 바넷의 책을 번역하신 책 『도시설계와 도시정책』으로 강의를 하셨습니다. 강의는 세미나식으로 진행되었으며, 조를 지어서 각 장을 발표하고 교수님께서 추가적인 설명해 주셨습니다. 그리고 발표준비와 내용에 따라 성적을 주셨습니다. 저는 저와 비슷한 성향을 가진 3명과 함께 같은 조를 편성하고 마지막 장을 발표하겠다고 하였습니다.

마지막 장을 선택한 데에는 나름의 속셈이 있었습니다. 당시 시국이 불안정하고 교내 사정도 어수선하였던 1979년부터 1980년까지 한양대학교는 학기를 제대로 마친 적이 없었습니다.

그러니 학기가 중단될 경우 저희는 쉽게 성적을 받을 것이라 생각했습니다.

그러나 불행히도 그 해는 시국이 안정되었습니다. 이는 바로 저희 조가 마지막 발표를 해야 함을 의미하는 것이었습니다. 저는 제비뽑기 끝에 발표하게 되었습니다.

마지막 장의 발표준비를 하는데, 문제는 앞 장의 내용을 읽어보고 이해해야만이 발표가 가능한 것이었습니다. 저는 열심히 준비한다고 하였으나 저의 발표를 들으신 강 교수님은 발표에 성의도 없고 내용도 형편이 없다고 강하게 질책을 하시면서 저희 3명 모두에게 엄청난 점수를 주셨습니다. 그런 점수를 받은 저는 실망과 좌절의 마음으로 도시공학을 포기하게 되었습니다.

그러던 제가 도시공학에 다시 공부하게 된 계기가 있었습니다. 저는 회사에서 1984년 서울역민자역사프로젝트를 담당하게 되었습니다. 프로젝트가 진행되면서 4학년 도시설계론의 강의가 어렴풋이 생각났습니다. 그래서 책꽂이에 있던 『도시설계와 도시정책』을 읽어 보았습니다.

우리의 생각은 절대적인 것은 없는 것 같습니다. 시간에 따라 상황에 따라 끊임없이 변하기 때문입니다. 그래서 "Never say never" 라는 표현이 있는 것 같습니다. 학부시절 그렇게 읽기 싫었던 그 책이 저에게 참으로 의미 있는 책으로 다가왔었으니 말입니다.

그후 저는 한양대 대학원에 입학하게 되었고 급기야는 유학을 떠나게 되었던 것입니다. 그러니 강 교수님은 잘 모르셨겠지만 도시공학을 포기하게 하셨던 분도 강 교수님이시고 도시공학을 다시 공부하게 만든 분도 강 교수님이셨던 것입니다.

1993년 한양대에 부임한 이후 약 4년간 강병기 교수님을 가까이 뵐 수 있었습니다. 강 교수님은 한결같이 학문에 정진하셨습니다. 토요일에도 학교에 나오셔서 책을 보시던 모습과 학교 뒷문의 허름한 백반 집에서 된장찌개로 점심을 하시던 소탈한 모습이 아직도 기억에 생생합니다. 제가 부족한 첫 책을 출간하였을 때, 교수님은 진심으로 기뻐하셨고 저를 크게 격려하여 주셨습니다.

1996년 구미1대학의 학장으로서 그리고 '걷고싶은도시만들기시민연대'의 대표로서 활동하셨습니다. 본인의 학문적 성과에 머무르지 않고, 이를 교육 현장과 NGO 활동을 통한 실천하시려는 정신도 저희에게 귀한 본이 되셨다고 생각합니다.

제가 대한국토도시계획학회에서 활동을 하면서 강 교수님에 대해 더 많이 알게 되었습니다. 1980년대 초 도쿄대학에서 연구년을 보내셨을 때 교수님께서는 저희 국토도시계획학회와 일본의 도시계획학회 그리고 대만의 도시계획학회들 간의 정기적인 학문적 교류의 기반을 마련하셨습니다.

그러한 교류가 한국, 대만, 일본 그리고 베트남 학회가 매년 함께 하는 오늘날의 International Conference for Asia-Pacific Planning Societies가 되었습니다. 또한 1982년 학회장으로 계실 때에는 새로운 학술 정보를 전문가들에게 신속하게 알리기 위해≪도시정보≫지를 창간하셨고, 이 정기간행물은 수령 420호를 넘기는 명실상부한 국내 도시계획 학술 정보 전달의 대표 주자가 되었습니다.

이외에도 수많은 업적이 있습니다만 짧은 시간에 글로 표현하기는 매우 어렵습니다. 이러한 큰 어른이 2007년 이른 여름 갑작스럽게 돌아가셨다는 소식은 저희 모두에게 큰 충격과 큰 슬픔을 주었습니다.

그러나 오늘 강 교수님이 마지막으로 몸 담으셨던 걷고싶은도시만들기시민연대가 주최하고 강 교수님의 연구실 제자들이 주관하여, 강 교수님의 학문적 실천적 여정을 살펴볼 수 있는 기회를 마련하게 된 것은, 선대 학자를 존중하고 기리는 측면에서 매우 기쁜 행사라고 할 수 있겠습니다.

오늘 행사를 준비하신 도시연대와 강병기 교수님 연구실 동문회의 노고에 심심한 감사를 드립니다. 특별히 한양대 최창규 교수님의 헌신적인 수고를 높이 치하하고 깊은 감사를 드리는 바입니다.

아무쪼록 이 자리가 강 교수님의 업적을 다시 생각해 보는 기회가 되었으면 하고, 더 나아가 그러한 교수님의 열정을 본받아 우리도 교수님의 연구를 계승 발전시켜 우리나라의 도시계획과 도시설계의 수준을 한 단계 높여야 한다는 사명감도 함께 다지는 그러한 시간이 되었으면 하는 바람입니다.

그럼 오늘의 세미나가 우리 모두에게 유익하고 의미 있는 세미나가 되길 간절하게 기대합니다. 다시 한번 강병기 교수님을 추모하며 명복을 빕니다. 감사합니다.

2017년 6월 9일

대한국토도시계획학회장

김홍배

축사

안녕하십니까? 한국도시설계학회장 이인성입니다.

오늘 이곳에서 강병기 교수님의 서거 10주기를 기념하는 모임을 가지게 된 것을 진심으로 뜻깊게 생각합니다. 늘 정정하시던 강 교수님이 갑자기 돌아가셨다는 소식을 듣고 황망한 심정으로 장례식을 치른 것이 얼마되지 않은 것 같은데, 벌써 10년이라는 세월이 흘렀습니다.

저는 1980년대 중반 주택연구소에서 근무할 때 연구과제에 대한 자문을 받기 위해 강병기 교수님을 찾아뵌 것이 처음이었습니다. 그때 교수님은 이미 우리나라 도시계획과 설계 분야의 권위자셨고, 학교 강의와 연구뿐 아니라 대내외적으로 활발한 활동을 벌이시던 우리 분야의 원로셨습니다. 그러나 동시에 교수님은 항상 연구실을 지키던 학자이셨습니다. 연구실로 찾아뵐 때마다 많은 가르침을 주시던 인자하신 모습이 아직도 눈에 선합니다.

강병기 교수님은 우리나라의 도시설계 분야를 정착하신 계획가이자 학자이시며 실천가이셨습니다. 교수님은 1980년대부터 도시설계연구회라는 모임을 만들어서 우리나라에서 도시설계 분야를 시작하기 위한 준비작업을 해오셨습니다. 또 교수님은 2000년 저희 한국도시설계학회의 창립에 주도적인 역할을 해주셨고, 우리 학회의 초대 회장을 맡아서 분야 발전의 기틀을 마련해 주셨습니다. 강병기 교수님이 터전을 닦으신 우리 한국도시설계학회는 이제 창립 17년을 맞아서 회원수 4,200명이 넘는 중견 학회로 성장하였습니다. 이러한 우리 분야의 발전은 그 토대를 만드신 강 교수님께 큰 빚을 지고 있다고 해도 보아도 될 것입니다.

이러한 의미에서 오늘 세미나는 강병기 교수님의 업적을 기리고 추도하는 의미와 더불어, 우리 모두가 오늘날 머무르고 있는 자리를 되돌아보는 매우 뜻깊은 자리가 될 것으로 생각됩니다. 아무쪼록 이 자리가 강 교수님의 발자취를 되새겨보고 교수님의 높은 뜻에 비추어 우리의 자세를 가다듬는 소중한 자리가 되기를 기원합니다.

바쁘신 가운데도 오늘 이 자리에 마련해주신 '걷고싶은도시만들기시민연대' 이사장 김기호 교수님, 국토도시계획학회 김홍배 회장님, 그리고 학계의 여러 교수님들과, 이학동 교수님 등 강병기 교수님 연구실 동문들, 유족 여러 분을 비롯한 내외 귀빈 여러분께 깊은 감사의 말씀을 드리고, 오늘 발제와 좌담을 맡아주신 모든 분들과 이 자리를 준비하기 위해서 수고하신 분들, 그리고 참석자 여러분께도 감사의 말씀을 드리며 인사말을 마치고자 합니다.

감사합니다.

2017년 6월 9일

한국도시설계학회장

이인성

제11장

강병기 교수 서거 10주기 기념 세미나 좌담회

일 시: 2017년 6월 9일(금)

장 소: 한국과학기술회관 신관 지하1층 중회의실 2

사회자: **이학동** 강원대학교 명예교수

토론자: **김안제** 서울대학교 환경대학원 명예교수

이기석 서울대학교 지리학과 명예교수

장명수 전북대학교 전 총장

김항집 교수 저희 앞에서 네 분의 귀중한 발표를 들었습니다.* 강병기 교수님 다시 벌써 그립고 10년 벌써 순식간에 지나갔지만 또 교수님께서 남겨주신 그동안 여러 도시설계와 도시계획에 업적 저희들이 또 이어갈 것을 다짐하면서 네 분의 우리 도시설계와 도시계획 우리나라의 거목 전문가 네 분을

---

* 2017년 강병기 교수의 10주기를 맞이하여, 걷고싶은도시만들기시민연대가 주최하고, 강병기 교수 연구실 제자들이 준비한 기념세미나가 있었다. 이 세미나에서는 다음과 같은 네 명의 발표자가 그의 계획, 설계 및 참여의 의의에 대하여 발제하였다. 그 발제자는 다음과 같으며, 발제자료는 대국토도시계획학회(www.kpa1959.or.kr)에서 확인 가능하다.

발제: 인간 본연이 발현되는 도시 만들기: 강병기의 도시론 및 도시계획론(이학동 강원대학교 명예교수)

발제: 도시설계가로서 강병기 교수의 삶과 사상(임동일 강릉원주대학교 교수)

발제: 1980년 서울시 대중교통 중심의 공간구조(Rosario System) 계획 제안과 그 실천(최창규 한양대학교 교수)

발제: 걷고 싶은 도시라야 살고 싶은 도시다(김은희 도시연대 정책연구센터장)

모셨습니다. 그래서 소개를 드리고 좌담회를 시작하도록 하겠습니다. 우리 오늘 좌담회에 사회는 우리 아까 앞에서 발표해 주셨던 이학동 교수님께서 맡아주시겠습니다. 김안제 서울대학교 명예교수님 모셨습니다. 그 옆에 이기석 서울대 명예교수님 모셨습니다. 장명수 전북대학교 전 총장님 모셨습니다. 이하는 이학동 교수님께서 진행해 주시겠습니다.

이학동 교수　오늘 강병기 교수님 서거 10주기를 기해서 저희 제자들은 선생님에 대한 교육이라든가 논문이라든가 또는 같이 연구실에 생활하면서 주로 엄격하셔 가지고 교육적인 그러한 것만 알고 있기 때문에 그 당시 우리 학회를 같이 이끌어 가시고 프로젝트도 같이하시고 그러면서 강병기 선생님의 진면목을 허심탄회하게 이야기해 주실 세 분 선생님을 모시고 좌담회를 할까 합니다. 친하신 분이 꽤 많이 계셨는데, 작고하셨거나 지금 굉장히 거동이 불편하신 분들은 못 모시고, 오늘 세 분 선생님을 모시고 기탄없는 선생님에 대한 여러 가지 인생관이라던가, 학문세계라던가 또는 대인관계라던가, 저희들은 잘 모르는 것들을 같은 동학인으로서 얘기를 해볼까 합니다. 맨 먼저 선생님의 학문 세계 혹은 그런 학문적인 자세에 관해서 좀 말씀을 나눠볼까 그럽니다. 우선 장명수 총장님 먼저 한 말씀을 해주시죠.

장명수 총장　사실 나이가 비슷합니다. 그래서 말을 놓고 지내는 친구 사이입니다. 지금도 생각하면 가슴이 좀 먹먹합니다. 아주 좋은 친구입니다. 그리고 우리 학계의 커다란 손실이었습니다. 제가 잘 몰라서 여쭤보는데, 강병기 연구실에서 나온 제자들 수가 얼마나 됩니까? (60명 정도 됩니다) 그러면 강병기 교수가 주례를 선 수는 얼마나 됩니까? (한 10명 정도) 우선 강병기 교수가 던져 준 빛이 참 여러 가지가 있습니다. 근데 맨 먼저 제가 시간을 너무 잡아먹으면 안 되니까 이 얘기하다가 넘기겠습니다. 맨 먼저 말씀 드릴 수 있는 것이 우리나라에 건축 및 도시계획계에 1950년대 말까지는 일본의 영향이 아니라 식민지 때 일본 교육을 받은 사람들의 영향이 있었습니다. 근데 일본에서 직접 교육을 받고 충격을 준 것이 1950년대 말엽에 남산에 세워진 것이 아니라 설계 공모로 당선된 국회의사당이었고, 그 대표 주자가 김수근 씨하고 그 다음에 강병기 교수였습니다. 그리고 명지대 박춘명 교수입니다. 모두 두 분 다 단게 겐조 연구실에서 나온 분인데 당시 우리나라 건축이라 그런 게, 건물을 지을 만한 재력도 없고 건물 지을 것도 없고 건축가도 따로 없고 건축사도 없고 그랬습니다. 다시 말씀드리면 1939년 일본 총독부가 만든 건축 대서사라는 게 있었습니다. 이것이 1962년 건축법이 생기기 전까지 건축가의 건축가, 건축사를 대행했습니다. 이럴 때 남산 국회의사당 설계 공모는 아주 획기적인 것이었습니다. 물론 실천이 되지 못하기도 했고 장소도 또 왜 하필 남산이냐 하는 논란 그리고 과연 그런 재정이 있느냐 하는 여러 가지 문제가 있다 하더라도 설계 공모로서 소위 김수근 씨 당선작은 엄청난 충격을 주었습니다. 첫째 하나의 충격은 지금까지 우리 그때까지 한국 건축가들이 보지 못했던 모던 아키텍쳐였고, 둘째는 그 설계 도면이 엄청나게 정교한 도면이였습니다. 그게 이제 단게 겐조실에서 나온 것이였기 때문에 따라서 그 한 작품으로 인해 김수근과 강병기가 일약 우리나라 건축계의 혜성같이 나타나게 됐던 것입니다. 물론 도시계획가로서 다음에 영향을 준 것은 한양대학교 도시공학과가 설치된 다음부터이기는 했습니다만, 바로 국회의사당은 강병기 씨가 도쿄 유학을 마치고 한국에 돌아올 수 있는 커다란 첫째 기반이 되었던 것입니다. 둘째는 당시 우리나라의 도시계획이라는 것은 도시가 별로 있지도 않았고 또 도시를 설계하고 계획할 만한 사람도 그 숫자가 거의 없었습니다. 있다고 한다면 조선총독부하에 있었던 몇 사람의 토목행정가, 그리고 꼭 따진다고 한다면 경성 공업전문대학 건축가를 나오신 분들 외에는 도시를 주무를 만한, 따로 이론도 없고 또 사람도 없었습니다. 근데 주로 총독부에서 있었던 토목가, 토목 설계가들이 도시를 담당했기 때문에 도시는 토목과 출신들이 하는 것으로 통념상 박혀 있었습니다. 그것을 강병기 교수가 1970년대 한양공대에 나타나면서 도시계획은 토목과가 하는 것이 아니라 건축과가 한다고 하는 것을 한국에 심어준 사실입니다. 물론 유럽은 이미 바우하우스 때부터 시작해 가지고 건축가들이 도시계획을 해왔고 뭐 발터 그로피우스(Walter Gropius)를 위시한 세계적인 거장들이 다 도시를 주무르고 르 코르뷔지에도 주무르고 했습니다만 우리나라는 당시는 아까도 말씀드린 바와 같이 토목가들이 도시계획을 하고 도시를 주무를 때 건축가가 할 수 있다는 새로운 영역을 던져준 것이 바로 강병기 교수였다라고 생각합니다. 그리고 일본적인 건축이나 도시라고 얘기를 하는 사람도 있습니다만, 그건 얘기가 틀렸습니다. 왜냐면 유럽적 서구적 도시계획의 패러다임으로 보면 사실은 그때 일본적인 건축이나 도시계획에 대한 약간의 비아냥이 있었습니다. 그것은 미국이라는 거대한 문화 문명국가에 대한 도쿄, 또는 유럽이라고 하는 새로운, 아직 그때는 유럽 교류가 없었을 때 미국 교류입니다. 이 두 분(김안제 교수님과 이기석 교수님) 다 미국에서 교육받은 분들입니다만, 그래서 미국에 대한 동경 때문에 일본은 우리나라 식민지를 했던 나라이고 또 그다지 높은 문화나 교육수준이 아니라고 하는 상당한 잠재의식이 있었을 때 강병기 씨가 '그게 아니다'라는 것을 건축과 도시계획에 던져준 것입니다. 또 하나는 바로 일본이 이미 1935년도에는 미국보다 유럽의 많은 도시이론을 도입을 해가지고 일본화되고 일본은 거의 1935년이면 완전히 정착이 됩니다. 그래서 만주를 침공한 다음에 만주에 신도시를 만들었고 일본 내에서 많은 도시를 기획하고 건설을 해왔던 겁니다. 그래서 바로 유럽의 이론을 동양적인 생활환경 내지 일본적인 것으로 전환 내지 새로운 일본화를 단게 겐조 씨를 통해 가지고 온 것이 우리나라에 소위 던져준 커다란 업적이었고 바로 건축가가 도시계획을 할 수 있다는 것, 그 다음에 일본의 새로운 이론과 일본의 이론이 미국의 이론에 비해서 오히려 우리의 체질과 현실에 상당히 적합하다고하는 사실을 강병기 교수가 던져준 것입니다. 그것을 지금 제가 학문 세계라기보다도 아시는 바와 같이 특히 도시계획, 건축가 쪽으로서 제가 그냥 개인적으로 명명하기는, 도시 복잡학이라고 저는 명명합니다. 복합적이고 잡학적인 면이 있기 때문에 도시 복잡학으로 볼 때 학문이라기보다는 실천하고 실용적이기 때문에 바로 그런 이론을 현실화해 가지고 일본적인 것을 일본화된 것을 우리나라에 다시 한국화시킨 하나의 업적이라고 한 것으로 제가 일단 학문 세계를 말씀을 드립니다. 그 다음에 결론입니다만 일본의 학문 세계를 가져왔고 그다음에 일본의 인간관계, 일본 사람과 인간관계 때문에 우리는 국토계획학회와 일본과 교류가 많았기도 합니다만 바로 일본과의 통로 내지는 교류를 촉진해 준 분이 바로 강병기 교수입니다. 이걸 김안제 교수한테도 말씀을 드렸는데 우리나라의 도시계획계에 대한 인맥 그 다음에 학문으로서 훤히 꿰뚫어 보는 일본 도시계획학계를 알고 있는 분들입니다. 특히 그중에서 여러분이 잘 아시는 와타나베 슌이치(渡邊俊一)[1] 같은 분은 거의 한국의 미주알고주알 여러분 이름까지 다 꿰뚫고 있습니다. 그런데 과연 우리나라 도시계획학회에서 일본에 대해서 얼마만큼 잘 알고 있고 파악하고 있는가 그건 제가 잘 모르겠습니다. 회장님 나중에 기회 있으면 말씀해 주십시오. 제가 알기는 일본이 우리나라를 파악하고 있는 것보다 우리가 일본을 파악하고 있는 것이 모자라다는 생각입니다. 이럴 때 바로 일본통 일본과 교류를 커다란 교량인 강병기 교수의 공적은 높이 평가해야 합니다. 제가 1990년대 중반까지는 1990대 말까지는 도쿄대학교 교수하고 교류가 있었습니다. 약간, 강병기 교수보다는 약간 좀 후배였어요. 3~4년, 4~5년 만나면 맨 먼저 강병기 교수부터 물어봅니다. 그다음에 술 먹으면서 잡담하는 듯하면서도 한국의 도시계획학회, 도시계획의 동향 이런 것들을 청취하러 옵니다. 과연 아까 말씀을 드렸습니다만 우리나라 교수들이 일본에 대해서 그렇게 관심을 가지고 관찰하고 파악하려고 하는 것이 얼마나 되겠느냐 하는 말씀을 드리고 시간이 지났으니 넘기고 다시 하겠습니다.

---

1) 일본의 도시계획 역사학자 전 도쿄이과대학 교수 강병기 교수의 후배로 특별한 우애를 지속하여 왔다. _편집자 주

이기석 교수　저는 전공이 도시지리학입니다. 강병기 선생님하고는 학문 분야도 전혀 어울릴 수 없는 분야인데도 불구하고 지난 40년 중에서 20년 동안을 강병기 선생님하고 조용조용하게 일을 같이 했습니다. 엄청나게 많은 일을 했습니다. 그냥 그러다가 한 20년 하다가 제가 또 하고 있는 영역이 있어서 그 쪽으로 옮겨가는 과정 때문에 1995년인가 96, 97년에 마무리하고 넘어갔습니다. 강병기 선생을 보면은 늘 철철 물이 흐르는, 아주 맑은 물이 흐르는 개울과 같습니다. 속이 깨끗하게 다 들여다보이는 그런 개울물이 멈추지 않는 이런 개울과 같은 성격. 그 얘긴 뭐냐면 한 번도 쉬지 않고 항상 무엇을 하고 계시고 자꾸 일하시고, 대면해 가지고 속이 훤히 들여다보이는 이런 걸 저는 항상 느꼈습니다. 저하고 강병기 선생님하고 제일 처음 만난 것은 1977년 국토학회 춘계발표대회에서 제가 서울시 도시구조에 대한 분석론에 관한 얘기를 했는데, 1주일 뒤에 이화대학을 찾아오셨습니다. 큰 수박을 하나 들고 오셨어요. 그래서 그 발표할 때 발표 잘 들었노라라고 하면서 지금 진행되는 프로젝트가 몇 개 있는데, 거기 좀 같이 참여해서 일 좀 안 해주겠냐고 이렇게 얘기해 주셔가지고 아주 대선배이시고 그때 처음 강병기 선생님이 누군지를 여쭤봤더니 계획하고 설계하고 뭐 이렇게 하신다고 하시더라고요. 그래서 제가 하겠다고 그래서 그 팀에 갔더니 김안제 선생님이 그때 그 팀에 계시고 있어 가지고 제일 처음에 일했던 것이 수도권 정비계획을 하고 있었습니다. 수도권 정비계획 연구를 하고 있었는데 그중에 토지이용 분과에서 강병기 선생님과 저하고 둘이 그 분야를 다뤘습니다. 20년 동안에 여러 가지 일을 수십 가지 했는데 그중에 제가 보여드리려고 하는 것 몇 가지만 골라서 간단하게 말씀드리고 지나가겠습니다. 1995년 선생님 말년에는 답사를 좋아했습니다. 현장답사를, 수도권 답사를 2박 3일 제가 안내해 가지고 한 바퀴 돈 적이 있습니다. 수도권 계획을 그렇게 많이 하면서도 수도권을 가보지 않고도 다 계획을 했습니다. 아마 계획하시는 분들 그렇게 보시는지 모르겠습니다. 그래서 제가 구석구석 안내해서 2박 3

일 동안에 서울에 들어오진 않고 밖으로 해서 다니다가 경기도 이천에 박물관에 잠깐 들려서 앉아계신 동안에 제가 사진 찍은 마지막 사진입니다. 강병기 교수님 돈 받았거나 했던 일 가운데 하나가 1977년에 수도권 정비계획 김안제 교수님이랑 함께했고 두 번째는 행정수도 도시 패턴 개발하는 파트에서 일을 했습니다. 공개되지 않았습니다만 도시 패턴에 관한 연구, 아까 이학동 선생님이 잠깐 소개를 하고 지나갔지만 아주 우리나라 도시 분석 연구의 가장 중요한 언덕이라고 얘기할까요? 첫 번째 언덕이라고 할 수 있는 도시 패턴에 관한 연구가 있었습니다. 그 다음에 어느 날 아침에 전화가 왔어요. 전화가 와가지고 이 선생님 '키스트(KIST)에서 공개 모집하는 연구과제가 있는데 이 교수가 꼭 해줘야 되겠어' 뭐냐고 했더니 proposal을 써서 가서 발표를 해야 된대요, 그냥 계약하는 것이 아니라. 그래서 뭐냐 그랬더니 박정희 대통령이 울산시를 만들어서 20년 가깝게 됐는데 그 경과가 어떻게 됐는지 분석을 했으면 좋겠다. 그래 가지고 그 분석한 것을 영문으로 전부 만들어 가지고 전 세계에다가 팔아가지고 우리도 지식산업 같은 비슷한 아이디어 …. 그때 저도 느낀 것이 '우리의 도시 만드는 기술을 정리해 가지고 해외에다 파는 것은 대단히 좋은 일이다. 생각해 봐서 그럼 내가 해보자'. 울산에 대해서 저도 아는 바가 없습니다. 시작하는 사람이 전부다 똑같을 것 같아 냈더니 다섯 분이, 우리 도시계획하고 하시는 다섯 분이 내셔서 한 사람이 하루씩 가서 발표를 했습니다. 그 당시에도 그런 일이 있었습니다. 한 달 쯤 지났더니 이 작업을 맡아 달라 해서 맡았습니다. 제 개인으로 봐서 굉장히 다행스럽고 제가 배웠던 제가 알고 있던 도시 분석론을 할 수 있는 가장 큰 현장이고 그래서 이걸 맡아 가지고 5월 달에 계약을 하고 울산에 가는 길에 부산에 갔더니 부산시장이 나와서 기차역에서 안내하고 부산시장 자동차를 내줘서 울산을 갔던 적이 있습니다. 여하튼 이렇게 중요한 과제를 맡아 가지고선 5개월이 지나고 나니 대통령이 그만 사고가 나서 세상을 떠나고 말았습니다.[2)] 떠나고 난 이튿날에 통장이 홀드 되더라고요.

연구비 통장이 (돈이) 나갈 수 없게. 그 돈을 거의 쓰지 못한 채 다 반납하고 말았습니다. 엄청난 돈인데 2년 프로젝트인데 그래서 이 작업이 하도 억울해서 돌아와서 울산 상공회의소 가서 이 작업을 끝내 줄 테니까 출판비를 좀 대주겠냐고 했더니, 그 때 돈 500만 원을 줘서 울산 성장에 관한 것을 그 동안 했던 것만 정리해서 주고 말은 적이 있습니다. 강병기 선생님 소개가 없었더라면 아마 저는 이 울산 분석 작업을 시작도 못 해봤을 텐데. 그 작업은 아직까지 그 후에 덮어진 채 한 번도 되돌아보지 못했는데 작년에 울산 공과대학에서 건축대학에서 와서 울산 그 작업이 어떻게 시작되었는지 얘기해 달라 해서 얘기한 적이 있었습니다. 그 다음에 1995년에 와서 서울 대도시권 구성계획을 만들었습니다. 이것도 현장 답사를 하면서 만들었는데 아마 굉장히 많은 노력을 강병기 선생님도 들였고 저도 들였고 이학동 선생님도 들였고 이 작업은 실현되지 않았습니다만 연구 자체에 의미 있다고 봅니다. 강병기 선생은 처음부터 도시설계와 계획을 하시면서도 제가 보기에는 그 사람의 밑바탕에 깔기에는 지리학에 지리학자입니다. 온 몸의 반은 지리학자였습니다. 항상 question을 하는데, 물어보면 선생님이 답변을 먼저 하기보다는 주위 사람 의견을 먼저 듣는 이런 스타일이 돼가지고 그 브레인스토밍이라 하는 것, 남의 얘기를 다 듣고 결론을 내는 것, 브레인스토밍 작업을 그렇게 많이 했습니다. 젊은 사람들이랑 하고, 연구 팀하고도 하고, 하여튼 제가 20년 동안 하는 동안에 작업하는 것보다도 브레인스토밍 하면서 보낸 시간이 더 많지 않았겠느냐는 것. 그 속에서 두 사람이 생각하고 있는 아이디어를 서로 주고받을 수 있는 기회가 엄청 많았습니다. 선생님이 어느 날, 1997년인가 95년에 오셔가지고 내가 지도를 하나 만드는데, 이 교수가 조금 도와주겠냐고 그러는데 제가 그때 무슨 일을 하고 있느라고

---

2) 1979년 10월 26일의 박정희 대통령 시해사건을 말씀하심. _편집자 주

도저히 도와드릴 수 없었습니다. UN에 일이 있어 가지고 한국대표로 UN에 1년이 멀다하고 쫓아다니면서 뭘 하고 있었을 때여서 도저히 손을 댈 수 없고 선생님 책 나오기 전엔 제가 한번 책을 봐주겠습니다, 그랬는데 이 책이 다섯 권으로 되어 있습니다. 『서울의 사회·경제지도』라고 하는 책을 만들었는데, 지금부터 시작해서 앞으로 20~30년 동안에 이것만큼 다섯 책으로 지도책으로 나누어 만들어서 출판할 수 있는 사람은 아마 없지 않겠느냐 하는 생각입니다. 그 정도로 선생님은 도시를 어떻게 분석을 해서 분석한 결과를 가지고 어떻게 이론 정립하는 데 쓸 수 있겠느냐는 이런 생각을 늘 뒤에 갖고 있었습니다. 그랬더니 분석을 해보고 이해하려 하고 그것을 통해서 계획에 넣으려고 했습니다. 저하고 하나 상충되었던 것 중 하나가 이 분석 방법인데, 저는 분석 방법을 많이 공부했습니다. 분석 방법의 거의 마지막 부분에 와 있었습니다만 그 부분을 제가 설득하는 데 시간이 많이 걸렸습니다. 선생님은 굉장히 철저하게 건설, 설계 하시는 분들이 못 하나 안 틀리도록 아주 자세하고 섬세한 분야가 있어요. 저희는 그렇지 않거든요 그 부분이 잘 맞지는 않았지만, 설계하시고 계획하시는 선생님으로부터 배운 것은 저 나름대로 엄청난 것을 배웠습니다.

라면하고 국수를 우리가 많이 먹었습니다. 먹다가 제가 탈이 나서 병원에 입원을 했습니다. 그래서 강병기 선생님이 김홍배 회장님보고 라면 끓여 먹지 말라고 했다는 얘기를 제가 아까 들으면서 저 때문에 잘못하면 훌륭한 학자를, 유능한 학자를 병원에서 잃어버릴지 모르겠다, 제가 병원에 입원해서 6개월 동안 사지에서 살아왔습니다.[3] 짜장면 먹다가 짜장면, 라면 먹고. 왜 그랬냐면 작업을 한양대학교에서 하면서 밤12시가 되서 배고프면 짜장면을 시켜먹고 다 같이 먹는데 저 혼자만 탈이 나더만요. 저 혼자 탈이 나서

---

3) 이 좌담회 전에 김홍배 회장이 자신의 축사에서 이와 관련된 일화를 이야기하고 있다. 그 내용은 김홍배 회장의 축사 참조. _편집자 주

병원에 6개월 있었고 그 다음에 1년 동안 쉬는 불행한 일이 있었습니다. 그 후에 도시계획이나, 이 분석 작업은 이제 그만해야겠다는 생각을 한 적이 있습니다. 여하튼 간에 강병기 선생님의 철저한 계획이라던가 분석이라던가 관찰력이라던가 엄청나게 나오는데, 한 가지 선생님이 늘 얘기한 내가 지리를 했더라면 더 잘 할 수 있었을 텐데 이런 얘기를 나눴습니다. 울산 작업을 하면서 하나 걱정하시면서 '울산의 산업시설들이 콤플렉스(complex) 시스템을 이루고 있는데 이 콤플렉스 시스템 분석을 해야 하지 않겠느냐'. 저는 그때 앞에 김안제 교수님이 인더스트리얼 콤플렉스 시스템(industrial complex system)에 관한 페이퍼를 만들어서 울산을 배경으로 쓰신 것이 있습니다. 그것을 제가 보고 김 선생님이 이걸 기초로 해두었으니 이 정도는 해낼 수 있겠다 해가지고 그 후에 김안제 선생님 틀 위에서 울산에 들어와 있는 공장의 링케이지(linkage)를 전부 다 분석을 해서 선생님한테 상의를 드렸던 적이 있습니다. 오늘 앞에 네 분이 발표하신 가운데 이론적으로 로사리오 개념이나 틀이 모두 완벽합니다. 그 완벽한 거 가운데 뭐가 숨어 있냐면 콤플렉스 시스템의 스트럭처가 숨어 있습니다. 선생님이 마지막 지도책을 만들면서 찾고 싶었던 것이 콤플렉스 시스템의 스트럭처의 규칙이 어떻게 진행되고 있는지 알고 싶었던 것이 그 지도책을 보면 나옵니다. 몇 군데 스쳐 지나가면서 숨어 있는 스트럭처가 뭐냐 그걸 알 수가 있다면, 알 수가 있고 예견할 수가 있다면, 도시계획 플래닝은 마음대로 할 수가 있습니다. 얘기를 하지 못할 때는 그림밖에 되지 않겠죠. 이런 일이 있겠습니다. 몇 가지 그림만 제가 보여드리고 제 얘기를 마무리 하겠습니다. 그 수도권 정비계획에 김안제 교수님하고 1977년에 했던 보고서입니다. 보고서 가운데 절대로 봐서는 안 된다고 하는 엄격한 문구가 적혀 있습니다. 그때 같아서 이걸 잘못하면 형무소 갈 것 같은 기분이었습니다. 여기 보면 수도권 정비계획에 만약 책임이 있다 할 것 같으면 여기에 적힌 종합 연구원으로 참여했던 사람들이 책임을 져야겠습니다만, 제가 책임지는 것을 본 건 한 번

〈그림 11-1〉 1978 행정수도 계획도 구상

〈그림 11-2〉 행정수도 구상 조감도

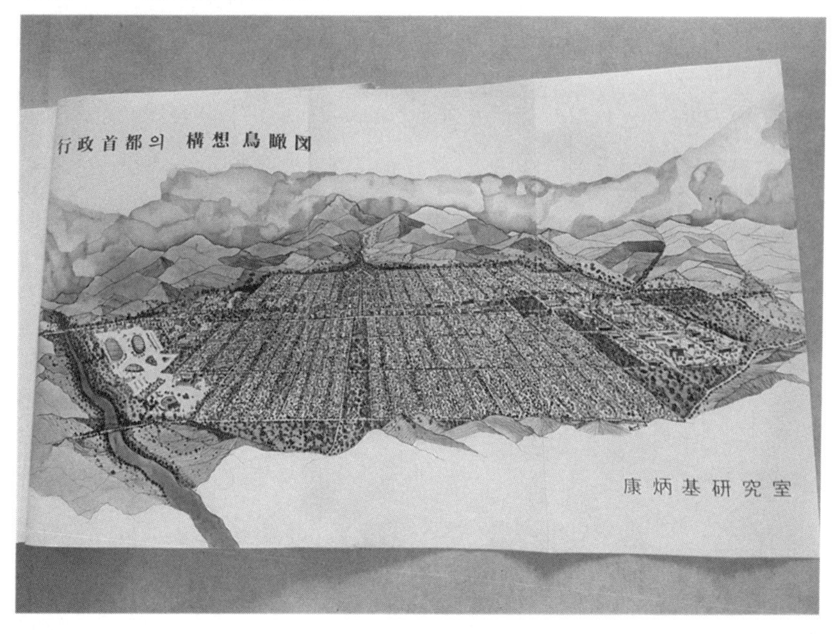

도 없습니다. 그 다음에 토지이용도 수도권 정비계획을 하면서 마지막 그려낸 게, 지도 한 장을 그려냈습니다. 이 지도 한 장이 그 다음에 수도권 정비계획 기초가 되어서 변형되고 변형되서 현재까지 이른다고 보시면 되겠습니다. 그 다음에 행정수도 만들면서 행정수도 패턴을 어떻게 할 것인지, 그렇게 많은 얘기를 주고받은 가운데 마지막 만들어놓은 것이 가장 권위적인 토지이용도입니다. 행정수도가 그 각하가 좋아하거나 정부에서 좋아할 수 있는 아주 권위 있는 도시를 구상하였는데, 지금의 행정수도와는 전혀 다릅니다. 아마 나중에 기회 되시면 한번 보시면 이렇게 아름답게 색채색으로 만들어서 나눠 가졌던 기억이 있습니다. 아마 못 보신 분들이 많으실 겁니다. 나중에 한번 기회 있으시면 보시면 지금의 행정수도와 비교해서 장소는 똑같습니다. 같은 장소에. 그다음에 마지막 만드셨던 『서울의 사회·경제지도』 다섯 권의 책을 만드셨습니다.

김안제 교수 첫 번째 주제 '내가 기억하는 나와의 강병기 교수님'에서 세 가지만 말씀을 드리겠습니다. 다 말씀을 하셨으니까, 그런데 오늘 주최 측에서. 내가 아는 강병기 교수님은 지금도 99%가 도시계획입니다. 도시계획가. 왜냐하면 그분 만날 때부터 돌아가실 때까지 나하고 도시계획에서, 특히 국토계획학회, 여기에서 쭉 관여를 하셨기 때문에. 그런데 오늘 주로 말씀 하시는 것이 설계가 90%라서 내가 조금 속상해요. 그분하고 여러분들 말씀하신 것 중에 다른 건 다 놔두고 철저한 분입니다, 연구를 하거나 발표를 하시거나 논문을 쓰시거나. 보면 한국 사람들은 나부터, '대강 대강 그래야 큰 인물이 되요, 좀 범상하고' 이렇다고 생각하는 것 같습니다. 그런데 이분하고 같이 해보면요, 분석력이나 대안을 내는 것이, 아주 중간에 내가 놀란 것이, 이 설계하고 도시계획 하는 사람들이 계량에 밝지 못 합니다. 숫자, 분석하는 거. 그런데 이 양반이 한번 국토학회에서 춘계 발표를 하는데, 대기이론 혹 공부하신 분? Queuing Theory[4] 그게 OR에서 나왔습니다. 그게 나와 가지고 원래 군사작전에서 나온건데, 교통하고도 넘어가고, 이 대기이론이

교통학에서 요긴하게 쓰입니다. 나는 미국에서 그걸 공부한 사람이야. 그걸로 공부해서 A학점을 맞았거든. 그런데 이 양반이 그걸 발표를 하는 거야. 내가 깜짝 놀랐어요. 끝나고 '선생님 그거 어디서 배웠어요?' 이랬더니 '혼자 공부했소'. 하도 신기하더라. '놀랬습니다'. 제가 그걸 알고 있죠. '오늘 당신이 앞에 있어서 발표하는 데 좀 떨리더라'. 본래 떨 사람도 아니고 그런데 놀랬어요, 철저하시다는 거.

두 번째는 우리 분야, 설계를 포함해서 국제화에 참 애를 쓰셨습니다. 특히 내가 소속된 국토계획학회하고 일본하고 먼저 교류를 시작했습니다. 그분이 회장 때 시작을 해요. 시작은 회장 때 하시는데, 끝에 가서 일본의 도쿄에 가서 양국 회장들이 사인을 해서 교류체계를 할 때 당시는 제가 회장이었습니다. 제가 회장되면서 그 어른을 국제화 교류 위원장으로 모십니다. 일본서 하고 다음에 대만이 들어옵니다. 그뿐만이 아니고 수도권도 많이 다녔다 하는데, 세계여행을 많이 했습니다. 거기의 7할은 제가 그 어른을 모시고 같이 다녔어요. 국제화에 앞장을 서주셨다.

끝으로 하나는, 아까 이기석 박사가 임시 행정수도 1977년에서 1980년까지 그 전해에 대통령이 돌아가시니까 백지화가 되지요. 그 사년동안의 백지 계획이 만들어집니다. 그중의 하나가 아까 말씀하신 그거입니다. 거기에 관여하셨어요. 하셨기에 잘 아십니다. 그리고 2002년에 참여 정부에 의해서 신행정수도 정책이 나왔어요. 제가 자문위원으로 모셨고, 위원장은 이미 청와대가 내정이 되어 있었어요. 저는 건설 총책임을 맡았습니다. 그래서 학계에서도 반대가 많았습니다. 아마 이 자리에도 반대자가 많았을 걸로 가히 유추, 짐작하는 바 인데, 그때 수도권에서 살고 있는 학자, 기업가, 종교인, 일반 백성까지 반대가 얼마나 많았습니까? 했는데, 그 어른이 대놓고 '김안

---

4) 대기행렬모형, 대기행렬에 도착, 대기, 서비스, 출발에 대한 수학적·확률적 분석 방법, 아마도 강병기 교수가 행한 교통공학 관련 연구를 보신 듯 함. _편집자 주

제 잘한다'. 이러면 돌팔매 안 맞겠어요? 그러니까 제 귀에 대고 용기 잃지 말고 끝까지 밀고 나가라 하고 저한테 격려를 해주셨어요. 그게 지금도 제 귀에 생생합니다. 부족한 말, 저도 이 다음에 또 하겠습니다.

장명수 총장 '잠깐만', 그 양반 별명이 '잠깐만'이었습니다. 우리나라의 건축 도시문제를 아까 잠깐 말씀 드렸고 유추 짐작이 가실 겁니다. 애당초 1950년대 우리나라 도시 내지 도시계획의 선두주자이고 선구자는 주원 선생이었습니다. 그리고 서울시 도시계획위원회가 뒷바라지 하면서 나오신 분이 윤정섭(전 서울대학교 도시계획 전공 교수) 교수입니다. 서울공대를 나와서 한국에서 공부를 하고 물론 미네소타 대학원도 다녀오시긴 했습니다만, 어쨌든 제일 선두주자이고 한국적인 도시계획에서 배우고 한국 도시계획을 주장한 분이 윤정섭 교수였고 그 이후에 해외에서 수학을 해서 돌아온 선구자가 몇 분 있는데 맨 처음 두 분입니다. 그중 한 분이 강병기 교수이고 또 한 분이 김형만(전 홍익대학교 도시공학과 교수) 교수입니다. 어쨌든 두 분이 매우 선두주자로서 많은 공적을 남겼고 조금 있다가 나상기(전 홍익대학교 도시공학과 교수), 최상철(전 서울대학교 환경대학원 교수), 김안제(전 서울대학교 환경대학원 교수) 이런 분들이 나왔습니다. 이 교수는 지리학 분야이니까 제가 이제 언급은 않습니다만, 따라서 매우 선두주자로서 강병기 교수가 남긴 족적이 크다는 건 자타가 공인하고 있는 사실이고 그 둘째는 바로 한양대학교의 도시공학과를 육성하고 여러분들이 바로 우리나라 중추적 도시 내지 도시설계라고 합니다만 계획가가 설계가이고 설계가가 계획가고 그렇습니다. 저 양반은 환경 전문이기 때문에 그걸 약간 비뚤어져 말씀하십니다. 사실은 한양공대 도시공학과 나오기 전 1950년대만 해도, 미국에서도 사실 도시계획가가 없었던 걸로 알고 있습니다. 그냥, 토목에서 주로 했고 그 다음에 뭐 어번디자인(Urban Design)이라는 말도 그 때는 없었던 걸로 압니다. 1950년대만 해도, 1960년대 이후에 지나면서 바로 도쿄대학에 1962년에 도시공학과를 만들면서 아시아에서 또는 미국에서도 그렇게 빠르지 않은 걸로 압니다. 그러고 나서 한양대학이 1968년에 개설을 하고 1969년에 설립되었습니다. 도쿄대학이 1962년이고 우리나라에서는 맨 처음 생긴 것이 1966년에 동아대학이 세워지고 이일병 교수가 한양대로 왔죠? 그리고 바로 강병기 교수가 일본에서 와가지고 1970년에 오고, 물론 이제 동아대학이 만들 때 김현옥 시장이 부산시장을 할 때 이일병 교수가 부산 역전 토지 구역정리, 설계하고 하는 바람에 김현옥 씨 하고 밀착이 되서 먼저 만들고 서울시장으로 오니까 그분을 설득을 해서 한양대학교에 만들면서 이일병 교수가 온 걸로 알고 있습니다. 만들어지기는 그렇게 만들어졌어도 그 후에 이끌어간 것은 바로 강병기 교수였습니다. 예컨대 도쿄대학의 도시 하면 단게 겐조부터 떠오릅니다. 일부는 다카야마 에이코(高山英華)[5] 같은 분도 있습니다마는 단게 겐조를 생각하지 다른 사람을 생각하진 않습니다. 한양대학교 하면 강병기이지 아무 얘기도 안 나옵니다. 그리고 그만큼 많은 제자들도 길렀지만, 많은 업적은, 오늘 보셨습니다만, 아까 설명한 이학동 교수가 한 것은 10분의 1밖에 안 될 거예요. 많은 토론과 많은 심포지엄, 세미나, 저도 많이 같이 다녔습니다만 우리나라의 모든 심포지엄, 세미나의 80%, 90%를 강병기 교수가 참여하고 이끌고 나갈 만큼 커다란 족적을 남겼습니다. 따라서 강병기 교수가 남긴 업적은 바로 한양대학교의 업적이기 때문에 바로 한양대학교의 도시공학과 여러분들은 우리나라의 도시계획과 설계의 중추적 역할을 해서 이만큼 우리나라가 경제발전과 더불어서 도시발전을 할 수 있었던 커다란 원동력이었다. 그래서 그 불씨는 바로 강병기 교수였다는 것을 말씀드리고 넘기겠습니다.

---

5) 일본의 건축가이자 도시계획가. 일본 근대 도시계획의 창시자로 평가받는다. 도쿄대학 건축과에 교수로 있다가 동 대학에 도시공학과를 만들었으며 이때 제자 단게 겐조를 같이 데리고 간다. 한국에는 건축가 김수근의 도쿄대학 석사과정 스승으로 알려져 있다. _편집자 주

이기석 교수 아까 말씀드리다가 조금 더 자세하게 얘기 드리는 것이 여기 오신 분들에게 도움이 될 것 같아서 강병기 선생님이 설계하신 역세권 설계[6]를 여러 차례 가지고 왔어요. 와서 저거 토론하면서 되겠는지 안 되겠는지 저는 굉장히 의심스러웠습니다. '역세권이라는 것이 형성돼 가는 거지 그렇게 틀을 만들어서 놨을 때 역세권이 그 속에서 사람이 움직이느냐?'는 겁니다. 그래서 '하여튼 만드는 건 좋지만 관찰을 잘해서 어떻게 변하는 것인지 정리를 해볼 필요가 있겠다'. 그런데 제가 얘기하는 것은 어디에 이론을 두고 있냐면 크리스토퍼 알렉산더의 『City is not A Tree』 라고 하는 그 책을 자세히 읽어보시거든 마지막 부분에 가게 되면 어떤 시스템이든지 시간이 지나게 되면 머징(merging)을 하게 되는데, 머징을 할 때에는 앞 구조를 그대로 수용하지 않습니다. 우리가 전혀 상상하지 않던 어떤 구조를 밑바탕에 깔고 이렇게 변해가고 있습니다. 지금 우리한테 제일 어려운 것이 인간 행동도 어렵지만 거대한 도시가 움직여 변환하는 동안에 어떤 스트럭처를 adapt(도입) 해가면서 움직여가고 있냐는 것을 알기가 제일 어려울 것이다. 그것을 알면 planning(계획)이나 설계나 우리는 언제든지 누워서 할 수 있습니다. 여하튼 그 부분에 강병기 선생님도 굉장히 questioning을 하고(의문을 가지고) 있었습니다. 그리고 마지막까지 정리를 못 하시고 가셨는데 그 과제는 여러분들, 제자분들이나 대학에 계신 분들이 정리를 해주셔야 할 것 같습니다. 저도 늘 question을 가지고 있습니다. 요새도 제가 신도림 센터를 보게 될 것 같으면 아무도 신도림 센터가 나타난다고 생각을 해본 적이 없습니다. 서울시 도시계획 중에, 신도림 요새 가보신 분들 있습니까? 신도림과 같은 그런 센터, 영등포 센터를 압력, 집어넣을 수 있는, 영등포를 끌어 들일 수 있는 정도의 힘을 가진 신도림 센터가 지하철 크로스 센터에 생

---

6) 로사리오 계획 _편집자주

겨가지고 비즈니스를 엄청나게 잘하고 있거든요? 그래서 그걸 보면서 도시가 이런 것인데 이걸 어떻게 틀 속에 우리가 가지고 있는 기존 틀 속에 집어넣을 수 있느냐, 하는 것들이. 아무리 우리가 많은 다핵구조론을 얘기하고 그 복잡성을 얘기한다 해도 그 복잡성은 해결하기가 쉽지 않은 것 같습니다. 그래서 설계하시는 분도 그렇고 계획하시는 분도 그렇고 이제 끝난 것이 아니라 강병기 선생님이 남겨놓은 것이 끝난 것이 아니라 겨우 그저 우리들에게 의문만 던져놓고 가셨기 때문에 여러분들이 아마 그 뒤 받아서 정리를 좀 하시는 것이 한양대학교뿐만 아니라 우리 국토계획학회 도시계획학회 굉장히 중요한 과제가 아니겠나 생각이 들었습니다.

김안제 교수 지금 우리가 하고 있는 것이 여기 원래 이학동 선생님이 준 오늘 좌담회 두 번째 주제입니다. 뭐냐 하면, 강병기 교수님의 계획가로서의 자세에요. 그걸 지금 하고 있어요. 제가 얘기하면 끝이고 세 번째가 성품과 인생관. 마지막이 대인관계인데, 성품과 인생관 하고 대인관계는 합쳐서 하는 게 좋을 것 같아요. 내가 몇 가지만 느낀 특색은 첫째는 다 아까 쭉 나왔어요. 인간 중심의 계획과 설계. 아주 충실합니다. 늘 일본 가서도, 독일 가서도 뭐 할 때마다 '인간 중심인가, 이 도시가?' 하는 걸 아주 강조해요. 그건 뭐 우리 도시계획가나 설계자로서 제일 중요한 얘기가 아니겠습니까? 그 다음에 두 번째는 생각 의외로 역사성을 아주 중요시하고 또 관심을 많이 가져요. 그래서 이 양반이 역사 도시를 가기를 그렇게 좋아해요. 여행 일정을 보고 역사 도시 있으면 아주 좋아하시고 또 역사에 관계되는 자료, 지도 이런 걸 많이 사요. 물론 가다가 잘 잊어버려. 내가 뒤에 따라가면서 주어주느라고, 나는 맨날 그 양반 일본서 사신 분인데 일본 지하철에다 물건을 놓고 내리는데, 내가 놀래가지고 도대체 당신이 나를 해야지, 내가 당신을 이렇게 하느냐 할 정도로. 다른 데 빠지면 잘 잊어버린데. 그건 다른 이야기고, 역사성을 매우 중요시해요. 세 번째는 개인 생활이 그래서 그런지, 아주 정직합니다. 거짓말을 못 해요. 내가 보면 거짓말을 해야 하는데, 못 합니다.

그리고 용기가 있어요. 그래서 중앙도시계획위원회에서 같이 일할 때 대강 넘어갔으면 좋겠다고 생각하는데, 넘어 가려고 위원장이 '그만, 이상으로서 본 건을……' 하고 (의사봉을) 때리려 하면, "잠깐!" 이래서 이 어른이 별명이 잠깐이에요. "잠깐, 안 돼. 본 건 통과 안 됩니다" 하고. 그 용기가 대단하시다 하는 것을 느꼈고, 그다음에 공익을 우선하는 것은 말 할 것도 없다. 그 다음에 1972년도에 처음 만납니다. 그 분을 처음 만났을 때, 다 잘 알다시피 일본 지배를 많이 받아본 분들은, 일본 하면 싫어요. 그런데 이 양반은 중학교부터 일본에서 다녔다는 거야. 박사도 일본서 하고 그래서 나는 속으로 '일본 사람이구나' 했는데, 그리고 앉아서 술을 먹거나 식사를 하면서 들어보면 같이 모이는 분들은 한국말은 잘 해요. 그런데 강병기 선생님은 그 때는 서툴렀습니다. 내가 '아, 일본 사람이니까 서툴구나'. 이랬어요. 사귀어 가면서 저보다도 더 애국심이 강해요. 한국에 대한 애국심이 그렇게 강한 사람 (처음 봤어요). 몇 번 내가 혼났어요. 그것이 계획에도 면면히 스며들어 있다 하는 것을 말씀드립니다.

장명수 총장 아까 누누이 말씀드린 바와 같이 강병기 교수가 일본에서 공부를 하고 도쿄대학에 있으면서 지도교수라고 하는 연구실 시스템을 한양대에 도입을 했습니다. 다시 말씀 드리면 미국에 대학원 시스템이라는 것이 학점 주고, 학점 따면 나가는 것인데 일본이라고 하는 나라는 연구실 시스템이 되어서 그 속에서 인간관계가 형성되거든요? 그래서 사실은 사생활부터 얘기를 듣고 위로해 주고 그 다음에 결혼까지 주선하고, 사회 나간 후에도 안부를 묻고, 계속 취업까지도 생각하는 그게 일본의 연구실 시스템이고 지도교수였습니다. 바로 이제 강병기 교수가 그런 것이 몸에 배어 있기 때문에 굉장히 섬세하고 자세하고 남 사정을 잘 듣고 해결해 주려고 노력하고 그럽니다. 다만 일본적인 것이 스며들어 있기 때문에 아까 김안제 교수도 말씀을 해주셨습니다만 너무 꼼꼼하고 자세하고 따지고 곧잘 넘어가지 않는, 그런 깐깐한 성격은 분명히 있습니다만. 굉장히 인간적이었다는 사실, 그게 일본적 대학의 연구실 지도교수의 시스템이 한양대학교에 이어져 있고 아마 그것이 타 대학에도 상당한 영향들을 주었으리라고 생각합니다. 강병기 교수는 그야말로 깨끗하고 정직하고 꼼꼼하고 정성스럽고 정이 있는 그런 친구였습니다. 이상입니다.

이기석 교수 그 강병기 교수님하고 같이 일하는 동안 그 하나, 아직 잊어지지 않는 것이 있는데, 굉장히 가족적입니다. 보기하곤 전혀 다른데, 가족적이라서 집 이사할 때마다 빨리 오라고 새집 안내해 줘서, 연곡동 집 갔을 때도 가서 보고, 현대 아파트 갔을 때도 가서 보고. 온 가족 다 같이 오래. 그래서 저희 집 사람하고 같이 가서 집 구경, 방마다 다 구경하고, 참 좋더라고요. 그때 저희는 그런 입장이 못 되가지고 구경만 하고 다니고. 연말이 되면 반드시 파티를 하는데, 시내에서 저녁식사를 가족까지 전부 나오라고 해서 같이 식사를 하는 그런 습성을 가지고 있습니다. 저는 여러 차례 갔었는데 정말 가정적이다 하는 것, 겉으로 보기와 다르게 가정적인 면이 있다는 것을 그때 느꼈습니다.

김안제 교수 참 할 이야기가 그분에 대해서는 많습니다만 크게 세 가지만 말씀을 드릴까 합니다. 로마 격언에 이런 말이 있어요. 여자는 자기를 알아주는 사람을 위해서 화장을 하고 남자는 자기를 알아주는 사람을 위해서 목숨을 바친다. 제가 이 어른을 1972년에 처음 만났습니다. 그리고 국토학회에서 그분은 중진이죠. 하다가 그분이 1982년에 회장이 되십니다. 윤정섭 선생님 다음에 국토학회 회장이 되십니다. 그때 제도가 회장이 되면 부회장을 회장이 추천을 합니다. 총회에서 추천하면 총회에서 박수치면 부회장이 되요. 그럼 대체적으로 그때는 회장 다음 부회장 되면 그 다음 회장이 되요. 대부분 다, 그런데 제 앞에 아직 선배들이 많았습니다. 선배가 학회에 많은데 저는 아직 멀었어요. 한 10년 뒤에 해도 되요. 그런데 이 어른이 그런 사람을 다 제쳐놓고, 죽은 것도 아니고 다리가 아픈 것도 아닌데, 김안제를 내가 부회장으로 한다 이랬어요. 그래서 제가 일약 부회장으로 들어갑니다.

그래서 가서 그 선생님하고 긴 세월을 해요. 그래서 내가 항상 나를 알아주는 강병기 선생님을 위해서 목숨을 바친다 했는데, 이양반이 먼저 가시는 바람에 내가 참말로 큰일 났어요. 목숨을 이제 안 계신데 바칠 수도 없고. 늘 저한테 평소에 이런 말씀을 하셨습니다. "김 박사, 인제 내가 나이가 늙어요". "그럼요 늙어야지요, 당연히". 늙어서 고상한 노인이라는 단어를 썼습니다. 그 이야기를 많이 해요. 일본 가서도 하고, 한국에서도 하고, 다른 나라 가서도. "이리 보면 내가 저런 노인처럼 저리 늙어가야 되겠나. 저 사람처럼 저래야지". 고상한 노인이 되기를 그렇게 희망하셨어요. 그런데 그 어른이 연세가 60이 되고 70될 때 보니까 고상해요. 그런데 그랬어요, "선생님 인제 고상하게 늙어 가네요". "진짜야?" "그럼요 제가 어디, 거짓말 가끔 하지만, 선생님한테 거짓말 하겠습니까. 아주 고상하게 잘 늙어가요". 아 조금 일찍 돌아가셨습니다마는 인품이나 모습이나 정말 고상하게 사시다 가신 분이다 하고 그분이 떠나신 다음에 제 마음 속에 아주 아까운 것이 세 개 있었습니다. 그 마음이 아주 아련해요. 지금도 그 뒤로 남아 있는 것이 있습니다. 하나는 그분의 전문지식입니다. 많이 공부하셨어요. 동서양 역사부터 시작해서 모든 분야의 전문지식이 아까워요. 두 번째는 일본어입니다. 여러분은 어떤지 모르겠지만 제가 일본을 사모님하고 같이 여러 번 갑니다. 가서 세미나도 하고 저녁도 먹고 그럽니다. 그러면 일본 사람하고 똑같이 그분 제 통역은 다른 통역사 안 맡겼습니다. 김안제 통역은 강 교수님 직접 하십니다. 꼭 가만히 있어라 그러고 본인이 합니다. 왜? 제가 이야기하고자 하는 뜻을 내가 말하는 것보다 더 잘하네. 아이고 내가 일본 학자한테 물어봤어요. 우리 강병기 교수님의 일어가 여기 일본의 사람의 입장에서 판단하면 어느 수준이냐. 일본서 내놓으라 하는 웅변가보다도 더 잘합니다. 그리고 어휘가 우리가 못 알아듣는 어휘가 많습니다. 고전적인 어휘를 쓰십니다. 그 정도 일본 말을 합니다. 하! 이걸 날 주고 가셔야 되는데, 이걸 안 주고 가셔서 속이 상해요. 그래서 끝으로 하나는 아까 말씀대로 제가 더 형님처럼 모실 수 있는 기회, 목숨은 안 바치더라도, 할 수 있는 기회를 없애고 가신 것이 마음속에 그렇게 아픕니다. 그러나 오늘 여러분들이 수고로 10주기를 마련해 주시니 또 자제분도 오셨고 해서 정말로 고맙고 진심으로 여러 후배님들에게 감사하다는 말씀을 드립니다. 감사합니다.

이학동 교수 오늘 그 당시에 같이 우리 도시계획 설계 국토계획 학회를 이끌어 가시고 또 같은 프로젝트를 하시면서 선생님의 인품과 학문 세계를 느낀 대로 소상히 저희가 들을 수 있습니다. 세 분 선생님 오래오래 건강하게 장수하시기를 저희가 선생님 안 계시는 대신에 세 분 선생님이라도 오래 뵐 수 있기를 바랍니다. 감사합니다. 이것으로서 좌담회를 끝마치겠습니다.

책을 마무리하며

강병기 교수님이 2007년 6월 11일에 갑자기 돌아가셨다. 너무나 황망한 일이어서 정신없이 영결식과 장례식을 끝내고 일상의 분주함으로 돌아왔지만, 나는 이후에 무엇을 하여야 하는지 몰랐다. 생각지도 않게 학계로 들어온 지 겨우 2년 반밖에 지나지 않았고, 나에게 주어진 교수 생활이 외부에서 보았던 것보다는 해결해야 할 점들이 많았다. 강의와 연구 그리고 학회 활동은 추모 사업과 관련된 생각을 할 수 있는 여유를 나에게 주지 않았다.

2009년 가을에 한양대학교의 도시설계 전공 교수로 부임하게 되었을 때가 되어서야, 내가 강 교수님의 유지를 조금이나마 따라야 하는 의무가 있음을 어설프게 인지하기 시작하고 있었다. 모교에 출근 후 처음 인사드리러 가니, 최종현 교수님께서 "스승은 제자가 만든다" "네가 강 교수의 생각을 다른 사람들에게 전해라"라고 말씀하셨다. 그때서야 나는 내가 무엇을 하여야 하는지 깨달았다. 강병기 교수가 살았던 시대를 조명하고, 그의 고민, 생각, 연구, 그리고 계획들을 정리하고, 다른 사람에게 알리는 것이 내가 모교로 오게 된 이유 중에 하나이고, 나의 의무였다.

1989년 12월 26일부터 10년 이상의 시간을 강 교수님을 가까이에서 모셨지만, 강 교수가 1970년대 1980년대 무엇을 하였는지, 그리고 1990년대의 시민운동에서 어떠한 일을 하였는지, 2010년경까지 나는 잘 알지 못하고 있었다. 이제는 몇몇 전문가들이 그 내용을 알게 된 Rosario plan(로사리오 계획, 1980년에 제안된 서울시 역세권 중심의 공간구조 계획)도 그 존재만 알고 있었지, 그 배경과 역사, 그리고 상세한 내용을 알지 못하였다.

나뿐만 아니라, 연구실 선후배와 강 교수를 잘 알고 있다고 하는 사람들조차도 그의 도시에 대한 생각과 연구 전체를 조망하는 사람을 만난 적이 없다. 건축가들의 상당수에게 강병기는 박춘명·김수근 씨와 함께 1959년 남산 국회의사당 설계 경기에서 우승하면서, 해방 후 화려하게 등장한 모더니즘 건축가 중에 한 사람으로 기억된다. 도시를 연구하는 학자들에게 강 교수는 도시에 대한 다양한 분석적 연구를 진행하고 선도적인 계획을 제안한 도시 학자로 기억된다. 또 다른 사람은 걷고싶은도시만들기시민운동 본부의 창설을 주도하고 이를 이끌어 간, 시민참여형 도시계획의 선각자 강 대표로 기억된다.

선후배들을 만나면, 강병기 교수의 생각이, 그리고 우리가 속했던 연구실이 얼마나 앞서갔었는지를 자랑하고, 자료와 지도가 부족하였던 시절에 맨몸으로 이것들을 구축하기 위하여 얼마나 많은 밤을 세웠는지를 무용담으로 이야기하곤 하였다. 그러나 어떤 일들을 왜 하였고 어떤 성과를 얻고, 그 한계는 무엇인지를 다른 사람들에게 알리는 일은 극히 소홀히 해왔었다. 또한 강병기 교수가 우리에게 그 일을 왜 시켰는지는 스스로 고민하지 못하였다.

강병기 교수는 국내에서는 물론 세계적으로도 상당히 혁신적인 제안들을 만들고, 앞서가는 연구들을 이끌었음에도, 나를 포함한 제자들은 그의 뒤를 잇지 못하였고, 그의 고민과 노력을 세상에 알리지 못하였다. 제자로서 강병기의 생각과 지식 그리고 활동 무대가 너무 커서 감히 범접하지 못한다는 생각에 아마도 지레 포기하고 있었는지도 모른다. 이 책을 끝내면서도 다시 한번 우리가 강병기의 세계를 알고 있었는가 하는 의구심을 떨쳐버리지 못하겠다. 그는 선구자로서 정말 다양한 길을 개척하고 갔다. 그의 연구와 행적을 뒤따라가면, 그 범위와 깊이에 실로 놀라지 않을 수 없다. 앞으로 나는 그들 중에 한 두 개라도 제대로 따라갈 수 있었으면 하는 마음으로 살고자 한다. 이 책을 읽는 독자들도 강병기 교수의 고민과 활동을 반추하시고, 자신들의 연구와 활동에 조금이나마 참고가 될 수 있다면 감사하겠다.

강병기 교수에 관심을 가지거나 그를 연구하는 분들에게는 이 책 이후에도 선물들이 남아 있다. 강병기 교수가 생전에 보관하고 있던 천여 점이 넘는 유물, 독서와 기록들을 서울역사박물관이 기증받아 보관하고 있다. 이 유물들은 강 교수님이 2007년 갑자기 돌아가시자, 목원대학교의 이건호 교수님과 최봉문 교수님이 급히 공간을 마련하여 기념관으로 만들어서 보관하고 있던 것과 사모님께서도 강 교수님 사후 10여 년이 지날 때까지 교수님의 책자와 유품을 그대로 가지고 계셨던 것들이다. 이들 모두는 한국 도시계획 및 설계의 귀중한 역사 자료들로서 오랫동안 보관되고 연구되어야 할 것들이다. 이들을 한 곳에 모을 수 있는 장소를 찾던 중에, 송인호 서울역사박물관장님, 박현욱 부장님, 한은희 과장님, 김동준 학예사님께서 흔쾌히 도움을 주셔서, 2017년 여름에 기증을 할 수 있었다. 유물들에 대한 정리 작업이 2018년에 시작되었고, 만 2년 만에 목록화를 완성할 수 있었다. 이 작업은 당초 생각했던 것보다 너무 방대하였고, 내 연구실의 연구생들이 상당한 노력을 통하여 완성할 수 있었다. 그들의 노고에 진심으로 감사한다. 유물 정리 기간 동안에는 기념 도서 발간 작업은 지지부진할 수밖에 없었다. 새로운 자료들이 계속 나오는데, 기념 도서를 그냥 출간하기도 부담스러웠고, 시간도 여의치 않았다. 언젠가는 이 유물들을 전시하여, 보다 많은 사람들이 강병기의 활동과 생각을 알게 되는 기회가 오기를 기원한다.

살곶이 다리가 보이는,
내가 사랑하고 고마워하는 연구실에서
2020년 9월
최창규

이 력 서

성 명 : 강병기(康炳基, Byong Kee Kahng)

출생지 : 제주도 제주시 화북동

생년월일 : 1932년 4월 28일

■ 학력

1950. 4. ~ 1953. 3.	일본국 치바(千葉)아와(安房) 제일고	졸업
1953. 3. ~ 1958. 3.	일본국 도쿄대학 공학부 건축학과 졸업	
1958. 4. ~ 1960. 3.	일본국 도쿄대학 수물계 대학원 석사	수료
1960. 4. ~ 1965. 3.	일본국 도쿄대학 수물계 대학원 박사과정	수료

■ 학위

1958. 3. 28.	도쿄대학 공학사	No. 14290
1960. 3. 29.	도쿄대학 공학석사	No. 607
1970. 5. 21.	도쿄대학 공학박사	No. 2162

■ 면허, 자격

1963. 4. 20.	일본국, 일급건축사	No. 40356
1978. 5. 22.	대한민국, 일급건축사	No. 1-1537
1983. 1. 18.	대한민국, 지역 및 도시계획 기술사	No. 82122000550

■ 수상

1960. 10.	대한민국 국회의사당 현상설계 1등 당선(박춘명, 김수근 공동)
1983. 2.	대한국토계획학회 작품상(서울시 주요간선도로변 도시설계)
1996. 9	서울시 문화상(건설 부문), 서울특별시
1999. 2	대한국토·도시계획학회 현정국토개발상(공적 부문)

2002. 8	일본도시계획학회 국제협력상

■ 경력

1958. 4 ~ 1970. 2	도쿄대학 건축학과 단게 겐조(丹下健三) 연구실 연구원
1960. 8 ~ 1961. 5	한국 국회의사당 실시설계사무소 공동대표
1961.11 ~ 1964. 2	KENZO TANGE/URTEC, TOKYO, JAPAN 소원
1964. 8 ~ 1966.12	ATELIER KAHNG, TOKYO, JAPAN 소장
1967. 3 ~ 1969. 7	和(YAMATO)설계사무소, TOKYO, JAPAN 설계부장
1970. 3 ~ 1996. 7	한양대학교 공과대학 도시공학과 교수
1980. 5 ~ 1981. 3	일본국 도쿄대학 공학부 도시공학과 연구교수
1982. 3 ~ 1984. 2	대한국토·도시계획학회 회장(고문)
1996. 8 ~ 2000. 7	구미1대학 학장
2000. 2 ~ 2002. 3	한국도시설계학회 회장(고문)
2001.10 ~ 2001.12	일본국 도쿄이과대학 이공학부 건축학과 객원교수
1996. 8 ~ 2007. 6	(사)걷고싶은도시만들기시민연대(약칭 도시연대) 대표
~ 2007. 6	건설교통부 민원제도개선협의회 위원장
~ 2007. 6	서울시 도심재창조 시민위 위원장 위원장
~ 2007. 6	공간그룹 상임고문

■ 위원회

1972.1 ~ 1973.12	건설부 중앙도시계획위원회
1973.5 ~ 1979.12	총리실중화학공업추진위원회 사회간접자본분과
1976.1 ~ 1979.12	서울시 건축심의위원회/도시계획위원회
1981.1 ~ 1996. 8	건설부 중앙도시계획위원회
1981.1 ~ 1996.12	내무부 정책자문위원회(지역개발분과)
1984.6 ~ 1994. 6	국무총리실 수도권 심의위원회
1986.9 ~ 2000. 7	노동부 국가기술자격제도심의위원회
1987.1 ~ 1989. 2	서울시 건축심의위원회/ 예술위원회
1986.3 ~ 1988. 2	서울시 도시설계조정위원회
1989.5 ~ 1989.12	서울시 시정개혁위원회 주택 및 도시정비분과
1991.1 ~ 1992.12	서울시 남산제모습찾기 시민위원회
1992.1 ~ 1992.12	서울시 경관심의위원회
1992.1 ~ 2001. 1	대한주택공사 주택연구소 연구자문위원

1992.5 ~ 1996. 8　서울시 만원심의위원
1992.6 ~ 1994.11　서울정도600년사업 시민위원회
1992.6 ~ 1996. 8　서울시 도소매진흥심의위원회
1993.5 ~ 1996.12　서울 21세기위원회
1993.10-1996. 9　제주도 경관심의위원회
1993.10-1996.11　과천시 도시계획위원회
1994.1 ~ 1995.12　인천광역시 도시계획위원회
1995.1 ~ 1995.12　서울시 국제화개발계획 운영위원회
1995.5 ~ 1995.12　서울시 신청사건립추진 시민위원회
1996.4 ~ 1998.12　중앙박물과 건립추진위원회
1996.10-2000. 7　구미시 도시계획위원회
1996.12-2000. 7　구미시 여성정책자문위원회 위원장
2000.4 ~ 2002. 6　서울시 도시정책자문위원회
2002.8 ~ 2004. 4　서울시 시청앞광장조성위원회 위원장
2002.9 ~ 2004.10　서울시 청계천복원시민위원회
2003.9 ~ 2005.12　건설교통부 NGO정책자문위원회
2004.1 ~ 현재　건설교통부 민원·제도개선협의회 위원장

■ 연구원

1985.2 ~ 1991. 1　국토개발연구원(이사)
1990.12 -2001.1　교통개발연구원(이사장)
1992.10 -2001.1　서울 시정개발연구원(이사장, 이사)

■ 연구실적(논문 및 저술▲)

1961.12　(계획) 동경계획 1960. 그 구조개혁을 위한 제안(新建築:일본)
1961.　(기고) 住居群構成의 概念과 方法(建築文化, 彰國社;일본)
1964. 8　(기고) 설계방법서설, 또 하나의 공간 - 1. 생활행위론(建築文化, 彰國社;일본)
1965. 1　(기고) 설계방법서설, 또 하나의 공간 - 2. 장치와 도구론(建築文化, 彰國社;일본)
1965. 8　(기고) 설계방법서설, 또 하나의 공간 - 3. 설계방법론 (建築文化, 彰國社;일본)

1971.12 (논문) 거대도시의 인구이동에 관한 연구(도시계획: 일본도시계획학회)

1972. 4 (논문) 서울시 버스노선체계의 타당성에 관한 연구(건축: 대한건축학회)

1973. 4 (논문) 교통사고 예방을 위한 도시공학적 연구(국토계획: 대한국토계획학회)

1973.12 (저서) 환경과 도시계획(이화여대)

1976. 4 (계획) Jahara 주택단지 기본설계, Kuwait, Kuwait.

1976.11 (발제) 서울시 도시정비의 기본방향, 서울시립대 세미나

1976.12 (기고) 국토이용의 현황과 문제점(도시문제: 대한행정공제회)

1977. 2 (계획) 서울도시기본구조연구, 서울시

1977.12 (보고서) 신 행정수도의 입지선정에 관한 연구, 신행정수도 기획단

1977.12 (계획) 수도권정비 기본계획, 건설부

1977.12 (저서) 도시론(법문사)

1978.12 (계획) 신 행정수도의 중심상가 계획, 신행정수도 기획단

1979. 1 (계획) 도시문제와 대책,(행정수도 기획단)

1979. 4 (저서) 도시설계와 도시정책(역),(법문사)

1979.12 (계획) 서울 2000, 도시개발 장기구상, 중기계획, 서울시

1980. 8 (논문) 아파트지구의 일조조건과 용적률에 관한 연구(건축:대한건축학회)

1980.10 (발제) "Rosario" Metropolis for Seoul 2001-A Strategic Frame for Joint Development along Subway system, 국제 심포지움, 서울.

1980.11 (발제) 「도시설계」의 정의와 범주, 서울대 환경대학원 주최, 세미나

1980.12 (기고) 도시설계의 정의와 범주에 관한 소고(도시문제:대한지방행정공제회)

1980.12 (논문) 도시공간구조형성에 관한 연구(국토계획:대한국토학회)

1981.12 (논문) 서울 도심부활동의 입체적 공간이용에 관한 연구(국토계획:대한국토학회)

1981.12 (보고서) 건축법 8조2항에 의한, 도시설계 작성지침에 관한 연구(건설부)

1982. 7 (논문) 대도시 자연발생적 생활편익시설의 분포특성에 관한 연구(국토계획:대한국토학회)

1983. 2 (계획) 서울특별시 주요간선도로변 도시설계

1983. 7 (논문) 사선제한하에서 달성가능한 용적비(국토계획:대한국토학회)

1983.12 (논문) 교통신호관제아래서의 보행자의 횡단가능성에 관한 연구(국토계

획:대한국토학회)

1984. 5　(논문) 도시경관개선을 유도적 제어에 관한 연구, 한양대 산업과학논문집

1984.11　(보고서) 대도시 기성시가지 정비방안 연구, 국토개발연구원

1984.12　(논문) 용적률에 관한 연구II(국토계획:대한국토학회)

1984.12　(논문) 사선제한규제가 용적률에 미치는 영향(시정연구, 서울시)

1985. 9　(발제) Transformation of Urban Waterways in Korean Cultural Context; Osaka Int. seminar

1985.12　(논문) 법체계를 통해 본 우리나라 공간계획체계(국토계획:대한국토학회)

1985.12　(논문) 교차점 시설개선에 관한 실증적 고찰(국토계획:대한국토학회)

1986.12　(논문) 도시내 시설이전에 따른 평균통행거리의 변화(국토계획:대한국토학회)

1987. 3　(저서) 水網都市(學藝出版社: 일본)

1987. 4　(기고) 다양성과 다원성이 빚어내는 서울의 매력, 한국 재발견 특집 (Asahi Graph지, Japan)

1987. 5　(보고서) 도시내 하천연변 토지이용에 관한 연구, 국토개발연구원

1987.11　(발제) 서울에 있어 가족인구구성의 성장확대와 New Town, Newtown World Forum, Osaka, Int. Seminar.

1987.11　(발제) Efforts to Integrate the Antinomy-Developmemt and Conservation in Seoul, Korea, UNCRD+Kyoto, 대도시의 보전과 개발에 관한 국제전문가회의

1987.12　(논문) 울산공업도시 구조형성의 배경요인과 작용력(국토계획: 대한국토계획학회)

1987.12　(보고서) 우리나라 토지이용패턴의 변화요인의 규명과 제어방법에 관한 연구, 학술진흥재단

1988. 3　(기고) 한국의 주택임대방식(일본건축학회지 No.1279:일본)

1988. 6　(논문) 도로와 인접대지경계선에서 사선제한을 동시에 받는 단일대지의 용적률(국토계획: 대한국토학회)

1988. 9　(발제) Toward the Integration of Development and Conservation in Seoul, R.O.K,. Regional Development Dialogue, UNCRD, Nagoya

1988.11　(발제) Concept of Compound Polynucleation Centering on the Area served by Subway Stationin Seoul. Tokyo Int. Symposium, Tokyo Metropolitan Gov.

1988.11　(발제) The Transfer and Exchange of Modern Urban Planning in

Korea; Cultural Distortion and Cultural Tenacity. The 3rd Int. Conferance of Planning History.

1989. 3 (발제) 도시정비로 본 전통문화의 보전, 옛 도읍내 전통문화지대의 보전 방향 설정을 위한 국제토론회, 명지대 한국건축문화연구소

1989. 6 (논문) 도시내 토지이용의 용도혼합실태와 그 분포특성에 관한 연구(국토계획: 대한국토계획학회)

1989. 6 (논문) 목포시의 시가지 획지 분할·합병에 관한 연혁적 고찰(국토계획: 대한국토계획학회)

1989. 8 (기고) 도시계획적으로 본 신도시건설의 문제점(대한토목학회지)

1989. 9 (논문) 입지경영의 관점에서 고찰해 본 한국 전통 경관 연구(국토계획: 대한국토계획학회)

1990. 3 (논문) 가구개발용량의 예측과 조정에 관한 연구(국토계획:대한국토계획학회)

1990. 3 (논문) 도시평면에서의 통행밀도(국토계획:대한국토계획학회)

1990. 4 (논문) 목포시가지 형성과정과 도시계획의 영향(한국지역개발학회지)

1990. 4 (논문) 수도권 팽창과정과 제조업의 전개과정(한국지역개발연구지: 한국지역개발학회)

1990.12 (발제) Ecological Prospects to A Densely Urbanized Metropolis. UNESCO Regional Symposium on the Comparative Study of Metropolis Ecosystem in Asia.

1991. 3 (저서) 도시계획론(형설출판사)

1991. 3 (논문) 토지과세대장과 건축과세대장에 근거한 토지이용 파일의 구축방법에 관한 연구(국토계획:대한국토계획학회)

1991. 6 (논문) 도시기본계획상에 나타난 토지이용계획 지표의 특성에 관한 연구(국토계획:대한국토계획학회)

1991. 6 (논문) 용도지역별 용도규제의 변천에 관한 연구(국토계획:대한국토계획학회)

1991.11 (발제) Case Study on P-P-P in Korea-Joint Renewal Method. Tokyo Seminar '91, P-P-P in Urban Development.

1992. 2 (논문) CAD를 활용한 도시경관 시뮬레이션과 건축물 규제방안에 관한 연구(국토계획: 대한국토계획학회)

1993. 3 (저서) 삶의 문화와 도시계획(도서출판 나남)

1992. 5 (논문) 대구시 토지이용 변동의 입지 연관성과 공간적 패턴연구(국토계

획: 대한국토계획학회)

1992. 5 (논문) 시간 환경으로서의 역사문화환경의 보전, 역사문화환경과 목조건축(한·일 국제연구)

1992. 6 (논문) 급속한 도시팽창과정에서 도시토지이용변동의 실증적 연구(대한지역계획학회지)

1992. (발제) 한·중 교역 전진기지로서의 송도신도시 개발전략, 환태평양시대의 인천 세미나

1992.11 (발제) Development and Urban Civilization. Int. Seminar on In pursuit of Urban Images for the 21st Century, Osaka.

1993. 5 (논문) 역사적 도시조직의 전이적 조정(대한건축학회지)

1994. 2 (논문) 대지와 가구 유형에 따른 개발용량의 추정과 계획적 제어방안에 관한 연구(국토계획: 대한국토·도시계획학회)

1994 7 (발제) 아시아적 아파트단지 구성의 제안. W/S on Problems in Constructing Eastern Asian Cities for 21C. Kyushu Univ. Japan

1994.11 (논문) 도시경관장애 유발지역과 그 영향의 예측에 관한 연구(국토계획: 대한국토·도시계획학회)

1995. 3 (논문) 도성 주요시설 입지, 좌향에 있어 산의 도입에 대한 시각적 특성 해석의 시론(국토계획:대한국토·도시계획학회)

1995. 4 (논문) 용도별 건축물 연상면적을 이용한 주간인구 추정방법에 관한 연구(국토계획:대한국토·도시계획학회)

1995. 9 (발제) Antinomity in International Innovation with Ecternal Discrepancy. East Asian Symp. on Innovative Approaches to New Urban Community Development, UNCRD/Ritumeikan Univ and Hyogo Pref. Japan

1995.10 (논문) 신시가지 토지이용 변화의 발생순서에 관한 실증적 연구 (1)(국토계획: 대한국토·도시계획학회)

1995.10 (논문) 도성 주요시설의 입지,좌향에 있어 산의 도입에 관한 시각적 특성 해석의 시론(국토계획: 대한국토·도시계획학회)

1995.10 (논문) 도시행정서비스의 질 향상을 위한 지리정보체계화 방안 연구(국토계획: 대한국토·도시계획학회)

1995. 12 (논문) 전통공간사상에 관한 연구(1)(국토계획: 대한국토·도시계획학회)

1996. 2 (논문) 전통공간사상에 관한 연구(2)(국토계획: 대한국토·도시계획학회)

1996. 3 (발제) 수도권 신도시 개발의 문제점과 개선방향, 우리 나라 수도권 정책

어디로 가고있는가, 서울대 환경대학원/환경계획연구소

1996. 4 (논문) 신시가지 토지이용변화의 발생순서에 관한 실증적 연구(II)(국토계획: 대한국토·도시계획학회)

1996. 11 (논문) 도시계획적 규모의 의태원경 시뮬레이션 기법개발과 그 활용에 관한 연구(국토계획: 대한국토·도시계획학회)

1997. 2 (논문) 지역성장에 있어서 동태적 산업부문간 연계 모형(국토계획: 대한국토·도시계획학회)

1997. 2 (논문) 도시계획법 체계 속의 혼합용도지역의 개념과 규제내용의 변화에 관한 연구(국토계획: 대한국토·도시계획학회)

1997. 2 (논문) 건축물 높이제한을 위한 전면도로 적용 기준 차의 도시계획적 영향 해석(국토계획: 대한국토·도시계획학회)

1997. 4 (논문) 용도지역 변경이 토지이용 변화에 미치는 영향(국토계획: 대한국토·도시계획학회)

1997.10 (발제) The analysis of urban spatial changes of Seoul with GIS. Int. Symp. on City Planning, Nagoya. Japan

1997. 12 (논문) 서울 인구밀도분포의 공간적 변화 분석 및 예측 시뮬레이션(국토계획: 대한국토·도시계획학회)

1997. (저서) 서울의 사회·경제지도 1~5, 박영률출판사, 서울

1998. 6 (논문) 용도지역 변경이 토지이용 변화에 미치는 영향(II)(국토계획: 대한국토·도시계획학회)

이력서는 강병기 교수님이 2005년 본인이 작성한 것을 기반으로 수록하였습니다.
아쉽게도 이외에도 매우 많은 기고문, 발제문, 논문, 계획, 설계, 보고서, 활동들이 있었으나, 이들을 모두 찾아서 실을 수는 없었습니다.

저자 소개(가나다순)

권일

한양대학교 도시공학과 학부 2학년 재학 시부터 시작하여 석사와 박사학위 과정 동안 강병기 연구실에서 수학하였다(1985~1996년). 현재 한국교통대학교 도시·교통공학과 교수로서 도시계획 및 도시계획제도, 토지이용계획, 도시재생 관련 교육과 연구를 진행하고 있다.

김은희

1992년부터 어린이교통안전에 관심을 갖고 시민운동을 시작했으며 1994년도에 걷고싶은도시만들기시민연대(약칭: 도시연대)를 창립하여 사무국장, 사무처장을 거쳐 현재 도시연대정책연구센터장으로 재직 중이다.

김항집

한양대학교 도시공학과 학부를 졸업하고, 석·박사학위를 강병기 교수에게 지도받았다(1987~1997년). 관심 연구 분야는 지속가능한 도시계획과 도시재생 및 스마트시티이다. 컴퓨터회사, 도시계획엔지니어링, 지자체 연구기관을 거쳐서 1998년부터 광주대학교 도시계획부동산학과 교수로서, 도시계획, 도시재생, 도시 환경 관련 교육과 연구를 수행하고 있다.

박종철

한양대학교 도시공학과 학부를 졸업하고, 석사학위와 박사학위 과정을 강병기 연구실에서 수학하였다(1975~1989년). 관심 연구 분야는 중소도시의 토지이용계획, 콤팩트시티, 공공시설 배치이다. 목포대학교에서 정년퇴임하였고, 현재 명예교수로 활동 중이다.

임동일

한양대학교 도시공학과 학부를 졸업하고 강병기 교수의 연구실에서 대학원 석사과정과 박사과정을 수학하였다(1990~1996년). 현재는 강릉원주대학교 도시계획부동산학과 교수로서 도시설계 분야의 교육과 연구를 이어가고 있다.

최창규

한양대학교 도시공학과 학부를 졸업하고, 석사와 박사학위 과정동안 강병기 연구실에서 수학하였다(1990~1997년). 이후 2000년 5월까지, 한양대학교를 떠난 강병기 연구실의 기능을 유지하였던 공간정보계획시스템(SPINS)에서 실무와 사사하였다. 2009년부터 한양대학교 도시대학원 교수로서, 도시설계, 계획, 부동산 관련 교육과 연구를 진행하고 있다.

한울아카데미 2264

모더니즘 건축에서 걷고 싶은 거리로

강병기의 도시계획과 설계 그리고 연구

ⓒ 최창규 외

지은이 | 최창규 · 권일 · 김은희 · 김항집 · 박종철 · 임동일
펴낸이 | 김종수
펴낸곳 | 한울엠플러스(주)
편집 | 조수임

초판 1쇄 인쇄 | 2020년 12월 10일
초판 1쇄 발행 | 2020년 12월 30일

주소 | 10881 경기도 파주시 광인사길 153 한울시소빌딩 3층
전화 | 031-955-0655
팩스 | 031-955-0656
홈페이지 | www.hanulmplus.kr
등록번호 | 제406-2015-000143호

Printed in Korea.
ISBN 978-89-460-7264-0 93530(양장)
978-89-460-6986-2 93530(무선)

※ 책값은 겉표지에 표시되어 있습니다.